美容化妆品探秘

谢珍茗 主编

探秘

第二版

U0230750

化学工业出版社
·北京·

《美容化妆品探秘》（第二版）从皮肤的结构与功能开始讲起，以帮助大家科学正确地认识、分辨自己的皮肤类型，为正确选择化妆品打下基础；随后系统介绍了清洁、保湿、防晒、美白、祛痘、抗衰老、面膜类、口腔类、发用及抑汗除臭类化妆品的功能和特点，并对化妆品的选购和使用方法给出了建议。本书旨在给广大的化妆品使用者提供准确的、科普性的关于美容化妆品的知识，帮助广大消费者掌握、丰富化妆品使用知识，以科学的角度看待化妆品，成为理智的化妆品选购者和使用者。

《美容化妆品探秘》（第二版）内容丰富，兼顾科学性和可读性，可作为大家护肤和购买化妆品的指南，也可作为广大本科生的通识课教材。

图书在版编目（CIP）数据

美容化妆品探秘/谢珍茗主编 . —2 版 . —北京：化学工业出版社，2020.6（2025.2 重印）

ISBN 978-7-122-36352-7

Ⅰ.①美… Ⅱ.①谢… Ⅲ.①美容用化妆品-基本知识 Ⅳ.①TQ658.5

中国版本图书馆 CIP 数据核字（2020）第 035743 号

责任编辑：宋林青　　　　　　　　　　装帧设计：关　飞
责任校对：栾尚元

出版发行：化学工业出版社（北京市东城区青年湖南街 13 号　邮政编码 100011）
印　　装：北京科印技术咨询服务有限公司数码印刷分部
787mm×1092mm　1/16　印张 14½　字数 328 千字　　2025 年 2 月北京第 2 版第 5 次印刷

购书咨询：010-64518888　　　　　　售后服务：010-64518899
网　　址：http://www.cip.com.cn
凡购买本书，如有缺损质量问题，本社销售中心负责调换。

定　　价：48.00 元　　　　　　　　　　　　　　　版权所有　违者必究

前言

    《美容化妆品探秘》已经出版四年了，我们欣喜地看到，本书所阐述的科普知识如其研究对象一样，得到了广大化妆品爱好者和消费者的喜爱，同时也成了高等院校化妆品相关专业的重要参考书籍。

    四年光阴飞逝而去，化妆品知识与技术日新月异，也让我们有足够的时间回看并修订《美容化妆品探秘》，我们在本版编写过程中，根据国家最新标准对第一章化妆品的分类进行了更新与修订；在第五章美白功效化妆品、第六章防晒功效化妆品、第七章抗痤疮功效化妆品及第八章抗衰防皱功效化妆品中，对功效化妆品成分进行了更科学地划分与介绍，在第十三章化妆品的选择和使用部分，从更贴近人们认识事物过程的角度，教给大家如何科学认识、理性选择及合理使用化妆品。

    第二版得到了广东省药品监督管理局化妆品安全消费常识教育项目及广东工业大学本科教学质量工程建设项目的资助。广东工业大学郭明璞、柳亚锋等参与了部分编写工作。编写过程中参考了多部相关教材、专著和科研论文，在此谨向原作者表示深深的感谢。

    鉴于笔者的水平和经验有限，书中难免有不妥之处，恳请读者和同行批评指正。

编　者

2020 年 1 月

第一版前言

"化妆品学"一直是精细化工的主要发展方向，在不断的改革中发展出三个层面：一是面向具有扎实化学基础的化工行业从业者，重视化妆品原理与制备；二是针对医学美容专业，偏重医疗美容技术；三是适合广大消费者，内容通俗易懂，兼具科学性与趣味性。

《美容化妆品探秘》全面论述不同功效美容化妆品的功能性机理、主要功效性成分、产品特点、性能评价及选择标准等内容，对化妆品与皮肤的基础知识，清洁、保湿、防晒、美白、祛痘、抗衰老、面膜类、口腔类、发用及抑汗除臭类特殊功效性化妆品均有系统介绍，并介绍了化妆品的选购和使用方法。本书拟在给对化妆品感兴趣的广大读者提供准确的、科普性的关于美容化妆品的知识，帮助广大爱美的读者掌握、丰富化妆品使用知识，洞悉化妆品全貌，以科学的角度看待化妆品，成为理智的化妆品选购者和使用者。

本书内容丰富，论述较为详尽，通俗易懂又切合实际，可供任何知识层面的读者阅读，也可作为高等院校本科生的选修教材。本书还特意增添了化妆品评价方法、产品调研等内容，增加理论实践的同时，旨在培养读者运用知识解决实际问题的能力，培养自我更新知识、获取知识的能力以及创新的能力。

本书得到了广东工业大学本科教学质量工程建设项目的资助，在编写过程中，得到了广东工业大学郭清泉、杜志云教授的热情指导，任洁仪等参与了资料整理和排版工作，在此表示感谢！

鉴于笔者的水平和经验有限，书中难免有不妥之处，恳请读者和同行批评指正。

编　者
2016 年 7 月

目 录

第三章　清洁功效化妆品 / 026

第七章　抗痤疮功效化妆品 /099

第八章　抗衰防皱功效化妆品 /114

第九章　面膜制品 / 139

第十章　毛发用化妆品 / 153

第十一章　口腔类化妆品 / 185

第十二章　抑汗除臭功效化妆品 / 197

第十三章 化妆品的选择和使用 / 203

附录 / 212

第一章

绪　论

一、化妆品的定义与分类

1 化妆品的定义

　　化妆一词，最早来源于古希腊，含义是"化妆师的技巧"或"装饰的技巧"，意思是发扬人体自身的优点，弥补人体自身的缺陷。广义的化妆品是指各种化妆的物品，狭义的化妆品因各国的习惯与定义方法不同而略有差别，但从使用目的看，均为保护皮肤、毛发，维持仪容整洁，遮盖某些缺陷，美化面容，促进身心愉快的日用品。

　　我国现行的化妆品法定定义来源于1989年发布的《化妆品卫生监督条例》，其中指出化妆品是指以涂擦、喷洒或者其他类似的方法，散布于人体表面任何部位（皮肤、毛发、指甲、口唇等），以达到清洁、清除不良气味、护肤、美容和修饰目的的日用化学工业产品。定义从化妆品的使用方式、使用目的和产品属性三方面规定化妆品的内涵。在三十多年的化妆品产业发展中，化妆品的产品种类及使用范围不断扩大，也使化妆品原有定义受到挑战。在2020年1月我国国务院常务会议通过的《化妆品监督管理条例（草案）》中，对化妆品从使用方式（涂擦、喷洒或者其他类似方法施用于人体的皮肤、毛发、指甲、口唇等）、使用目的（清洁、保护、美化、修饰）等方面做出修正，丰富了化妆品的定义。

　　随着化妆品科学和工艺及皮肤生理学的发展，人们对化妆品的概念有了较大的变化，从以美容为主要目的，逐渐转向美容与护肤并重，进一步发展到以科学护肤为主，兼顾美容效果，使化妆品越来越频繁地出现在人们的日常生活中。多样化的化妆品，满足了顾客多样化的需求，也为解决多样的皮肤问题提供了保障。

2 化妆品的分类

　　化妆品种类繁多，有各种各样的分类方法，世界各国分类方法也不尽相同，目前国际上尚没有统一的分类方法。

(1) 按化妆品行政审批要求分类

依据《化妆品卫生监督条例》，我国的化妆品主要分为特殊用途化妆品和非特殊用途化妆品。

① 特殊用途化妆品

特殊用途化妆品是指用于育发、染发、烫发、脱毛、美乳、健美、除臭、祛斑、防晒的化妆品。为了达到上述功效，特殊用途化妆品需要添加某些功效成分，安全要求较高，因此，特殊用途化妆品需要获得国家药品监督管理部门的批准文号后方可上市销售。

a. 育发类化妆品

育发类化妆品是指有助于毛发生长，减少脱发和断发的一类化妆品。通过功效成分增强头皮血液循环，改善毛囊的营养供给或兼有抗菌、消炎、抑制皮脂与雄性激素过度分泌的作用。按成分的功效来源，可分为化学合成类、天然植物及中草药类、生物技术产品类。

b. 染发类化妆品

染发类化妆品是具有改变头发颜色作用的化妆品。按染发作用时间不同可分为暂时性、半永久性和持久性等类型。

c. 烫发类化妆品

烫发类化妆品是具有改变头发弯曲度，并维持相对稳定的化妆品。按其作用原理的不同，可分为热烫和冷烫（化学烫）两种，烫发剂均含有两种物质，一种是能切断头发双硫键的还原剂，另一种是具有氧化中和作用的定型（卷曲或拉直）剂。

d. 脱毛类化妆品

脱毛类化妆品是具有减少、消除体毛作用的化妆品。根据成分可分为物理性脱毛剂和化学性脱毛剂两大类，前者将蜡、松香等熔化后涂于脱毛部位，待冷却后剥离，同时将毛发拔掉；后者利用化学物质改变和破坏毛发的角蛋白，使毛发断裂除去。

e. 美乳类化妆品

美乳类化妆品是有助于乳房健美的化妆品。其主要通过改善乳房微血管循环，增强细胞活力，有助于乳房丰满、挺拔和富有弹性。

f. 健美类化妆品

健美类化妆品是有助于体形健美的化妆品。其主要通过促进脂肪代谢，抑制脂肪合成，协助排除脂肪分解物，以达到人体瘦身健美的目的。

g. 除臭类化妆品

除臭类化妆品指能防止散发、掩盖或去除体臭的一类化学品，可分为抑汗类、杀菌类和芳香类。

抑汗类，收敛性强，可使皮肤表面蛋白质凝结，汗腺口膨胀，阻止汗液的排泄，抑制减少汗液分泌量。

杀菌类，能有效抑制引起体臭的细菌繁殖。

芳香类，掩盖体臭，包括固体和液体芳香剂。

h. 祛斑类化妆品

祛斑类化妆品指能抑制黑色素的形成，改善皮肤色斑状态，减轻皮肤色素沉着的一类化学品。

i. 防晒类化妆品

防晒类化妆品是一类能隔绝皮肤与紫外线或具有吸收紫外线作用、减轻因日晒引起皮肤损伤功能的化妆品，可分为物理性紫外线掩蔽剂、化学性紫外线吸收剂及生物活性物质紫外吸收剂等类型。

② 非特殊用途化妆品

除了特殊用途化妆品，其他的都属于非特殊用途化妆品。非特殊用途化妆品按照使用目的和功效宣称可分为护肤类、发用类、美容修饰类和芳香类四类。非特殊用途化妆品需要在省级以上药品监督管理部门备案后方可上市销售。

a. 护肤类

护肤类化妆品是指面部及皮肤用化妆品，包括洁肤用品和护肤用品，具有保护皮肤，使皮肤免受或减少自然界的刺激，给皮肤补充水分和营养，防止皮肤水分过多流失，促进血液循环，增强新陈代谢等功能。

洁肤用品是指用于清洁表面污垢、化妆残迹、灰尘、多余油脂的一大类化妆品，其清洁皮肤能力强，用后必须立即从皮肤上清除干净。按产品类型有卸妆液（油、乳、水）、洁面霜、洁面乳、洁面啫喱、洗颜粉、洁面皂、磨砂膏、去角质啫喱、化妆水、沐浴露、面膜等。

护肤用品针对性强，通过化妆品的配合使用与身体内部调理，可加速血液循环，促进新陈代谢，保持皮肤弹性，收紧松弛皮肤，全面供给营养及水分，活跃细胞功能，使问题皮肤得到改善和治疗。产品类型包括雪花膏、冷霜、润肤霜（包括营养霜、晚霜、珍珠霜等）、护肤膏和啫喱水、护手霜（乳）、护体霜（乳）等，浴后润肤，剃须后润肤剂包括霜、乳液、水剂和皂、粉剂等，日光浴后护肤油和膏等。

b. 发用类

发用类化妆品是用来清洁、保护、营养和美化头发的化妆品。毛发用化妆品种类繁多，从卫生角度分为一般发用产品、易接触眼的发用产品两类。

一般发用产品有发油类、发蜡类、发乳类、发露类等几种类型。

易接触眼的发用产品包括洗发类、润丝（护发素）类、喷发胶类、暂时喷涂发彩（非染发）、洗发用品、整发用品和剃须用品等。

洗发用化妆品有液状、粉状、膏状三种。它的作用是除了清除头发的污垢，保持头发的美观外，还可以赋予头发光泽，易梳理。洗发用化妆品按其功能特点分为调理香波、中性香波、干性香波、婴儿香波、珠光香波等。

护发化妆品主要指发油、发蜡、发乳、护发素等。它们是一类润泽头发、保持发型美观的化妆品，使用后可起到护发定型的作用。

整发用品有定型发胶、定型啫喱和摩丝等。

剃须化妆品是专供男性剃须时使用的化妆品，包括剃须皂、剃须膏、剃须前洗液和剃须后洗液等。

c. 美容修饰类

美容修饰类化妆品是指用于面部修饰及头发等各部位美化的化妆品。按其使用部位不同可以分为面部美容品、眼部美容品、唇部和鼻部美容品、指（趾）甲类美容品。

面部美容品，包括粉底类、粉饼类、胭脂类等。

眼部美容品，包括睫毛膏、眼影（粉、液、膏、笔）、眼线笔（液、膏、粉）、眉笔

（粉、胶）、眼部彩妆卸除剂等。

唇部和鼻部美容品，包括唇膏（透明、液体、彩色、变色和液晶唇膏等）、护唇油膏、唇线笔和鼻影笔等。

指（趾）甲类美容品，包括指甲油、指甲光亮剂、指甲营养剂和指甲油清除剂等。

d. 芳香类

芳香类化妆品是指带有芬芳气味，用于掩盖或消除不良气味的化妆品。按其形态可分为固态和液体芳香用品。

液体芳香用品有香水、古龙水、花露水、香体露和除臭香水等。

固态芳香用品有香粉、清香袋、香水条、香锭和晶体芳香剂等。

此外，行政监管还将化妆品根据其产地分为进口化妆品及国产化妆品。

进口化妆品可以简单地理解为国外生产，国内销售的化妆品。

国产化妆品可以简单地理解为国内生产，国内销售的化妆品。

随着化妆品产业的发展，化妆品生产技术不断提升，产品种类日益丰富，化妆品的分类也会不断变化。比如在 2020 年 1 月通过的《化妆品监督管理条例（草案）》中，将化妆品的行政分类分为普通化妆品和特殊化妆品，特殊化妆品以外的化妆品为普通化妆品，修正了特殊化妆品的种类，特殊化妆品指染发、烫发、祛斑美白、防晒以及宣传新功效的化妆品。新的法案修改给予化妆品更广泛的分类方式和发展空间。

（2）按生产工艺和成品状态分类

依据 2018 年 1 月的《化妆品分类规范（征求意见稿）》，将化妆品按照产品剂型分为 18 类，分别为膏霜类、乳液类、水剂类、凝胶类、油剂类、粉剂类、泥类、喷雾剂类、气雾剂类、贴膜类、蜡基类、有机溶剂类、胶囊类、多相类、混合剂型类、片剂类、湿巾类和其他等。这一分类方式是今后化妆品生产企业分类产品类型的主要依据。

（3）按使用部位及产品功能分类

日本学者垣原高志根据化妆品使用部位和用途将其分为 8 类，即皮肤用化妆品、头发用化妆品、指甲用化妆品、口腔用化妆品、清洁化妆品、基础化妆品、美容化妆品、芳香化妆品。我国化妆品教科书常常按照化妆品功能，将化妆品分为清洁，保湿（面膜），祛斑（美白），防晒，祛痘，抗衰除皱、口腔类、发用，美容修饰，抑汗除臭等。

（4）按产品适用人群年龄性别的分类

大部分化妆品是以适合全部人群使用为目标的，但随着化妆品产品类型的丰富及消费者需求的多元化，出现了适应特定人群及年龄的化妆品。如：

① 婴儿用化妆品

婴儿皮肤娇嫩，抵抗力弱。配制时应选用低刺激性原料，香精也要选择低刺激的优制品。

② 少年用化妆品

少年皮肤处于发育期，皮肤状态不稳定，且极易长粉刺。可选用调整皮脂分泌作用的原料，配制弱油性化妆品。

③ 男用化妆品

男性多属于油脂性皮肤，应选用适于油性皮肤的原料的化妆品。此外，剃须膏、须后液是男人专用化妆品。

④ 孕妇用化妆品

女性在孕期内，因雌激素和黄体素分泌增加，肌肤自我保护与修复的能量不足以应付日益增加的促黑素，进而引起黑色素增多，导致皮肤色素加深，此时的肌肤最惧怕紫外线及辐射，它们会迅速击垮肌肤的防御能力，令肌肤能量骤降，孕斑随时在脸部安家，同时，衰减的肌肤能量也无法对抗由此产生的肌肤储水能力及细胞新陈代谢能力下降的威胁，进而导致缺水、干燥、出油、粉刺、痘痘、敏感甚至炎症等一系列肌肤问题。因此要格外注意孕期内的皮肤护理。

（5）按销售渠道分类

化妆品按销售渠道不同，可分为日化线化妆品和专业线化妆品。

日化线化妆品是指在商场专柜、超市、专卖店中销售的产品，特点是较温和、安全性高，一般适用于广大普通人群，但功效性不强，以保养和简单的基础护理为主，使用前后皮肤表面不会有明显的变化，作用效果较慢。推广方式主要靠广告和口碑相传，销售量大。

专业线化妆品也叫院线化妆品，是指只在美容院或专业美容会所等美容机构销售或使用的产品，由美容专业人士指导购买和使用，产品目的明确并且效果明显。美容机构的专业人士针对顾客的不同皮肤状况设计不同的搭配使用方案，顾客需要按疗程的不同及时调整产品的搭配方案。有的专业线化妆品是在美容机构由美容师做专业护理时使用，有的是需要顾客购买后按照美容师的指导居家使用，有的还用于医疗美容。专业线化妆品的销售渠道是从厂家到各级代理商，再到美容院或美容机构，由于不在商场、超市或专卖店销售，所以不靠打广告做推动，而是靠美容机构的专业人员推荐及销售。因此，在美容机构使用和销售的化妆品在商场购买不到。

现在已经有化妆品公司同时开发专业线和日化线的产品。

二、化妆品的发展历史与趋势

① 化妆品的发展历史

自人类存在就有了化妆品的出现，化妆品的发展也经历了漫长的历史。在原始社会，一些部落在祭祀活动时，会把动物油脂涂抹在皮肤上，使自己的肤色看起来健康而有光泽，这应算是最早的护肤行为了。在公元前 5 世纪到公元 7 世纪期间，各国有不少关于制作和使用化妆品的传说和记载，如古埃及人用黏土卷曲头发，古埃及皇后用铜绿描画眼圈，用驴乳浴身，许多宗教仪式上使用"香膏"，古希腊美人亚斯巴齐用鱼胶掩盖皱纹，等等。公元 300 年，罗马理发店开始使用香水、还出现了许多化妆用具。阿拉伯人在公元十二世纪就会从天然植物中提取香精。在十九世纪末，化妆品工业初具规模，形成一个独立的工业体系。中国古代也喜好用胭脂抹腮，用头油滋润头发，衬托容颜的美丽和魅力，胭脂、鸭蛋粉、头油、香囊这四件物品是中国古代化妆品的代表，历史悠久。

化妆品的发展历史，大约可分为下列四个阶段：

第一代是使用天然的动植物油脂对皮肤作单纯的物理防护，即直接使用动植物或矿物来源的不经过化学处理的各类油脂。

第二代是以矿物油为主要成分，加入香料、色素等其他化学添加物，以油和水乳化技术为基础的现代化妆品。

第三代是用植物油、动物油等天然油取代矿物油，添加各类动植物萃取精华的天然成分化妆品。

第四代是仿生化妆品，即采用生物技术制造与人体自身结构相仿并具有高亲和力的生物精华物质，将其复配到化妆品中，以补充、修复和调整细胞因子来达到抗衰老、修复受损皮肤等功效，这类化妆品代表了 21 世纪化妆品的发展方向。

② 化妆品的发展趋势

步入 21 世纪，化妆品科技发展越趋先进，传统化妆品的固有缺陷就越需通过各种新兴科学技术加以克服。

（1）纳米技术

使用纳米技术制得的硅及硅化合物（如 SiO_2），其光吸收系数比普通的增大几十倍，可代替目前普遍使用的易引起皮肤过敏、价格昂贵的紫外线防护剂，人们可研究开发出具有特殊功能的防晒化妆品。将化妆品中最具功效的成分特殊处理成纳米级的微小结构，使之尽量成为超微细粒子，解决活性物质易失活和透皮吸收的问题。在化妆品原料的研究与生产方面，由于采用了纳米技术，也可将活性物质包裹在直径仅为几十纳米的超微粒中，从而使活性物质得到有效的保护，并且还可有效控制其释放的速度，延长释放时间；用纳米技术使中药花粉破壁后，不仅皮肤吸收好，而且其保健功效大大增加。据有关部门的临床试验表明，纳米维生素 E 化妆品的祛斑效果，比一般含氢醌类化合物的被动祛斑效果快且明显，而且具有安全稳定、无毒副作用的优点。

（2）生物技术

作为 21 世纪高新技术的核心，生物技术和生物制剂在化妆品的基础研究、产品开发、化妆品安全性及功效性评价、美容技术等多个环节中得到广泛的应用，不仅使化妆品品种明显增多，还促进产品内在质量的提高，推动了化妆品工业前所未有的发展速度。科研人员利用生物模拟及仿生的科学方法开展皮肤和头发护理、营养和延缓衰老等领域的研究，使得传统的护肤概念得以更新；通过生物发酵技术、遗传变异技术和植物细胞培养技术等为化妆品开发提供高效、安全和价优的原材料和添加剂，越来越多的生物制剂如透明质酸（HA）、超氧化物歧化酶（SOD）、表皮生长因子（EGF）、核糖核酸（RNA）等作为功效添加剂成功应用于化妆品；利用体外人工皮肤（拟表皮）和三维多细胞培养成的皮肤组织进行化妆品刺激性、经皮吸收和光毒性功效评价，具有稳定、快速和可消除人体实验中由于个体差异带来的不确定性等诸多优点。总之，化妆品中生物技术的应用，已经成为当今乃至以后现代化妆品学研究和发展的方向之一。

（3）生产工艺的改进

不同产品状态的化妆品需要不同的生产工艺及设备，而化妆品生产工艺及设备上的优化及改进，能极大促进化妆品的发展。例如，采用先进的高分子常温乳化剂及纳米技术结合超微乳化工艺，在严格的无菌生产环境下操作，产品中不加任何化学防腐剂，并在销售与储存中采用冷藏保鲜（0～10℃），以确保高生物活性成分不受环境温度、湿度和防腐剂的破坏，提供高活力强渗透性的护肤品。又如，在化妆品本身或包装上引入磁技术处理，能使无防腐剂的化妆品常温保存，达到更加方便的目的。而应用二元袋阀（BOV）气雾剂制作的气溶胶型化妆品，在达到更好的喷雾使用感受的同时，也保障了化妆品质量的可靠性和稳定性。

（4）新原料、新材料的应用

护肤化妆品主要是由本不相溶的油(相)和水(相)靠乳化剂经过均质处理形成的，但传统化妆品中的乳化剂都是化合物，包括各种表面活化剂都是化学合成的，会给皮肤带来刺激。近年来，新型天然表面活性剂作为化妆品的乳化剂，能很好地改善化妆品化学乳化剂带来的各种问题。如大豆油和山茶科植物种子中提取到的卵磷脂和茶皂素，以及从动物组织中和海洋生物中提取得到的天然表面活性剂等，通过调整不同的配方和采用不同的操作工艺，应用于化妆品中，可以制得不同黏度的、稳定的膏霜和乳液，效果十分理想。

（5）人工智能与化妆品

人工智能（artificial intelligence，AI）是研究使用计算机来模拟人的某些思维过程和智能行为（如学习、推理、思考、规划等）的学科，通过虚拟互动、模拟仿真及大数据分析等方式，使其在化妆品产业中的应用越来越广泛，已为化妆品的定制化、智能化及个性化提供了更广阔的发展方向。

三、化妆品的原料

化妆品所用原料品种很多，国家食品药品监督管理总局发布《已使用化妆品原料名称目录（2015 版）》，允许添加到化妆品里的原料有 8783 种。按其用途和性能不同，可以把它们大致分为三大类，每个化妆品基本都是由这三类原料调配而成的。下面分别就这三类原料做一个基本的介绍。

① 基质原料

基质原料是调配各种化妆品的主体，它在化妆品配方中占有较大的比例，不同类型化妆品的基质原料是不同的，主要分为油性原料、粉类原料、胶质原料和溶剂。

（1）油性原料

油性原料是组成膏霜类化妆品及发蜡、唇膏等油蜡类化妆品的基本原料，主要起护肤、柔滑、滋润等作用。化妆品中所用的油性原料一般有三类，从动植物中取得的油性物质、从矿物（如石油）中取得的油性物质及化学合成的油性物质。不同的油其效果和肤感也都会有差别，但需要注意的是：不一定植物油都是好的，矿物油或合成酯都是差的，对于某个具体化妆品配方而言，只有适合最重要。

（2）粉类原料

粉类原料是组成香粉、爽身粉、胭脂等化妆品基体的原料，主要起遮盖、滑爽、吸收等作用，主要有无机粉和有机粉。如滑石粉是制造香粉、粉饼、胭脂、爽身粉的主要原料；高岭土是制造香粉的原料，它能吸收、缓和及消除由滑石粉引起的光泽；钛白粉具有极强的遮盖力，用于粉类化妆品及防晒霜中；氧化锌有较强的遮盖力，同时具有收敛性和杀菌作用；云母粉用于粉类制品中，使皮肤显得很自然，主要用于粉饼和唇膏；以上属于无机粉。还有一种所谓的高分子粉，如聚乙烯粉，则属于有机粉。

（3）胶质原料

胶质原料是面膜和凝胶剂型化妆品中的基体原料。胶质原料大都是水溶性高分子化合物，具有胶体保护、增稠、乳化、分散、成膜、黏合、保湿、稳定泡沫等作用。胶体原料按其来源可分为天然、半合成、合成三大类。

（4）溶剂

溶剂是液状、浆状、膏霜状化妆品中主要的组成成分，它和配方中的其他成分相互配合，除具有溶解性能外，还有挥发、润滑、润湿、增塑、保香、防冻和收敛作用。常用于化妆品的溶剂有水、醇类、酮类、醚与酯类及芳香族类。

❷ 辅助原料

使化妆品成型、稳定或赋予化妆品以色、香及其他特定作用的原料称辅助原料。它虽然在产品配方中比重不大，但极为重要。

（1）乳化剂

乳化剂又称表面活性剂，是化妆品的一类重要原料。在化妆品中有很大一部分制品，如冷霜、花膏、奶液等都是水和油的乳化体，乳化剂的主要作用，一是促使乳化体的形成，使乳化体稳定；二是控制乳化类型，即水包油或油包水型。除此以外，乳化剂还具有润湿、分散、发泡、稳泡、去污、调理、抗静电、乳化、增溶、灭菌等功能，可在多种化妆品中用作发泡剂、去污剂、调理剂、乳化剂、增溶剂等。表面活性剂的使用和选择是现代化妆品制造技术的关键。

（2）香精香料

香精香料是赋予化妆品以一定香气的原料，包含天然香料和合成香料，它是化妆品制造过程中的关键原料之一。香精选用得当不仅吸引消费者的喜爱，还能掩盖产品中某些不良气味。但直接接触皮肤的化妆品，除香水外，其香精用量须控制在 $0.1\%\sim0.2\%$，以保护皮肤健康。

（3）色素

色素是赋予化妆品一定颜色的原料，修饰类化妆品中的主要成分，包括天然色素、合成色素和无机色素。色素可以掩盖原料的颜色，吸引消费者，增加化妆品的魅力，几乎所有化妆品都含有色素。色素的优劣取决于色素的遮盖力和牢固度。对化妆品中色素的有害杂质含量规定：铅少于 $10mg/kg$，砷少于 $2mg/kg$，汞少于 $1mg/kg$，镉少于 $5mg/kg$，钡盐少于 $5mg/kg$，硫化物少于 $3mg/kg$。

（4）防腐剂和抗氧剂

在化妆品的生产和使用过程中，难免混入一些肉眼看不见的微生物。为防止化妆品败坏变质，需加入防腐剂和抗氧剂。防腐剂的目的是抑制微生物在化妆品中的生长繁殖，起到防止制品劣化变质的作用；抗氧化剂的目的是防止和减弱油脂的氧化酸败。化妆品防腐剂的品种较多，如对羟基苯甲酸酯类、山梨酸、脱氢醋酸、乙醇等。抗氧剂按其化学结构可分为酚类、醌类、胺类、有机酸（醇及酯）类及无机酸及其盐类。金属螯合剂也是良好的抗氧剂，化妆品中加入的金属离子有时会成为自动氧化的催化剂，导致化妆品变色变质，而加入少量的螯合剂可延长化妆品结构支架的寿命，提高化妆品质量。

（5）保湿剂

保湿剂是一类具有能从潮湿空气中吸收水分性质的吸湿性化合物。纯的保湿剂从环境中吸收水分，直至达到平衡吸湿量，其稀释度保持恒定。保湿剂添加到化妆品中（特别是 O/W 型乳化制品），可延缓制品中因水分蒸发而引起的干裂现象，延长货架寿命。保湿剂一般分为无机保湿剂、金属-有机保湿剂和有机保湿剂，化妆品中应用的保湿剂主要是后两种。

③ 功效成分

购买化妆品的时候，一般都会基于某些各自所需的功效（如美白、保湿、抗老等）去选择产品，能帮助化妆品起到这些功效的原料就叫作化妆品的功效成分。

（1）营养疗效性添加剂

随着化妆品技术的不断发展，对化妆品的营养性、疗效性提出了越来越高的要求，其中一个有效的途径就是营养性添加剂的加入。常用的营养疗效性添加剂包括植物型添加剂、动物型添加剂、生理活性物质添加剂及微量元素和激素添加剂等。具有优良营养性能，且与其他原料配伍良好的营养添加剂，是化妆品科研工作的一个重要方向。

（2）特殊用途添加剂

根据化妆品功效的不同，在化妆品中还需要添加一些特殊用途的添加剂，如防晒剂、染发剂、烫发剂、脱毛剂、收敛剂和抑汗剂、祛臭剂等。这些特殊用途添加剂的类型及作用，本书将在介绍具体的特殊性能化妆品时做系统介绍。

（3）其他添加剂

杀菌剂、去屑止痒剂、皮肤渗透剂、磨砂剂及酸碱类平衡剂也是化妆品中常用的辅助原料。

学习化妆品成分最为重要的意义在于：作为消费者，在选择产品的时候能辨别出自己所购买的产品中是否含有对应功效的成分，并避免选择那些对自己具有潜在危险的原料；作为生产者，在化妆品的生产过程中，功效成分的配比须遵循严格的要求，避免陷入功效成分越多越好的误区。

四、化妆品的特性

① 安全性

安全是指不受威胁，没有危险、危害、损失，保持在人类能接受水平的状态。化妆品安全就是指化妆品对人体不产生急性、亚急性或慢性的危害。化妆品必须经过安全评价证明其安全性后方可投放市场。

② 有效性

化妆品是使用在人体表面的产品，应当满足定义的四大功能，具有清洁、护肤、消除不良气味、美容和修饰等作用，其对人体的作用是轻微的、缓和的。化妆品不是药品，在功效上不可能像药品那样起到速效显效作用。

③ 稳定性

化妆品应当具备一定的产品稳定性，是指在护肤品的保质期内，产品的功效、颜色、形态等均保持稳定，不会变质。

④ 时尚性

化妆品是科学技术与文化艺术的结晶，具有时尚性和潮流性。

五、化妆品与人们的关系

随着社会经济的快速发展和人们生活水平的不断提高，化妆品的使用越来越普遍，已经成为人们美化生活和提升幸福感的日用消费品。化妆品有清洁、护理和美容功效，与人们生命健康息息相关，也为人们的生活增添了一份活力和色彩，影响和改变着人们的生活。

化妆品影响着人们传统的审美观。在大家的印象中，美女一般都是天生丽质的。但是有了化妆品，如果你长得好看，你可以更加美丽；如果相貌平平，你也可以变为美女。因为有了化妆品，它可以帮你修饰缺点，放大优点，可以成全你追求美丽容颜的梦想。

化妆品的出现改变了人们的消费习惯。以前人们的消费，更多侧重的是解决温饱，但随着化妆品越来越丰富的产品类型和显著的功效，化妆品在人们的生活中扮演着越来越重要的角色。

化妆品能美化容貌，弥补缺陷，在为人们增加美感的同时，也为人们带来自信。有些人因为先天或者是后天的一些原因，导致样貌上的缺陷，在一定程度上受到了社会的歧视，有些还因此出现了心理障碍，给他们的身心造成影响。但是有了化妆品，它可以帮人们遮掩样貌上的缺陷，这对那些因为自己的缺陷感到自卑的人来说无疑增强了他们的自信心，给了他们勇气。

化妆品的运用是对外交往和社会活动的需要。正确使用化妆品，能对人们展现更美的自己，在社交生活中能让人更赏心悦目，增添色彩。

化妆品从出现到现在，越来越受到人们的喜爱，庞大的市场需求使它成为了一个非常有前景的行业。这对那些喜欢和热爱化妆品的人来说是非常好的机会，因为可以把自己的兴趣或者爱好发展成为职业。所以化妆品这个行业，在一定程度上也影响了人们的职业规划。

六、学习实践

① 请试着判断一下，下列产品属于化妆品的有（　　）?
A. 美容针　B. 口服胶原蛋白　C. 驱蚊花露水　D. 抗菌沐浴露　E. 精油
② 概述了解化妆品发展历史与趋势的意义。
③ 了解化妆品中成分的作用。
④ 概述正确理解化妆品法定定义的方法及作用。

第二章

化妆品皮肤学基础

一、皮肤的结构与功能

皮肤位于人体表面，是人体最大的器官，也是人体的第一道防线，具有十分重要的功能。人的皮肤由外及里共分三层，皮肤的最外层叫表皮，中间一层叫真皮，最里面的一层叫皮下组织。皮肤的结构，如图 2-1 所示。

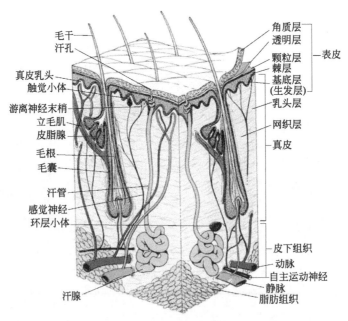

图 2-1　皮肤结构图

① 表皮

表皮（epidermis）是皮肤的最外层组织，由角质形成细胞和非角质形成细胞两种细胞组成。角质形成细胞占表皮细胞的大多数，它们在分化过程中合成大量角蛋白。根据角质形成细胞的不同分化过程及细胞形态，表皮层由内而外又可分为基底层、棘层、颗粒层、透明层和角质层五个层次（见图 2-2）。非角质形成细胞又称树枝状细胞，包括黑色素细胞、朗格汉斯细胞、默克尔细胞和未定类细胞，该类细胞与表皮角化无直接关系。

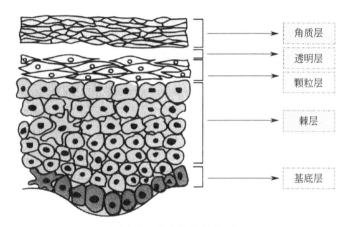

图 2-2　表皮细胞结构图

（1）基底层

基底层（stratum germinativum）又名生发层，是表皮的最内一层，由一层呈栅形排列的圆柱状细胞组成，与真皮波浪式相接。基底细胞具有很强的分裂、繁殖能力，它可不断分裂，有序向上移行、生长并演变成表皮各层角质形成细胞，最后移行至角质层并角化脱落，正常表皮细胞的角化周期是 26～42 天。如果细胞角化周期出现紊乱，会导致皮肤角质细胞的堆积，致使皮肤干燥，或引起皮肤功能的损伤。此外，决定人体皮肤颜色的黑色素细胞也散布于该层，约占整个基底细胞的 4%～10%，具有防止日光照射至皮肤深层的作用。

（2）棘层

棘层（stratum spinosum）是真皮中最厚的一层，由 5～10 层多角形、有棘突的细胞组成，也称棘细胞层。棘细胞之间由桥粒连接，桥粒连接处有淋巴液通过，以供给细胞营养。同时层状颗粒中含有脂质，包括三酰甘油、脂肪酸、角鲨烯、蜡脂、甘油二酯和胆固醇等，在防止经皮水分丢失（TEWL）和有害细菌侵入、防止水溶性物质的吸收中发挥作用。正常的棘细胞也具有分裂功能，参与创伤的修复，有助于头发和指甲的生长，同时吸收淋巴液中的营养成分，供给基底层养分，协助基底层细胞分裂。

（3）颗粒层

颗粒层（stratum granulosum）由 2～4 层扁平、纺锤形或梭形的细胞构成，含有大量大小形状不规则的透明角质颗粒是其主要特点。由于颗粒层上部细胞间充满疏水性磷脂质，使水分不易从体外渗入，也能抑制体内的水分流失，避免由于角质层细胞的水分显著减少而造成角质层细胞死亡,对储存水分有重要的影响。

(4)透明层

透明层(stratum lucidum)位于颗粒层和角质层之间,由2～3层界限不明显、无核、无色透明、紧密连接的细胞构成,仅见于手掌和足跖的表皮。透明层含有角质蛋白和磷脂类物质,能防止水及电解质透过皮肤,起到生理屏障作用。

(5)角质层

角质层(stratum croneum)是表皮的最外层部分,由角质形成细胞不断分化演变而来,重叠形成比较坚韧有弹性结构的板层结构。角质层细胞内充满了角质白纤维,其中由膜被颗粒释放的自然保湿因子(NMF)是各种氨基酸及其代谢物,具有很强的吸水能力,使得角质层不仅能防止体内水分的散发,还能从外界环境中获得一定的水分。角质层细胞一般脂肪含量约7%,水分15%～25%,使皮肤保持柔润。如果水分降至10%以下,皮肤就会干燥发皱,产生肉眼可见的裂纹甚至鳞片。角质层是皮肤最重要的屏障,能耐受一定的物理性、机械性、化学性伤害,并能吸收一定量的紫外线,对内部组织起保护作用。

非角质形成细胞中的朗格汉斯细胞(Langerhans cell)来源于骨骼,分布于基底层以上的表皮内,具有免疫作用;默克尔细胞(Merkel cell)位于基底层细胞之间,具有感觉作用;每10个基底细胞中有一个黑色素细胞(melanocyte)(图2-3),黑色素细胞含有酪氨酸酶,能产生黑色素颗粒,黑色素的数目与大小决定皮肤颜色的差异,同时可吸收阻挡紫外线,起保护作用,若黑色素颗粒代谢不良,会导致色素沉淀产生色斑。

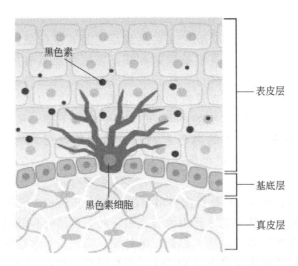

图 2-3 皮肤中的黑色素细胞与黑色素

❷ 真皮

真皮(dermis)位于表皮下方,通过基底膜与表皮基底层细胞相嵌合,对表皮起支撑作用。主要由纤维状蛋白质、基质和细胞组成。真皮分为乳头层和网状层两层,其中乳头层位于浅层,较薄,纤维细密,内含丰富的毛细血管、淋巴管、神经末梢及触觉小体等；网状层位于深层，较厚，纤维粗大交织成网，并含有较大的血管、淋巴管及神经等。

（1）纤维状蛋白质

蛋白质是一种体积很大的分子，化学上称为高分子，它呈链状结构，就像一根长绳子。两个蛋白质分子靠近时，会黏合缠绕在一起，形成更粗的绳子并继续与靠近的其他蛋白质相互吸引缠绕，最终构成我们在显微镜底下观察到的纤维状物质。不同蛋白质构成的纤维的性能也不一样，有的弹性高，有的刚性强。真皮内的纤维状蛋白质主要有胶原纤维、弹力纤维和网状纤维三种。

① 胶原纤维

胶原纤维是真皮纤维的主要成分，约占95%，具有韧性大、抗拉力强的特点，能够赋予皮肤张力和韧性，抵御外界机械性损伤，并能储存大量的水分。乳头层的胶原纤维较细，且方向不一，而深部网状层的胶原纤维变粗，与皮肤平行交织成网。

② 弹力纤维

构成弹力纤维的弹性蛋白分子具有卷曲的结构特点。在外力牵拉下，卷曲的弹性蛋白分子伸展拉长，而除去外力后，被拉长的弹性蛋白分子又恢复为卷曲状态，犹如弹簧一样。所以，弹力纤维富于弹性，但韧性较差，多与胶原纤维交织缠绕在一起。乳头层弹力纤维的走向与表皮垂直，使皮肤受到触压后能够弹回原位；网状层弹力纤维的走向与胶原纤维相同，与皮面平行，使胶原纤维经牵拉后恢复原状，使皮肤具有横向的弹性和顺应性，对外界机械性损伤具有防护作用。

③ 网状纤维

网状纤维为较幼稚的纤细胶原纤维，在真皮中数量很少。

真皮中含水量的下降可影响弹力纤维的弹性，胶原纤维也易于断裂。

（2）基质

基质是一种无定形物质，充满于胶原纤维及弹力纤维等纤维束的间隙内，起着连接、营养和保护作用，其中含有的透明质酸及硫酸软骨素等黏多糖类物质可与水结合，防止水分丢失，使皮肤水润充盈。若真皮基质中透明质酸减少，黏多糖变性，真皮上层的血管伸缩性和血管壁通透性减弱，就会导致真皮内含水量下降，使皮肤出现干燥、无光泽、弹性降低、皱纹增多等皮肤老化现象。所以，在化妆品中常把生物提取的透明质酸作为保湿原料添加到化妆品中。

（3）细胞

真皮中还含有一些功能细胞，其中成纤维细胞能够生成胶原纤维、弹力纤维及网状纤维等，对皮肤的弹性及抗拉性具有重要作用。

③ 皮下组织

皮下组织（subcutaneous tissue）由大量的脂肪细胞和少量结缔组织构成，位于真皮下，含有大量的血管、淋巴管、神经、毛囊、皮脂腺、汗腺等，为皮肤的附属器官（见图2-4）。它的厚薄因个人的营养、健康状况及身体部位的不同而有差异，具有保温防寒、贮存能量、缓冲外力、保护内部组织的作用。

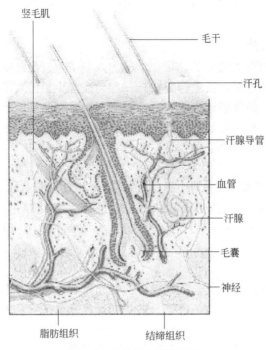

竖毛肌

毛干

汗孔

汗腺导管

血管

汗腺

毛囊

神经

脂肪组织　　　结缔组织

图 2-4　皮下组织结构示意

二、皮肤的功能

1 保护作用

人体正常皮肤有两方面的屏障，一方面是保护机体内各器官及组织免受外界环境中机械性、物理性、化学性和生物性有害因素的损伤。例如，皮肤中的弹性纤维及脂肪能避免外界机械撞击直接传递到身体内部；皮肤中的弱酸性及不饱和脂肪酸的杀菌作用，能有效防止外界化学毒素及细菌的侵蚀，假如细菌已经侵入，皮肤会发炎进而消灭侵入的细菌。

2 吸收作用

通过角质细胞及其间隙、毛囊、皮脂腺或汗管来吸收外界物质，角质层越薄吸收作用越强。类固醇类物质如雌性激素和雄性激素，以及脂溶性物质如维生素 A、维生素 D、维生素 E 和维生素 K，能够被皮肤吸收，但水溶性物质则由于角质层及皮脂腺的屏障作用，不易被机体吸收。脂溶性物质的吸收程度与个体年龄和性别、皮肤部位、皮肤含水量、皮肤温度、皮肤湿度、化妆品酸碱度等因素有关。

③ 感觉作用

皮肤的知觉神经末梢呈点状分布在皮肤上，能传导出六种基本感觉：触觉、痛觉、冷觉、温觉、压觉及痒觉。皮肤能把来自外部的种种刺激通过无数神经传达大脑，从而有意识或无意识地在身体上做出相应反应，以避免机械、物理及化学性损伤。

④ 分泌和排泄作用

汗腺、顶泌汗腺、皮脂腺具有分泌排泄的作用。皮脂腺可以分泌油脂，帮助皮肤柔软和健康。部分皮脂分泌与汗水混合，加上细菌的感染，会产生异味。皮肤可由汗腺将汗排出体外，体内的水分会随汗的排出而散失，同时汗带有盐分及其他化学物质，也能通过皮肤排泄出体外。

⑤ 调节体温作用

健康的人体可以保持37℃的常温，这是由于皮肤通过保温和散热两种方式参与体温的调节。当温度降低时，皮肤毛细血管收缩，血流量减少，同时立毛肌收缩，排出皮脂，保护皮肤表层，防止热量散失；当外界温度升高时，皮肤血管舒张，血流量增多，汗液蒸发增快，促使热量散发，使体温不致过高。皮肤主要通过辐射、对流和蒸发来实现散热。

⑥ 代谢作用

皮肤内新旧细胞会不断进行新陈代谢，一般一个代谢周期是28天，也是皮肤内糖、蛋白质、脂类、水、电解质、黑色素吸收与更新的途径之一。

⑦ 免疫作用

皮肤是人体重要的免疫器官，皮肤出现的问题，就是皮肤发出的免疫信号。例如皮肤过敏就是免疫反映，表现为红、肿、痒、痛和小红疹子。

三、皮肤的分类与护理

皮肤分类通常按皮肤类型和皮肤状况两方面来进行。正确了解皮肤类型是选择适当护肤品的前提，而了解自己的皮肤状况，才能设计护肤流程，让皮肤得到有效的护理。

皮肤类型和皮肤状况的鉴别方法常用皮肤观察法，是指在光线充足的地方进行皮肤检查。卸妆前，先检查皮肤表面出油的情况；卸妆清洁后5~10分钟，再继续分析检查；从T字部位（指脸部的前额、鼻子及下巴）开始检查，再注意两颊及眼睛周围；

细心查看以下皮肤特征的状况，如水分、毛孔、暗疮、斑点、细纹、皱纹、光泽、弹性等。

1 按皮肤类型分

皮肤类型可分为中性、干性、油性、混合性四种。不同皮肤类型的表皮细胞，如图 2-5 所示。

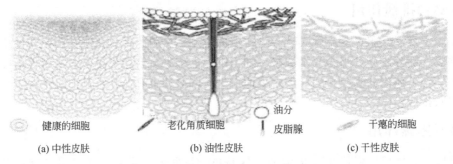

⊚ 健康的细胞   ╱ 老化角质细胞   ◯ 油分   ╱ 干瘪的细胞

皮脂腺

(a) 中性皮肤   (b) 油性皮肤   (c) 干性皮肤

图 2-5 不同皮肤类型的表皮细胞图

(1) 中性皮肤

中性皮肤的识别（以下各题答案若超过四个"对"，则属于中性皮肤）：

① 洗完脸后，皮肤不觉得干涩、紧绷。

② 皮肤的纹理看起来细致、有柔嫩感。

③ 不常出青春痘、粉刺。

④ 照镜子时，要很仔细才看到毛孔。

⑤ 皮肤在夏天并不会严重出油。

⑥ 皮肤几乎不会过敏。

中性皮肤肤质纹理细腻光滑、毛孔细小、光泽富弹性、油脂和水分分泌均衡，很少或没有瑕疵、细纹，很少出现皮肤问题，是理想的皮肤类型。

中性皮肤的保养只需做好清洁工作及基本保养，注意根据季节、气候、身体状况调整护肤品，规律地进行周护理，生活作息正常，睡眠充足，健康饮食，就足以保持皮肤的最佳状态，造就令人羡慕的最佳肤质了。

(2) 干性皮肤

干性皮肤的识别（以下各题答案若超过四个"对"，则属于干性皮肤）：

① 皮肤细薄，连微血管也隐约可见。

② 每次洗脸后，皮肤明显绷得很紧。

③ 脸部的彩妆可以维持很久。

④ 不能久晒太阳，否则皮肤会极端不适。

⑤ 不能忍受用香皂洗脸。

⑥ 若不持续使用滋润型护肤品，脸部皮肤会感觉不适，若停止使用数日，脸部便会有脱皮现象。

干性皮肤又称干燥性皮肤，肤质细腻，较薄，毛孔细小，隐约可以看见微血管，皮脂分泌不足且缺乏水分，脸部干燥，会有干裂、蜕皮现象，容易出现细纹，缺乏光泽，日晒后易出现红斑，风吹后易皲裂、脱屑，洗脸后皮肤有紧绷感，干性皮肤的彩妆能维持较持久，不易脱妆。

干性皮肤的保养应该选择温和型洁肤产品，保护皮脂膜，选用深层保湿及滋润产品，保持皮肤滋润，防止水分流失，定期做去角质、深层保湿、按摩的周护理，加强新陈代谢及血液循环，加强防晒，避免皮肤过早老化，日常饮食中注意水分的摄取。

（3）油性皮肤

油性皮肤的识别（以下各题答案若超过四个"对"，则属于油性皮肤）：

① 化妆后会很快变色，通常2～3小时便觉得脸上的妆容开始脱落。

② 表皮略为粗厚。

③ 可使用香皂或需要用水清洗的洗涤用品。

④ 日晒后皮肤状况良好，纵使暴晒也不会极端不适。

⑤ 毛孔大、略显粗黑，经常产生暗疮、粉刺。

⑥ 发型很难持久，二三天便要洗头。

油性皮肤又称脂溢性皮肤，多见于年轻人、中年人及肥胖者，由于皮脂腺分泌旺盛，皮肤呈油亮感，肤质较厚，毛孔粗大，容易长粉刺、暗疮、面疱，易留色素斑、凹洞或疤痕结节。但由于皮肤油脂的保护，油性皮肤不易老化，不易产生皱纹，但彩妆较易脱落。

油性皮肤的保养应控制皮肤油脂分泌，减少黑头、粉刺及暗疮的发生，选择清爽收敛型洁肤产品保持皮肤清洁，选用质地较薄、具有控油功效的护肤产品，加强磨砂、去角质及深层清洁的周护理，同时做好保湿防晒，避免皮肤光老化，彩妆应选用质地较薄，且具控油功效的产品。

（4）混合性皮肤

混合性皮肤的识别（以下各题答案若超过四个"对"，则属于混合性皮肤）：

① 皮肤不太粗厚，也不太薄。

② 毛孔只在鼻侧、鼻头、额际略为明显。

③ 偶尔也可以香皂洗脸，洗后两颊微感紧绷，但很快恢复正常。

④ 脸部妆容中，每隔数小时便需在额头、鼻头、鼻侧补妆。

⑤ 并不常受暗疮困扰，只是偶尔会因某方面的失调出现一两粒暗疮。

⑥ 夏天时，偶尔不擦护肤保养品也不会明显感觉不适。

同时存在两种不同性质的皮肤为混合性皮肤。一般T字部位的前额、鼻翼、下巴处为油性肤质，呈现毛孔粗大、油脂分泌较多的特征，而其他部位如面颊部、眼睛四周呈现出干性或中性皮肤的特征。

混合性皮肤由于油脂分泌不均衡，建议根据皮肤各部分状况，区分重点保养护理，根据不同部分的需要组合搭配产品，并根据季节变换调整产品类型，在保养的手法上也要讲求技巧。

此外还有一种敏感性皮肤，也称为敏感性皮肤综合征，它是一种高度敏感的皮肤亚健康状态，处于此种状态下的皮肤极易受到各种因素的激惹而产生刺痛、烧灼、紧绷、瘙痒等主观症状。与正常皮肤相比，敏感性皮肤所能接受的刺激程度非常低，抗紫外线能力弱，甚至连水质的变化、穿化纤衣物等都能引起其敏感性反应。此类皮肤的人群常表现为面色潮红、皮下脉络依稀可见。

② 按皮肤状态分

皮肤状态主要指皮肤的含水程度、敏感性、衰老情况、皱纹等，有时会和皮肤类型所表现出来的特征相似或接近。如果判断错误，则容易导致选择错误的护肤产品，美容护肤效果不佳，甚至还会适得其反。

(1) 缺水的干性皮肤

外观表现为干燥、无光泽、有细纹，多见于鼻梁和眼角、皮肤较为细腻的地方。

造成这种皮肤状况的主要的原因是熬夜、睡眠不足、化妆品使用不当、季节的转换，造成皮肤代谢过快，角质层水分流失较多。皮肤外观表现为油脂分泌适当，弹性较好，但容易产生一些假性细纹，主要出现在鼻梁和下眼角，较为严重者有些许脱屑的情况出现，主要是在脸颊和嘴角，一般通过深层补水护理能完全解决。

(2) 缺油的干性皮肤

外观表现为粗糙、无光泽、毛孔不明显，弹性差，易脱屑和长皱纹。

这种皮肤状况大都出现在 40 岁以上，油脂分泌减少，代谢减慢。因缺乏保护膜的保护，使皮肤锁水能力变弱，造成油脂和水分同时缺乏，皮肤易产生真性皱纹，伴有脱屑的现象。开始迈向衰老。平时多注意保持乐观的心态，不要酗酒、熬夜；在饮食上多补充富含维生素 E 和胶原蛋白的食物；在化妆品的选择上以营养为首。

(3) 季节性干性皮肤

外观表现为粗糙、无光泽、长细纹、脱屑，严重者还会伴有龟裂和过敏刺痛。

主要是因为季节的转换，皮肤细胞的生成速度赶不上代谢速度。秋冬季节，油脂的分泌减少，因空气中的湿度降低，带走皮肤中大量的水分，严重者还会伴有龟裂和过敏刺痛的反应。这主要是因为皮肤适应能力降低。在护理时注意以温和型补水为主。

(4) 角质肥厚型油性皮肤

外观表现为毛孔粗大、粗糙、油脂分泌旺盛，手感较硬，皮肤暗黄。

因油脂分泌旺盛造成毛孔粗大，皮肤的黏度增加，使死亡的角质细胞不易及时脱落，堆积而形成角质层肥厚。这种皮肤状况由于皮肤的透度降低，油脂分泌又过于旺盛而导致脸部肤色晦暗。

(5) 毛孔粗大型油性皮肤

外观表现为毛孔极为粗大，并伴有严重黑头，皮肤暗黄。造成这种皮肤状况的原因主要有三个方面。

① 毛孔阻塞，易使毛孔看起来呈现扩大的状态。这是因为油脂分泌旺盛，吸附的灰尘污垢会比一般肤质多，如果不及时清洁会将毛孔阻塞，久而久之，则会形成永久性毛孔粗大。

② 过度挤压与刺激，一旦伤及真皮或毛孔周围弹性松弛时，会使毛孔变得粗大。

③ 随着年龄的增加，皮肤的弹性完全失去，毛孔因失去弹力无力收回，处于张开状态，而形成永久性毛孔粗大。

(6) 青春期油性皮肤

外观表现为毛孔粗大、油脂分泌旺盛、易产生暗疮，尤其是"T"字区部分较为严重。

由于青春期个体体内雄性激素分泌旺盛,皮脂腺机能亢进,造成皮肤油腻。平时清洁不净,过食刺激性食品,极易造成感染,形成暗疮、黑头。

(7) 暗疮型油性皮肤

暗疮是青年男女常发生的一种皮肤问题,其发病原因一般认为与内分泌、皮脂腺的活动和细菌感染有关。近来因环境的变化,粉刺皮肤不只是青春期的问题,而是成为严重的皮肤问题了。此外,也可能与精神和遗传因素有关。随着年龄的增长,30~35岁以后,大部分人可以自愈。如果处理不当,还会留下永久性疤痕。

(8) 敏感性皮肤

敏感性皮肤相对薄而透明,很容易看到细小血管,角质层不全,容易脱屑;保水能力差,皮肤紧绷干燥;容易受外界刺激而出现皮肤泛红、发热、瘙痒、刺痛等,严重者会出现红肿和皮疹,伴有肤色不匀的烦恼,炎症褪去容易留下印痕或斑点。所以日常需要特殊护理,避免使用会引起敏感的某些特别成分。首先要选择温和型产品,产品使用前应做敏感性测试,不要随意更换或混合使用不同品牌的美容护肤品。

造成皮肤敏感的原因很多,敏感性皮肤又分季节性敏感、生理期敏感、接触性过敏、瘙痒性敏感、红肿性敏感、激素性过敏、角质层过薄型、红血丝外露型、角质层空洞型等不同类型。

敏感性皮肤在护理上要注意敏感源的刺激,避免摩擦,不要用磨砂膏,不要去角质,少做按摩,避免吃刺激性食物,少食海鲜类食物,避免频繁地更换化妆品。在选购和使用化妆品前,先在前臂内侧或耳后做斑贴试验,确保在不出现阳性反应时才使用。

(9) 衰老性皮肤

皮肤组织功能减退,弹性减弱,无光泽,皮下组织减少、变薄,皮肤呈现松弛、下垂、皱纹增多的现象。由于造成皮肤衰老的原因不同,衰老性皮肤又分为自然性衰老、环境致衰老、营养不足致衰老、病理性早衰。

皱纹皮肤的保养要避免外界因素(风、霜、雪、紫外线)对皮肤的直接伤害,日常保养

(a) 皮肤敏感
皮脂膜的保湿功能不足,连带影响表皮干燥、脱屑,无法抵抗外来袭击,引发皮肤敏感

(b) 痘痘粉刺
如干涩的水沟无法将废物排出,或只注意处理过剩的油脂而忽略了水分的补充,就会导致皮肤角化、毛孔堵塞、痘痘粉刺的问题日趋严重

(c) 皮肤老化
表皮下的真皮层是以胶原蛋白和弹性纤维为支架与水分结合,当皮肤老化时,皮肤锁水功能变差,皱纹也随之而来

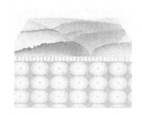
(d) 黯沉粗糙
脸上肌肤不再通透白皙,因为皮肤表层的角质细胞堆积,排列紊乱,肌肤在光线的照射下无法均匀反射,就会呈现很蜡黄黯沉的色泽

图 2-6 不同类型皮肤问题

应选择生化系列、营养成分高的保养品，尤其注意晚间的面部皮肤保养，加强按摩和敷脸，不使用不适合自己皮肤或质量低劣的化妆品，生活规律，保持充足的睡眠，饮食营养均衡，不偏食、偏嗜，多吃蛋类、牛油、海产品、蔬菜、含维生素 B_1 和维生素 E 的食物。

不同类型的皮肤问题，如图 2-6 所示。

四、正确的护肤步骤

完整的护理步骤包括日护理和周护理。

① 日护理

日护理包括清洁、爽肤、嫩肤、隔离四个步骤。

（1）清洁

清洁指使用洁面乳或卸妆产品。清洁永远是护肤的首要步骤，脸部污垢若清洁得不彻底，皮肤容易变得干涩、粗糙、毛孔粗大。

正确的洁面步骤是：用温水打湿面部，取适量的洁面产品在手中，用手搓揉出丰富的泡沫；特别是容易出油的 T 字部位，不要直接揉搓，而是按摩；然后用清水冲洗干净；立刻用毛巾吸干脸上的水分，最后在面部喷上矿物质水喷雾，然后再一次用毛巾拭干。

（2）爽肤

爽肤指使用爽肤水或保湿喷雾。爽肤水具有清洁和收缩毛孔的重要作用，但要配合化妆棉才具有清洁作用，同时化妆水不能替代润肤乳，因为化妆水的主要功能是调整皮肤，补充皮肤水分，而不是润肤。化妆水要在清洁后使用。

（3）嫩肤

嫩肤包括使用肌底液、精华液及乳液或面霜。一般来讲，化妆品的使用顺序是以所使用产品分子的大小来选择的，通俗讲就是依照化妆品的稀薄和干稠的程度来使用，一般稀薄的化妆品可以用在最前面，油性成分高的可以放在最后使用。

（4）隔离

隔离指使用防晒乳、隔离霜和粉底等。有一个简单的办法可以简单安排化妆品的使用顺序，把每天要用的护肤品按照正确的使用顺序，从左至右排个"队"：清洁→化妆水→精华类产品→眼霜→保湿类产品→隔离防晒→彩妆，放在镜子前面，使用时只需要依次取出就行了，不用花费很多精力，就可以获得好的保养效果（见图 2-7）。

② 周护理

周护理包括清洁、去角质、敷面膜、保养等步骤。角质层是皮肤最表层，对皮肤的

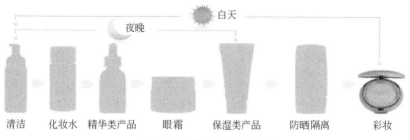

图 2-7 化妆品的使用顺序

结构和屏障功能有重要的作用。正常皮肤不需要特意去角质，因为角质层本身有新陈代谢周期。如果去角质不当，例如去角质过于频繁，角质层受损，就会出现皮肤干燥脱屑、敏感不耐受等问题。在周护理中常用的磨砂类去角质产品或去角质面膜对皮肤会造成一定伤害，每周使用不宜超过 2 次。同时针对比较特殊的如眼周皮肤、嘴唇及周围皮肤、手部和脚部等部位皮肤，每周进行 1～2 次的精华护理、按摩等，能使这些部位的皮肤呈现理想状态。

五、 化妆品科学中常用的皮肤生理参数及测定方法

① 皮肤含水量测试

皮肤含水量主要反映皮肤角质层的水分含量，由于皮肤水分含量会影响皮肤表面水和油脂混合膜的形成，这层保护膜对防止皮肤衰老很重要。因此通过测试皮肤含水量，可以反映化妆品的保湿效果。目前水分的测试原理多采用 CORNEOME TER 法（电容法），基于水和其他电解质（盐和氨基酸等）的介电常数的变化，按照含水量的不同，适当形状的测量用电容器会随着皮肤的电容量的变化而变化，从而可测量出皮肤的水分含量。

② 水分经皮丢失

除出汗外，水分还可以突破皮肤角质层的屏障功能而丢失，这就是水分经皮丢失（transepidermal water loss，TEWL）。TEWL 不直接表示角质层含水量，评价的是角质层屏障功能的好坏。TEWL 通过测定皮肤表面的水蒸气压梯度表明水分散失的情况，从而反映皮肤的水通透屏障。当屏障功能受损时，TEWL 值增高；相反地，TEWL 降低，提示屏障修复。

③ 皮肤的 pH 测量

皮肤表面的 pH 值是由角质层中水溶性物质、汗液和皮肤表面的油脂层及排出的二

氧化碳共同决定的，正常情况下皮肤表面呈弱酸性。皮肤 pH 值的检测多采用检查离子渗透压的方法来检测，原理是通过一个玻璃电极和参比电极做成一体的特殊测试探头，顶端由一个半透膜构成，该半透膜将探头内部的缓冲液和外部被测皮肤表面形成的被测溶液分开，但外部被测溶液中的氢离子 H^+ 却可以通过该半透膜，从而进行酸碱度 pH 值的测定。

④ 皮肤颜色测定

正常皮肤的颜色主要由三种因素决定：皮肤内各种色素的含量与分布情况；皮肤血液内氧合血红蛋白与还原血红蛋白的含量；皮肤的厚度及光线在皮肤表面的散射现象。对于皮肤颜色的测定，国际照明委员会（CIE）采用 $L^*a^*b^*$ 值，运用三刺激源色度计来测量皮肤的颜色。其基本原理是用光度计测量皮肤对每一波光的发射率，将可见光以一定单位波长递增照射在皮肤表面，逐点测量发射率，可以获得被测试皮肤表面颜色变化的分光光度曲线，也可将测量值转化为三维坐标表现皮肤颜色的 Lab 均匀颜色空间系统。L 为垂直轴代表亮度，表皮中的黑色素含量与 L 值呈明显的指数负相关，L 值越大肤色越白；a、b 是水平轴，a 值代表绿红轴上颜色的饱和度，负值表示绿色，正值表示红色，真皮中的血红蛋白是皮肤中红色的主要来源，a 值越大肤色越红；b 值代表蓝黄轴上颜色的饱和度，负值表示蓝色，正值表示黄色，b 值越大肤色越黄。

⑤ 皮脂分泌测定

通过检测面部油脂的变化，可以了解皮肤油脂分泌的能力。皮肤油脂的测定曾采用溶剂萃取测试法，其过程复杂耗时。现在多采用光学测定法，可以快速准确得出皮质测试结果。工作方法基于油斑光度计原理，将 0.1mm 的特殊消光胶带贴压在皮肤上，吸收人体皮肤上的油脂后，胶带会变成一种半透明的胶带，随之透光量也会发生相应的变化，故其透明度与油脂的量成比例，吸收的油脂越多，透光量越大，通过测定透光量从而测得皮肤油脂含量。

⑥ 皮肤弹性测定

皮肤表皮弹性的状况是反映皮肤衰老状况的一个重要指标。测试皮肤弹性的原理有两种，一是用吸力和拉伸原理，另一种是用压力和回复原理，两者只是用力方向不同，实际上都是采用光学和力学的原理，通过数学方法计算结果。目前多采用第一种基于吸力和拉伸的原理，在被测试的皮肤表面产生一个负压，将皮肤吸进一个特定测试探头内，皮肤被吸进测试探头的深度是通过一个非接触式的光学测试系统测得。测试探头包括光发射器和接收器，光的比率（发射光和接收光之比）与被吸入皮肤的深度成正比，这样得到一条皮肤拉伸长度与时间的关系线，可通过计算机软件来分析确定皮肤的弹性性能。

⑦ 皮肤皱纹测定

皮肤纹理和皱纹的测定，一直是皮肤衰老与抗衰老研究的一个重要手段，也是抗衰除皱类护肤品的客观评价方法之一，常见的有直接目测评价法、使用复制模型和照片的间接评价方法。目前比较先进的是使用皮肤显微表面活性分析系统，即依据光学原理，用含有高清摄像头的测试头拍摄在 UVA 光源照射下皮肤表面的纹理图像，将黑白视频信号输入到测试系统的数字化仪中进行处理，再输入到计算机中，用专用的活性皮肤表面评价软件（也就是 SELS）对图像进行分析，就可得出与皮肤皱纹有关的相关参数值。

六、学习实践

① 请将润肤露分别涂抹在手掌和手背处，对比两者的吸收情况，根据皮肤的结构特点分析其原因。

② 根据皮肤的分类知识，帮你及你的朋友进行皮肤类型和皮肤状态的分类判断。

③ 请给自己制定一个日护理和周护理的化妆品使用安排。

第三章

清洁功效化妆品

面部清洁是保证皮肤健康的关键步骤，也是护肤的首要步骤。清洁功效类化妆品主要包括洁面类化妆品和卸妆类化妆品两种。

一、洁面类化妆品

1 皮肤清洁的作用与原则

除了使用在皮肤表面的护肤品和彩妆产品外，人体的皮肤不停地通过皮脂腺和汗腺分泌皮脂和汗液，皮肤的角质也不断地进行着更新换代，再加上暴露于外界的皮肤极易粘附各种刺激物、致敏物、微生物及灰尘、污垢，可堵塞毛囊孔、汗腺口，如果不及时清洗，将影响皮肤的新陈代谢，或使皮肤产生过敏反应，甚至造成皮肤感染。同时，皮肤的清洁还可促进皮肤血液循环，增进皮肤和身心健康，防止皮肤问题的产生。因此，清洁皮肤对皮肤的护养和保健极为重要。

清洁皮肤时，必须考虑到人体皮肤的生理作用，清洁化妆品应遵循温和地去除皮肤表面多余的皮脂角质和污物，且不能破坏皮肤正常的脂质结构及屏障功能，不导致皮肤干燥刺激的原则，因此这类化妆品的脱脂力不能太强，应最大限度地降低其对皮肤的刺激性。

2 皮肤清洁的原理

皮肤的清洁可以通过溶解、乳化及摩擦的方式实现。不同的作用原理也诞生了不同类型的清洁功效化妆品。

(1) 溶解

溶解是皮肤清洁最直接的方式，水、醇类可以溶解水溶性或醇溶性的物质，例如皮肤表面的盐类、溶于醇的彩妆成分等；如果是油溶性的物质，例如抗水彩妆、防晒剂等，则需使用有机溶剂如矿物油、动植物油等将其溶解出来，再冲洗干净。洁面水、洁面啫喱就是在此原理下诞生的一大类清洁功效化妆品。

(2) 乳化

乳化即使用表面活性剂，利用其分子一端亲油一端亲水的特殊结构，根据相似相溶原理，表面活性剂的亲油端插入到油污内部，亲水端在摩擦作用和水的冲洗作用下将油污分散并带走（图 3-1）。

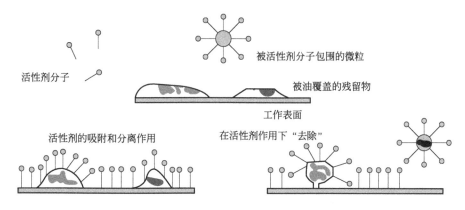

图 3-1 乳化原理

表面活性剂的分类方法很多，一般按照其化学结构，分为离子型表面活性剂和非离子型表面活性剂。而根据离子型表面活性剂所带电荷，又可分为阳离子表面活性剂、阴离子表面活性剂和两性离子表面活性剂（见图 3-2）。

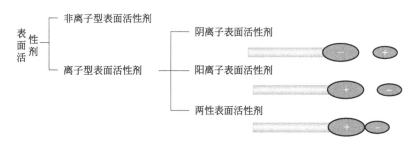

图 3-2 表面活性剂的分类

高级脂肪酸盐（俗称皂基）、高级脂肪酸的硫酸酯及烷基芳香磺酸化物是常见的阴离子表面活性剂；含氮原子的季铵盐类是常见的阳离子表面活性剂；两性离子表面活性剂分子结构中同时具有正、负电荷基团，在不同 pH 值介质中分别表现出阳离子和阴离子表面活性剂的特性，常见的有卵磷脂、由氨基构成的氨基酸型及由季铵盐构成的甜菜碱型表面活性剂；非离子型表面活性剂在水中不解离，常由长链脂肪酸及醇以酯键或醚键结合而成，有烷基葡萄糖苷（APG）、脂肪酸甘油酯等类型。

(3) 摩擦

摩擦是指使用机械力,直接将皮肤表面的物质清除。摩擦越充分、有力,清洁力就越强。手就有一定的摩擦力,不过由于皮肤表面有毛孔、皮纹、皱纹这样的凹陷结构,若污垢隐藏于这些部位,手的力量就无法触及。在洁面产品中添加均匀颗粒也能增加摩擦效果,当然也可以借助化妆棉、海绵等清洁工具,增强清洁能力。

❸ 清洁类化妆品的分类

市场上出售的清洁类化妆品种类很多,也有不同的分类方式。根据产品结构、添加成分不同,可以将它们分为普通型、磨砂型、疗效型三种。根据使用对象不同,又细分为针对不同皮肤用的洗面奶、家庭用洗面奶、美容院用洗面奶等。而最普遍的是根据产品质地类型不同,分为洁面皂、洁面奶、洁面乳、洁面霜和其他类型洁面产品,如洁面泡沫、洁面啫喱、洁面水、洁面粉、洁面面膜、卸妆油、磨面膏、去死皮膏(液)等。在选用此类化妆品时,不但要结合自己皮肤的特点,还要了解它们的性质。以下简单介绍几个常见的洁肤品。

(1) 洁面皂

洁面皂是以油脂为原料,再与强碱性的氢氧化钠共煮制造的,是偏碱性的皂化配方制品。这类制品常见的名称有美容香皂、植物香皂、貂油皂、透明香皂、蜂蜜香皂及甘油皂等。不论称呼如何改变,其碱性的本质都是相同的。

一般洁面皂因拥有极佳的清洁力,洗后脸部有油脂尽去的轻快感,所以使用者颇多。但由于其 pH 为 9~10,而人体皮肤平均酸碱值则在 pH 5.5 左右,会过度去除脸上的油脂,以及皂碱过度溶解角质,会造成洗完脸后有脸部表皮紧绷、干燥的感觉。同时有研究表明,与其他清洁成分相比,皂基最易与皮肤的角质蛋白结合,造成皮肤粗糙老化、功能下降。所以,干性肤质及角质层较薄的敏感性肤质者,均不适宜使用这一类碱性的皂化制品。

为了改善洁面皂洗后皮肤紧绷的不舒适感,在洁面皂中添加一些"水不溶性的成分",包括各种植物油、维生素 E、羊毛脂、高级酯醇类等,产生柔肤、不干燥的效果,出现了柔肤配方的洗面皂及乳霜皂。这些添加润肤成分的洗面皂,虽能修饰洁面皂干涩的缺点,但另外添加的成分,对皮肤却不见得有益。

与乳霜皂相比较,透明香皂不含乳霜,有些声称其中含有可以加倍保湿皮肤的甘油成分。甘油确实是可以保湿,但是必须保留在皮肤上,才能发挥水合的功能。以洗脸的程序来说,甘油与皮肤接触的时间非常有限,洗完脸后,甘油实际上已完全地被水冲走,其保湿的功效十分有限,也不能改变其偏碱性及过度去脂的特性,并非大众想象般的高品质。

近年来市面上有所谓中性或弱酸性的香皂,这类洁面皂主要是使用合成的表面活性剂,以适当的黏结剂,将多种表面活性剂黏结在一起,再制作成块状。因此,其性质与传统的洗面皂完全不同,自然没有皂基的问题。

(2) 洁面奶

一般来说,洁面奶是由油相原料、水相物、部分游离态的表面活性剂、营养剂、保湿剂和香精等成分构成的乳液状产品。根据相似相溶原理,洗面时以油相物溶解皮肤上油溶性的脂垢,以水相物溶解皮肤上水溶性的污渍污垢。此外,洁面奶中部分游离态表面活性剂有润湿、分散、发泡、去污、乳化五大作用，是洁肤的主要活性物。用洁面奶洗脸卸妆有极好的洁肤保健功效，是一般大众最常选择的脸部清洁剂。

洁面奶的组成可分为两大类，第一类是含有阴离子表面活性剂（如皂基）成分的皂化配方，第二类则是完全以非阴离子型表面活性剂为主成分的合成表面活性剂配方。皂化配方的洁面奶，其性质与洁面皂相去不远，即碱性、去脂力佳，刚洗后的感觉十分清爽，一旦脸上的水分自然蒸发后，皮肤仍会有过于紧绷及干燥的情况。皂化配方的洁面奶，虽有先天上的缺点，但是其商品市场占有率不小，究其原因就是容易清洗的感觉和洗后无负担的肤触感。

如何判断市面上的洁面奶是皂化配方呢？可以看原料成分表。皂化配方，是使用各种脂肪酸与碱剂一起反应制造出来的。所以，成分栏里若同时出现"脂肪酸与碱剂"，就是皂化配方（见表3-1）。

表 3-1　皂化配方常用脂肪酸和碱剂原料成分

脂肪酸	碱剂	脂肪酸	碱剂
十四酸（肉豆蔻酸）	氢氧化钠	十六酸（棕榈酸）	三乙醇胺
十二酸（月桂酸）	氢氧化钾	十八酸（硬脂酸）	AMP

而以合成表面活性剂为主要成分的洁面奶，表面活性剂的优劣决定了洁面产品的品质良劣和性质特色。针对经常用于洁面奶的不同表面活性剂，其性质、对皮肤的作用及优缺点等介绍列于附录1，读者可对照市面上的产品成分栏，判断其是否为优良清洁成分，就能大致了解无皂化配方洁面奶的优劣。

（3）洁面乳

洁面乳也是很常见的洁面产品，一般呈乳液或者乳霜状，由于不含皂基和发泡剂成分，使用过程中基本上没有泡沫。洁面乳最大的优点是非常温和，洗完后不会有紧绷感，四季和各种皮肤类型都可以使用，而且非常补水。敏感皮肤也可以放心使用。

（4）洁面霜

洁面霜也称清洁霜，是近年来开发的一种用于除去面部皮肤表面污垢、富含营养成分、能保护皮肤的新型洁肤品，具有洁肤、润肤、护肤作用，且不损伤皮肤，正逐渐受到消费者的重视和喜爱。

清洁霜是由冷霜演变而来，质地较柔软，它的pH值比肥皂低，呈中性或弱酸性，在皮脂的pH范围内进行去污洗涤，对皮肤柔和无刺激，对于去除油性化妆品和附着在皮脂上的污垢，清洁霜的效果比肥皂好。由于清洁霜靠溶剂作用去垢，所以使用时很方便，不必用水，只需将清洁霜涂敷在面部，在缓和的按摩和皮肤温度下，清洁霜被液化，均匀分布于皮肤表面，能充分溶解除去皮肤的污垢及异物。然后用脱脂棉或纸巾擦拭，污物即随霜体一起除去，面部皮肤即被洗净，无论何时何地都能简便地进行。清洁霜用后能在皮肤表面留下一层滋润性油膜，对干燥性皮肤有很好的保护作用。

清洁霜可分无水型（由矿油、凡士林和蜡配制）、无油型（主要以洗涤剂组成）、乳化型三大类。乳化型可分为油包水型（W/O）和水包油型（O/W）两类。油包水型清洁霜，有油腻感，适用于干性皮肤和浓妆或戏剧妆的卸妆。水包油型清洁霜，有顺滑感和舒适的使用感，适用于油性皮肤、干性皮肤或冬季时的干燥皮肤，不用水洗，可起到润肌护肤作用。目前以水包油型清洁霜较为流行。

(5) 洁面粉

这种形式的洁面产品，往往是在其中添加了需要特别保持活性的成分，如美白洁面产品、酵素洁面产品和收敛毛孔洁面产品等，因为在干态下，活性成分比较稳定，容易保存。洁面粉在加水调入粉末后，可以揉出丰富泡沫，清洁力强的优点令其非常受欢迎。而且由于它是固态，出差或者旅行携带很方便，使用的时候只要加水就能揉出丰富的泡沫，顿时让洗脸变得很有乐趣。

(6) 洁面泡沫和洁面摩丝

洁面泡沫是最常见的也是最常使用的洁面产品之一，一般为乳状或者啫喱状，最大的优点是泡沫极其丰富，只要一点点就可以揉出很多泡泡。因为用完之后比较清爽，所以很多油性皮肤的人都很喜欢使用。因其清洁力很强，干性皮肤用完后会有紧绷感，敏感皮肤最好不要每天都使用。

洁面摩丝看上去是透明的液体，但是从泵口出来以后，就变成了丰富细腻的泡沫，洁面效果非常柔和，洗后皮肤会感觉滋润光滑，没有紧绷感，适合偏干性皮肤。

(7) 洁面水

以多元醇为主要成分的洁面水，最大的特点就是防过敏，特别适合敏感皮肤使用。用化妆棉吸取洁面水后擦拭面部，可以温和去除面部污垢，擦拭后甚至可以不再用水清洗面部，还可以免用爽肤水。由于使用方法简单，非常适合在旅行途中使用。

(8) 磨面膏

磨面膏是在清洁霜的基础上，结合按摩营养霜的要求制成的产品，除含有保护皮肤的营养成分外，还添加了直径为0.1～1.0毫米的细微颗粒。磨面膏不仅能清除皮肤表面的污垢和堵塞毛孔里的污垢，还能将尚未脱落的陈腐角质层组织细胞有效地清除掉。通过磨面膏中微细颗粒的按摩摩擦，还能促进皮肤表面血液循环和新陈代谢，达到消除皱纹和预防粉刺的目的。因此磨面膏能改善皮肤组织，使皮肤柔软、光滑、白嫩。

使用磨面膏之前，应先将脸洗净，再将少量磨面膏涂于面部，按一定方向轻轻按摩。约10分钟后，用清水洗净擦干，再涂其他护肤品。按摩过程中切勿过度用力，以免造成皮肤不舒适感。每周使用1次即可。

④ 洁肤的步骤

不同的洁面化妆品有特定的使用方法，下面以最普遍使用的洁面奶为例，阐述洁面奶洁肤的步骤技巧（见图3-3）。

第一步，温水润湿皮肤。

洗脸用的水温非常重要，不要小看这一细节，最好用温水湿润脸部。

有些人怕麻烦，直接用冷水洗脸，而有些人则认为油性皮肤要用热水将脸上的油洗掉，这两种方式都是不正确的。虽然冷水有助于收缩毛孔，但直接用冷水不能保证毛孔充分张开，不能把脸上的油垢洗净；热水中的水蒸气会导致毛孔张开变大，但也会使皮肤的天然保湿油分过分丢失，因此用温水洗脸才是正确的。

第二步，洁面奶在手上充分揉搓起泡。

取硬币大小的洁面奶到掌心，用少量水打泡，直到出现丰富泡沫为止，泡沫越丰富越好。这是最重要的一步，如果没有充分揉搓起泡，不仅起不到清洁作用，洁面奶还可能会残留在毛孔里，刺激皮肤引起青春痘。

第三步，均匀涂抹在脸上，轻柔按摩。

充分揉搓后就可以将洁面奶泡沫涂在脸上了，先以打圈的方式让泡沫遍及整个面部，先按摩脸颊，再以较长时间按摩额头，最后按摩眼周、嘴角和下巴等处，动作尽量轻柔，注意不要太用力，以免产生皱纹。一般按摩的时间在 1～2 分钟，这样不仅可以使皮肤更柔滑，还可以促进皮肤对营养成分的吸收，达到很好的清洁效果。

第四步，用湿润毛巾或卸妆棉轻按脸蛋进行清洗。

挑选柔软卸妆棉或毛巾，充分湿润后轻轻在脸上按，然后再用清水清洗几次，就可以清除掉洁面乳，不会给干燥、敏感的皮肤增加负担。切忌用毛巾大力擦洗，这样会伤害娇嫩的皮肤。

第五步，检查残留。

清洗完成了，还要通过镜子来检查一下发际周围有没有残留的洁面奶，很多人会忽略这个步骤，因为残留的洁面奶会令发际周围长痘痘。

第六步，用冷水撩洗 20 次，用凉毛巾敷脸蛋。

建议在洁面后用冷水再清洗一次脸部，帮助毛孔收缩。具体方法是：用双手捧起冷水撩洗面部 20 下左右，或是用冰过的毛巾敷脸。这样做可以使毛孔收紧，同时促进面部血液循环。

图 3-3　洗脸的步骤

⑤ 不同皮肤类型选择清洁产品的原则

不同皮肤类型的人应该选择适合的化妆品，同样在清洁类化妆品的选择上，不同的清洁成分清洁能力不同，不同剂型产品清洁机理不同，而且使用肤感也不同。

（1）根据清洁成分选择

如前所述，乳化类清洁产品按表面活性剂类型的不同可分为非离子型表面活性剂及离子型表面活性剂（阳离子型、阴离子型及两性型），不同类型的表面活性剂对油脂的清洁能力是不一样的，其变化规律如下所示。

阴离子表面活性剂＞阳离子表面活性剂＞两性离子表面活性剂＞非离子表面活性剂

——→

表面活性剂的去脂清洁力

清洁的问题，在于找到适当的清洁程度，针对不同皮肤类型选择清洁产品。

① 油性皮肤，选用皂基洁面产品。

② 轻微油性皮肤，选用含皂基＋阳离子表面活性剂的洁面产品。

③ 中性或干性肌肤，选用两性离子表面活性剂（如氨基酸表活）的洁面产品。

④ 敏感性肌肤，选用非离子表面活性剂（如烷基多苷 APG）的洁面产品。

（2）根据产品类型选择

① 中性皮肤

这类皮肤是最容易护理的，一般选一些泡沫型洁面奶就可以了。当然如果在秋冬季节，感觉皮肤比较干的时候也可以改用一些无泡洁面奶。现在一些无泡洁面奶在改进后，不像以前一样有很难冲洗干净的感觉。

② 干性皮肤

这类皮肤最好不使用泡沫型洁面奶，可以用一些清洁油、清洁霜或者是无泡型洁面奶。目前清洁油类产品在一些中高档产品中有，相对清洁霜而言，这类产品肤感比较清爽。

③ 油性皮肤

油性皮肤或者面疱型皮肤，不宜一味追求彻底洗去脸上过剩的油腻，而使用去脂力过强的产品。去脂力强的洗洁成分，虽能轻易地将皮肤表面的油脂去除，但同时也会洗去一些对皮肤具有保护防御作用的皮脂，长久下来反而弄糟了肤质。油性肤质者较理想的做法是：使用温和、中度去脂力的清洁成分，并且增加洗脸次数。此外，配合定期的敷脸，才能深层清洁毛孔，使老旧的皮脂废物代谢出来，改善不佳的肤质。

④ 混合性皮肤

这类皮肤主要 T 字位比较油，而脸颊部位一般是中性，有的可能是干性。所以这种皮肤要在 T 字位和脸颊部位取个平衡，不能只考虑 T 字位清洁干净而选一些去脂力非常强的产品，尤其在秋冬季。可以在夏天使用一些皂剂类洁面奶；秋冬季节由于油脂分泌没有那么旺盛，可以换成普通泡沫洁面奶。

⑤ 敏感性皮肤

适度清洁是敏感性皮肤的保养重点，清洁时水温的选择很重要，因为敏感性皮肤不能耐受冷热的刺激，所以在洁面及淋浴时，水温以接近皮肤温度为好。敏感性皮肤不宜频繁使用清洁类产品，以免破坏原本就很脆弱的皮脂膜，一般每天或间隔数天使用一次洁面乳，每周使用 1～2 次沐浴产品，具体可根据所处环境、季节及个体情况适当加减，谨防清洁过度。同时，不适宜使用碱性配方或含果酸浓度高的制品。

（3）根据年龄选择

20 岁左右的年轻皮肤油脂分泌比较旺盛，洁面时可以选择皂类、泡沫类产品，这类产品的碱性强，对油脂有很强的清洁力。但是也不要持续使用，否则会伤害到角质层，导致以后皮肤的敏感与弹性的缺乏，建议搭配其他类型的洁面品交替使用。

30 岁左右的皮肤油脂分泌比 20 岁时要减少很多，建议选择乳液洁面品温和洁面，或者很泡沫细腻的洁面品。由于熟龄皮肤的弹性缺乏，也推荐选择含有氨基酸分子的洁面乳，补充皮肤营养与弹性。随着年龄的增长，皮肤对刺激性洁面品的耐受力越来越低，尽量不要使用磨砂类洁面品。

其实，洁面产品的好坏，主要决定于"清洁成分"本身，使用优良的清洁成分，才能制成好的洁面产品，而不是那些添加物。极低比例量的滋养成分，通过厂商的促销宣传，其真实效果可能并不能达到消费者的预期。事实上，这些添加成分，通过洁面的过程，很少能留在脸上发挥功效。

⑥ 清洁产品的评价方法

第一步，外观质地观察。

先打开包装闻其气味，再挤取少量清洁产品于手背上，观察其外观形态、颜色，用手轻轻触摸其质感。最后再取相同分量的清洁产品于起泡网上起泡，测试起泡难易度及泡沫细腻度。

第二步，泡沫密度测试。

取一点洁面泡沫在黑色板的最上面，将板微微竖起，倾斜 45 度，20 秒后，看产品下滑的幅度，下滑越多产品密度越小，说明产品不够细腻，很多滋润成分就难以被吸收。反之，则产品较好。

第三步，温和性测试。

用 pH 笔测试产品 pH 值。将 pH 笔感应头完全浸没在清洁产品的泡沫里，待 pH 值稳定后读数，pH 值接近皮肤天然酸碱度 5.8 最好。

第四步，刺激性测试。

如果皮肤受到刺激，局部会出现红斑，故取少量洁面泡沫涂抹于手背上，稍后洗干净。1 小时后观察使用产品前后使用部位皮肤是否出现红斑。红斑颜色越深，说明该产品对皮肤刺激性越强。

第五步，使用前后皮肤滋润度测试。

好的洁面产品在洗去皮肤油脂、污垢的同时，不会带走皮肤自身的水分，还能保持皮肤的水润度。先用肤质探测仪测试皮肤在使用清洁产品前的皮肤水分含量，然后用清洁产品起泡按摩皮肤约 1 分钟，用面纸轻轻拭干表面水分，再用肤质探测仪测试刚使用完清洁产品的皮肤。5 分钟后再次用探测仪测试皮肤的水润度。记录并对比皮肤滋润度数据。

第六步，清洁力测试。

一款洁面产品的好坏，最重要还是看清洁度，看其能否彻底清除皮肤表面的油脂和污垢。涂抹少量彩妆产品如粉底、腮红、唇膏于手背上，取出适量洁面产品，起泡后温柔地搓洗手背，用水冲洗后观察彩妆产品残余情况。

⑦ 破解清洁产品使用误区

误区 1　洁面产品都含有化学成分，用清水洗脸最自然？

用清水洗脸只能清洁表面的灰尘、汗渍，无法取代常规洁面产品起到的深层清洁、去油的作用。因此，应根据自己的皮肤、使用季节等因素来选购洁面产品。一般来说，油性皮肤应该选择去污能力比较强的泡沫型洗面奶；干性皮肤应选择性质比较温和、补水的洁面产品；混合性皮肤及敏感性皮肤，在选择洁面产品的时候应关注产品的主要清洁成分。

误区 2　洗完脸自然风干，能起到补水的作用？

很多人在洗脸的时候，故意不擦干脸上的水，感觉这样水润润的比较补水，也感觉非常舒服。事实上，自然风干会使皮肤温度降低，引起血管收缩，在风干的过程中带走更多脸部的水分，反而会使皮肤更干燥。这也是有时候自然风干后的脸反而更加紧绷的原因。因此，洗脸后最好用干净细腻的毛巾轻拭脸部，吸干脸部表面的水分，然后使用爽肤水、乳液，再使用具有保湿效果的面霜，这样才是保持皮肤水分不流失的正确做法。

误区 3　用泡沫型洁面奶洗完脸后，皮肤紧绷营养流失？

有人存在这样的误解，认为泡沫型的洁面奶去污能力强，会带走脸部的大量水分。事实上，我们使用泡沫型的洁面产品后，面部皮肤紧绷感是由于清洁剂洗去了皮脂和含在角质中的"天然保湿剂"造成的，应该及时使用保湿产品。无泡沫的洁面产品由于添加油性及保湿成分，因而造成皮肤不紧绷的错觉，应该将无泡沫洁面产品与泡沫型的洁面产品结合使用，否则就会因为无法彻底清洁脸部污渍而造成油脂堆积。

误区 4　用毛巾洗脸会更干净？

这种做法是错误的。毛巾的纤维虽有吸附油脂污垢的能力，但由于毛巾圈绒比毛孔还大，很难清除皮肤深处的污垢、油脂。同时在漂洗的过程中，毛巾会重复携带留在洗脸水里的空气、尘埃和脸部清洁下来的污渍，也不利于脸部清洁。应搭配清洁产品来洗脸才更干净。

误区 5　脸部出油，多用清水洗几遍可以去油？

炎热的天气脸部油脂分泌旺盛，不少人都很讨厌脸部油油的感觉，于是每次去洗手间时都会洗洗脸。其实频繁洗脸非但不能解决脸部油脂分泌过多的问题，反而会导致脸部油脂补偿性分泌，出油加剧。而且频繁洗脸会带走表皮中水溶性天然保湿因子，使得皮肤的保湿能力下降，皮肤屏障能力降低。

误区 6　洁面奶泡沫越多越好？

洁面奶中的泡沫大多是一些具有发泡作用的表面活性剂产生的，这些泡沫确实可以帮助彻底清除化妆品、老死的角质层和阻塞的毛孔。高品质洁面奶的泡沫应该细腻、有质感，同时含有滋养保持皮肤水分的成分，粗糙的松动的泡沫往往是产品中皂基较多，营养成分较少，洗净度和保湿效果都不会好。现在许多新品洁面奶也会使用不发泡的表面活性剂，它们的泡沫不多但洗净力却很强，还有平衡油脂、保湿、滋润等多种功能，所以要走出单凭泡沫的多少来判断洁面奶的品质优劣这个误区。

误区 7　洁面奶需要经常更换？

如果目前使用的洁面奶感觉良好，则不需要经常更换。因为不同肤质的 pH 值是不同的，同一品牌的洁面品常常使用同一种基础的油脂、增稠剂、固化剂、表面活性剂等，因此它的酸碱值具有一定的特性。皮肤对每种洁面品都需要经过一个适应的过程，如果频繁更换洁面品，容易导致皮肤短暂的刺痛、脱皮或缺水。但外界环境及情绪变化等也会引起皮肤类型发生变化，所以随变化而尝试一些其他产品也是可取的。

误区 8　用热水洗脸会更干净？

过热的水除了软化角质外，还会伤害角质层。热水能彻底清除皮肤的保护膜，易使皮肤松弛，毛孔增大，导致皮肤粗糙。另外，如果油分洗掉过多，也会加速皮肤的老化。而较低温度的水洗脸，又会使皮肤毛孔紧闭，无法洗净堆积于面部的皮脂、尘埃及残留物等污垢。正确做法是用接近人体体温的温度（约 35℃）来洗脸是最合适的，这样能够温和地带走脸部的脏物。

误区 9　洗脸时间越久越干净？

其实并不是这样，洗脸时间过长，会造成过度清洁，清洁掉脸部必要的皮脂及水溶性的天然保湿因子，脸部反而更干。正确做法是让洁面产品停留在脸部 40 秒左右即可，整个洗脸的过程控制在 3 分钟为宜。

误区 10　用洗脸海绵用力擦脸会洗得更干净？

洗脸海绵的作用是方便我们快速打出丰富、细腻的泡沫，让泡沫充分接触皮肤，浮出毛孔中的污垢。洗脸时切忌用力摩擦皮肤，否则会刺激皮肤，导致多余的油脂分泌。正确做法是，要彻底清洁毛孔里面残留的污迹，必须配合洁面产品，一边打圈一边轻轻按压，这样可以彻底溶解污垢和帮助代谢角质的脱落，也不会伤害皮肤。

误区 11　含果酸的洁面乳，就一定具有去角质的效果？

声称含有果酸的洁面乳，不见得具有果酸的功效。果酸必须在偏酸性的环境下，才能发挥作用，其发挥效用最佳的酸度是 pH3～4。酸度不够，效果会变差。对于那些皂化配方的洁面乳，或者必须调节在碱性下才具清洁功效的表面活性剂配方，如果也因流行而添加果酸，自然难有成效。除此以外，非皂化配方中的 SLS、SLES、MAP 等表面活性剂，不宜与果酸一起配方。

⑧ 科学清洁皮肤的建议

（1）减少洗脸次数

正常人一天洗脸 2 次足够了。而干性皮肤，一天用一次洁面奶也足够了。

（2）缩短洗脸时间

洗脸时间控制在 3 分钟以内，泡沫在脸上的时间不要超过 40 秒钟。如果坚持这个洗脸原则，就能大大减少洗面奶对皮肤的伤害。对于那些特别想把脸洗干净的人，可以选择使用面膜这种方式进行深层清洁。

⑨ 学习实践、经验分享与调研实践

① 示范实践：如何正确使用洁面奶洁面。

② 请分别体验不同洁面产品的使用效果及感官感受，并进行对比。

③ 请与朋友互相分享一下各自清洁类化妆品的使用心得、挑选方法和评价方法，以及使用方法与使用频率等。

④ 根据洁面成分，寻找适合自己的刺激小、副作用小的洗面产品。以报告的形式汇报你选择的产品，并列出理由。

二、卸妆类化妆品

① 卸妆产品的定义

随着化妆人群增加，再加上化妆品制造技术的进步使得化妆品不易脱妆、附着力高等种种因素，人们对彻底清洁皮肤的需求造就了今日的卸妆用品市场。不论是品牌、形态、外观或功能性，简直可以用琳琅满目来形容。卸妆用品的演变，从早期的卸妆霜、卸妆乳液，多样化到卸妆凝乳、强效卸妆液、卸妆油，甚至更简化到卸妆湿巾，以强调产品的便利性。卸妆品的优劣，以现代人对卸妆品的要求来说，并不是以产品的外观形状来决定、判断的，也不能只停留在具有好的卸妆功能上，还必须考虑这些卸妆成分是否会刺激皮肤，对皮肤造成伤害。

② 卸妆产品的分类

（1）卸妆油

卸妆油其实是一种加了乳化剂的油脂，"以油溶油"的原理设计使其可与脸上的彩妆油污融合，再通过水乳化的方式，冲洗时可将脸上的污垢统统带走。比起传统的用面纸擦拭后再用洁面产品将残留的油脂洗净的卸妆方式要方便许多，而且卸妆油对于油彩妆的清洁效果比清洁霜更为显著。

① 卸妆油的组成

卸妆油主要由油脂和乳化剂构成，产品对皮肤有一定刺激性，卸妆油所用的油脂及乳化剂品质是决定产品质量的关键要素。

a. 油脂

卸妆油所用的油脂一般由矿物性油、植物油和合成油脂构成，其使用感官各有优劣。

矿物性油，取自石化业的碳氢化合物，本身没有化学极性，所以对皮肤细胞膜没有渗透性的伤害。这一类油脂的使用极为普遍，有矿油、液态石蜡、凡士林等。这一类油脂的选择关键是"纯度"。因为纯度不佳时，混有的杂质会影响品质，擦在皮肤上会发生过敏现象，例如长粉刺。婴儿油是高品质的矿物油，但在亲肤性和皮肤清爽度上不如卸妆油，对于较浓的妆及高彩度的眼影、口红等的清洁，其效果与合成油脂、植物油相比较，效果不是很好。所以综合来看，卸妆还是要用专门的卸妆油。

植物油的主要化学结构也是三羧酸甘油酯。此外，不同的植物油还含有少量的其他成分，以构成油脂的特色。例如小麦胚芽油含有维生素 E，月见草油含有 γ-亚麻仁油酸等。卸妆用油若能选择纯植物油，那当然是最好的了。但植物油较为黏稠，不易延展开来，使用时会觉得不舒服。所以较黏稠的植物油如橄榄油、小麦胚芽油、酪梨油等不适合卸妆，而较清爽的植物油如荷荷芭油、葵花子油等就比较适合。

合成酯是人造的油脂，各种性质不同、结构各异的合成酯都可以用实验室合成的方法制造出来。合成酯普遍具有"清爽、不黏腻"的特性，使用舒适感远胜于一般的矿物油及动植物油。而且与皮脂相似结构的合成酯还具有极佳的亲肤性，易于渗入皮脂及毛孔中，其清除污物的效果比矿物油、植物油都好。但由于成本问题，它只作为添加成分存在于卸妆油中。同时，合成酯尽量选择安全的三酸甘油酯，避免会导致面疱的十四酸异丙酯（肉豆蔻酸异丙酯）和十六酸异丙酯（棕榈酸异丙酯）（见表 3-2）。

表 3-2　三种卸妆油脂的安全性及品质优劣比较

	矿物油	植物油	合成酯
营养价值	无	有	无
安全性	最好	中等	最差
卸妆能力	最差	中等	最好

b. 乳化剂

纯油脂是可以卸妆的，只是很多人不喜欢油脂附着在脸上，清水冲洗不掉的油腻感。乳化剂是表面活性物质，分子中同时具有亲水基和亲油基，它可以通过把油和油脂分解成非常细小的颗粒，这样在乳化和溶入水之后，油和油脂就会通过稀释作用而被去除了。

② 卸妆油的使用方法

第一步，涂抹，保持手部与脸部干燥，取适量的卸妆油，用指尖点在面部。

第二步，溶解，使用指腹以画圆圈圈的方式推拿，并轻轻推开至全脸。

第三步，乳化，脸上的彩妆彻底卸去后，用 40℃ 温水轻按面部，使卸妆油彻底乳化。

第四步，冲洗，用净水冲洗净脸部，直到皮肤完全没卸妆油残留即可（见图 3-4）。

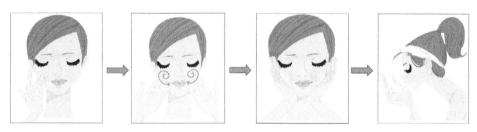

图 3-4　卸妆油的使用步骤

③ 正确使用卸妆油的关键

关键一，勿用湿手蘸取卸妆油。

因为卸妆油沾水后，会先行乳化而失效。

关键二，卸妆油在脸上时轻轻按摩脸部。

若非如此，卸妆油会因与面部未完全接触而未能充分溶解彩妆就用水冲掉。

关键三，卸妆品在脸上不易久留。

卸妆最好在 1～3 分钟内结束，然后立刻用水洗净，接着涂抹适当的护肤品。千万不要卸完妆还不马上洁面，从而增加刺激性成分伤害皮肤的机会。

关键四，用大量的水冲洗。

不论使用哪一种卸妆产品，卸妆之后一定要用大量清水冲洗干净，避免油脂和伤皮肤的成分留在脸上。如果是含油脂比例较高的卸妆油，可用洗面产品再洗一次脸，尤其是油性皮肤或长青春痘的人，从而避免多余油脂残留脸上阻塞毛孔。

（2）水性卸妆产品

卸妆水是不含油分的卸妆产品，使用卸妆水卸完妆，可以直接用清水冲洗一下，就算完成洗脸步骤，使用十分简单方便。卸妆水产品的类型，主要有淡妆用的弱清洁力配方及专门针对浓妆设计的强清洁力配方。两者不论是对皮肤的刺激性，还是卸妆效果，都有极大的差异，以下分别说明。

① 弱清洁力卸妆液

弱清洁力卸妆液，产品的供应对象是淡妆者及不化妆者。这类卸妆液，主要成分为多元醇类。

多元醇，其实是保养品中很好的保湿剂。本身具有极佳的亲肤性及亲水性，是极佳的溶剂，所以可以溶解部分附着的油脂污垢。使用后有极佳的触感，皮肤既不油腻也不干燥，水洗时因为有良好的亲水性，所以也不会有残留或伤害皮肤的问题。典型的多元醇有丁二醇（butyleneglyol）、聚乙二醇（polyethyleneglycol，PEG）、丙二醇（propyleneglycol）、己二醇（2-methyl-2,4-pentanediol）、木糖醇（xylitol）、聚丙二醇（polypropyleneglycol，PPG）、山梨糖醇（sorbitol）等。

但多元醇清洁力有限，对于过脏的皮肤，使用这一类制品是无法清除干净的。为了弥补其清洁力不够强的卸妆能力，会在制品中加入表面活性剂帮助溶解污垢。这一类产品，表面活性剂的品质决定产品优劣，必须符合低刺激性的原则，避免使用刺激性太高的 SLS，如此才能确保产品的安全。

② 强清洁力卸妆液

强清洁力卸妆液，其主要成分除了作为浸透助剂及保湿用的多元醇外，还有真正起卸妆作用的溶剂、具有强去脂力的表面活性剂和帮助溶解角质的碱剂等。溶剂对附着在脸上的彩妆有极强的溶解力，可以在接触的短时间内卸除眼影、口红之类高彩度的彩妆。但是，溶剂对皮肤角质及细胞膜有相当程度的渗透作用。对皮肤细胞来说，溶剂是外侵的异物，经久渗入细胞膜内，对皮肤健康有极大的危害。表面活性剂和碱剂也会过度去除表皮上的皮脂膜，造成皮肤干燥，产生皱纹，使肤质变差和皮肤敏感。这些成分都会不同程度对肌肤造成损伤，消费者在选购和使用产品时都应对产品成分有必要的认识，才能更有效地实现皮肤保养。

（3）乳霜状卸妆产品

乳霜状的卸妆产品，是由卸妆油脂与水、乳化剂一起乳化而成的，包括卸妆霜、卸妆乳液等。乳状质地的卸妆品容易涂抹，使用后很容易用纸巾或水清理干净，适合淡妆和任何肤质使用，是较符合现代人使用习惯的产品。虽然卸妆效果不及卸妆油，但一般妆也能清除干净，而且也没有强效卸妆水的强刺激性。

（4）卸妆凝露

卸妆凝露也是不含油脂的卸妆制品，外观呈现透明状，其卸妆效果的强弱，与配方中所使用的成分有关。通常强调可以作为敷面凝露的制品，其卸妆效果较差。卸妆凝露使用的主要成分与淡妆用卸妆水相同，都是多元醇类，因此对皮肤的伤害也小。而较强效的卸妆凝露，则配方中所添加的表面活性剂比例量增加，或有可能调整为碱性，并加入少量的有机溶剂，其配方成分类似强效卸妆液。

不化妆的人，在洗脸前，用弱卸妆力凝露稍微按摩脸部，可以有效清除代谢皮脂及环境附着的脏污。浓妆者，最好还是以油脂充分卸妆。

（5）卸妆湿巾

卸妆湿巾不含油脂成分，其实质是由有机溶剂或表面活性剂的卸妆水浸润的棉片，所以其有效成分还是强效卸妆液。除了使用方便这一优点，它的缺点和卸妆液一样，产品具有某种程度的刺激性。

（6）特殊卸妆产品

眼周皮肤比较特殊，非常脆弱，需要用专门的卸妆产品，还要配合最温柔的卸妆方法，才不会对眼周皮肤造成伤害。

唇的皮肤也格外娇嫩，容易引起刺激或过敏，一般眼部卸妆品也可用于唇部。

❸ 卸妆产品的选择

卸妆产品以外观形状来看，卸妆霜和卸妆油为较高油度，适合浓妆者使用，而乳液型如凝（冻）露类、卸妆水、卸妆湿巾，则既没有油腻感，卸妆效果又好。而如何选择卸妆产品，除了考虑自身是否化妆，还需结合个人肤质类型和产品成分优缺点来综合剖析。

（1）化妆的人选择卸妆品

有化妆习惯的人，不论是浓妆或是淡妆，最适合长久使用的卸妆品，是含高油脂比例的卸妆油或卸妆霜。

有人担心使用卸妆油卸妆后，皮肤会变成油性皮肤，这种担心是多余的。因为只有脸上的妆完全除去，毛孔口恢复畅通，皮脂才得以顺利地推向毛孔口，分泌到皮肤表面来。这也就是说，经过适当卸妆后，毛孔中已经没有固化的皮脂阻塞。所以，只要长时期有耐心地以这种方法卸妆，可自然地改善毛孔阻塞、皮肤粗糙、肤色暗沉的现象。也有人认为高油度的卸妆品会给油性皮肤或面疱性皮肤带来负担，其实卸妆油卸妆只是脸部清洁的一个步骤，只要把妆清除干净，再用洁面产品把多余油脂随即洗去，油分并不长时间留在脸上。同时要注意少部分的合成酯会导致面疱发生，如豆蔻酸异丙酯（isopropylmyristate，IPM）、棕榈酸异丙酯（isopropylpalmitate，IPP）等，所以在没有把握会不会造成副作用的情形下，最好避免选择合成酯配方产品。如果不喜欢使用卸妆油和卸妆乳后皮肤残留的油腻感，可以在这类产品后面再使用一个温和清洁的以氨基酸表面活性剂为主的洗面奶。

（2）不化妆的人选择卸妆品

每个人不化妆的定义是不一样的，有人说："我不化妆，只擦粉底霜或隔离霜来修饰肤色、防晒并隔绝脏空气。"有人却认为："我不化妆，只用化妆水、乳液之类的保养品。"事实上，前者是必须卸妆的，而后者就真的可以随心所欲。皮肤类型也影响卸妆产品的使用。有部分油性肤质者，或是经常在空气污浊的地区活动的人，也有卸妆的必要。

若是单纯的保养性卸妆，即为深层清洁皮肤而做的卸妆手续，那么使用低油度的卸妆乳液或凝露即可。若是擦隔离霜等情形，则最好还是偶尔以油性卸妆为佳。不论如何，绝对不要使用卸妆液或卸妆棉片对待你的脸。

（3）敏感型及过敏型皮肤选择卸妆品

越敏感或易长面疱的皮肤，越忌讳使用快速的卸妆法，即卸妆液、卸妆湿巾、卸妆凝露等都不宜使用，以免对皮肤造成刺激。要选择成分单纯的卸妆品使用，例如纯植物油、婴儿油或多元醇类组成的卸妆水。

❹ 卸妆产品评价方法

第一步，气味及外观质地观察。

先打开包装闻其气味，再挤取少量清洁产品于手背上，观察其外观形态，用手轻轻触摸其质感。

第二步，泡沫测定。

不透明与外观分层的卸妆产品测试方法与清洁产品相同，分层的卸妆产品在取产品前要摇晃至不分层。透明的卸妆产品因为其主要是溶剂，因此不用进行泡沫测定。

第三步，温和性测试。

用 pH 笔来验证一下卸妆产品是否会对皮肤造成伤害。不透明与外观分层的卸妆产品测试方法与清洁产品相同，分层的卸妆产品在取产品前要摇晃至不分层。对透明的卸妆产品，用 pH 试纸蘸少许卸妆液，观察其颜色的变化。pH 值越接近人体天然酸碱度 pH5.8，代表产品越温和。

第四步，刺激性测定。

测试方法与清洁产品相同，分层卸妆产品要先摇晃至不分层才可进行测定。

第五步，卸妆能力测试。

在手背上涂抹粉底液、眼影、唇膏，用浸满卸妆产品的化妆棉覆盖1分钟，然后轻轻擦拭，再用清水洗净，观察残留效果。

⑤ 破解卸妆化妆品的使用误区

误区 1　用了卸妆产品就不需要用洗面奶了？

用了卸妆油还是需要使用洗面奶的。卸妆油可卸除彩妆等油脂类成分，而洗面奶除了洗尽粉尘、灰尘外还能进行更深层的脸部清洁，将残留的卸妆油乳化剂与部分残留的彩妆彻底清洁干净，起到双重清洁的作用，不然很容易引起痘痘、粉刺的问题。建议使用卸妆油后使用温和清洁的洗面奶，切忌再使用深层清洁产品，以保证在去除卸妆产品油脂及皮肤油腻感的同时，对皮肤屏障不会造成过度损伤。

误区 2　如果用天然油脂或滋润成分丰富的卸妆产品卸妆，洗不干净的油可以留在脸上保护皮肤，连后续保养步骤都省了？

这样的理解是错误的。以天然油脂和卸妆产品卸妆后，皮肤表面会留下卸妆油和彩妆的混合物，最好用泡沫型或温和的氨基酸型洁面产品进一步清洗，才能完全清除油脂残留，避免色素和粉类成分长时间存留在皮肤表面带来的刺激。某些卸妆油确实会带来滋润的用后感，但这是为了避免造成清洁后皮肤紧绷不适，并非用来提供皮肤营养的。

误区 3　使用油性卸妆品如卸妆油、卸妆膏按摩时间越久卸妆才越干净？

对于强清洁力的卸妆油和卸妆膏来说，浓妆时才使用。卸妆时的按摩并不是为保养皮肤，而是为让卸妆品与彩妆充分混合，才能达到溶解、软化或乳化的目的。按摩时间需充分但不宜过长，一般1分钟左右，卸除大面积彩妆如粉底时，也最好用指尖轻轻画圈按摩，而不要用指腹、手掌大力揉搓。

误区 4　长期上妆卸妆，容易导致肤色暗沉，现在提倡裸妆，什么保养品也不用，让皮肤"自由呼吸"？

这样理解是错误的。导致肤色暗沉的原因有很多，彩妆中的色素、粉粒长时间附着在皮肤上可能引起刺激，卸妆不彻底、卸妆方式不当也可能是因素之一，但只要清洁方式正确、护理保养工作做得完善，也能保持皮肤的良好状态。常化妆的人偶尔选择素颜，会有助减小皮肤负担，但素颜不等于"什么都不抹"，必要的保湿、滋润和防护还是需要的。

误区 5　日常的淡妆如薄薄的粉底、简单的眼唇妆，只需用普通洗面奶就能卸掉？

这样理解是错误的。现代的彩妆产品中通常会含有矿物蜡、硅油和高分子聚合物等不易被洗面奶洗去的成分，因此，即使是淡妆或者几乎"掉了、看不见了"，仍建议采用卸妆乳、霜、啫喱或乳化型卸妆油等产品卸除。

误区 6 防晒霜必须用卸妆品才能卸干净？

这样理解是不全面的。这主要取决于防晒霜的种类，低 SPF 值的防晒霜可以用洁面产品清洁干净，甚至防晒啫喱用清水也能清洁干净；高 SPF 值的防晒产品，如果是纯化学防晒体系（配方表中找不到二氧化钛和氧化锌）或物理防晒成分很低的混合体系防晒霜，可以直接用洁面产品去除；高 SPF 值的纯物理防晒（配方表中的氧化锌和二氧化钛成分非常靠前）及配方中含有成膜剂（高分子的聚合物）和硅油的特殊防水型防晒霜，最好以洁颜油、卸妆乳等卸除，然后用洗面奶清洁；带有肤色调整和防晒功能的化妆品如 BB 霜、防晒粉底、控色隔离霜等，作彩妆处理，需要卸除。

误区 7 每天都需要用卸妆油？

这样理解是错误的。有的女生认为即使只用隔离霜或者化淡妆也需要用卸妆油，否则脸上的妆就卸不干净。其实卸妆油通常只有像新娘妆之类的浓妆才需用到，一般的日常生活妆只需要选择适当的卸妆液、卸妆乳或卸妆啫喱清洁就足够了。而且卸妆油在清除彩妆的同时也会把角质及油溶性天然保湿因子带走，若每天如此卸妆，会过度清除角质层，使皮肤容易变得敏感脆弱。使用卸装油应考虑个人肤质是否适合，像皮肤较干的人，本就需要较多滋润，用了卸妆油，脸部就很润滑舒服。因此，在选择卸妆产品前，应先了解自己的肤质，或在耳朵旁的皮肤试用几天，确定不会过干或过油再使用。另外，肤质可随季节、环境而改变，现在偏油，不表示永远都偏油，因此清洁产品不妨也准备两套，一套较滋润，一套较清爽，再视皮肤状况换用，必要时可咨询医生，以免用错产品。

误区 8 把卸妆油倒在化妆棉上进行卸妆？

这样理解是错误的。很多人习惯把卸妆油倒在化妆棉上进行卸妆，这样不仅会无意中加大卸妆油用量、造成浪费，还容易因为掌握不好使用化妆棉的力度和手法对脸部皮肤造成损伤。其实双手才是卸妆油最好的工具，将卸妆油倒在双手手心，再以画圈按摩的方式进行卸妆才是最佳方式。一些比较稀薄的卸妆液等产品，才适合使用卸妆棉卸妆。

误区 9 一种卸妆产品可以解决所有卸妆问题？

这样的理解是错误的。首先，不同卸妆产品有不同的卸妆能力，应根据化妆的程度适度选择。其次，如使用卸妆能力较强的面部卸妆油卸包括眼部、唇部的所有的妆，因眼、唇的皮肤较薄且敏感，一般的面部卸妆油容易刺激、伤害脆弱的皮肤。应该选择眼、唇部专用卸妆产品并配合最温柔的卸妆技巧，才能预防皱纹的产生。

误区 10 没乳化剂的卸妆油也能卸妆？

卸妆油中的乳化剂需要遇水经一段时间后发生乳化作用才能发挥出最大的卸妆功效。如果把卸妆油涂在脸上按摩后直接用纸巾擦掉或者用大量清水冲洗，卸妆油此时尚未彻底乳化所以并不能完全卸妆。残留的物质还可能会导致毛孔堵塞、引发痘痘。

误区 11 含矿物油的卸妆油会致敏、堵塞毛孔、致痘？

矿物油如纯度不高，确实会引起肌肤问题，不过化妆品级矿物油有明确的指标，纯度高，芳香烃类含量极低，化学惰性，性能安全，并不会比其他油脂更致痘。矿物油不太容易被皮肤吸收，大多数婴儿油都是矿物油，大多数卸妆油的主体也是矿物油，雅诗兰黛最高级的 LAMER 霜就含矿物油。因此不必对矿物油特别排斥。油性肌肤可能不太适合,其他类型肌肤尽可安心使用。

三、学习实践

① 辨析下面两个洁面产品配方是否含皂基的洗面奶:

a. 水、肉豆蔻酸、甘油、硬脂酸、氢氧化钾、月桂酸……

b. 水、肉豆蔻酸钾、甘油、山嵛酸钾、棕榈酸钾、甲基椰油酰基牛磺酸钠、月桂酸钾、硬脂酸钾……

② 分享一下自己洁面类化妆品的使用方法、挑选方法、评价方法和使用心得。

③ 示范实践:如何使用卸妆油洁面。

④ 对比分别使用 BB 油和卸妆油产品卸妆的感官感受及卸妆效果差别。

⑤ 分别使用不同类型卸妆产品,对比其卸妆效果的差异。

⑥ 分享一下自己卸妆类化妆品的使用方法、挑选方法、评价方法和使用心得。

⑦ 结合课堂知识,评价一下自己正在使用的卸妆产品,以报告的形式介绍你选择的产品,并列出理由。

第四章

保湿功效化妆品

一、皮肤保湿的生理学基础

皮肤细嫩、丰满、亮丽与否的关键在于皮肤中的含水量。保湿是皮肤的重要生理功能。

 从宏观来看

皮肤是重要的贮存水分的器官，它的贮水量仅次于肌肉。正常情况下皮肤的水量占人体所有水量的18%～20%，且大部分贮存在皮内。婴幼儿皮肤为什么如此细嫩、亮丽、富有弹性，就是因为皮肤中含水量高；老年人皮肤为什么干燥、粗糙、干瘪、脱屑无光泽，就是因为皮肤中含水量少。

一般来说，引起皮肤天然保湿结构失去平衡的外界因素主要有五个方面。

（1）年龄因素

随着年龄的增长，皮肤角质层水分含量会逐渐减少，当皮肤角质层的水分含量低于10%时，皮肤的张力与光泽会消失，皮肤不再娇嫩，角质也比较容易剥落，皮肤就会出现干燥、紧绷、粗糙及脱屑等，皱纹也因此而产生。皮肤老化，其保湿作用及屏障功能逐渐减弱，保湿功能逐步减弱。

（2）环境及气候因素

生活环境的空气干湿度对角质层含水量也具有重要影响。当人体皮肤暴露在空气相对湿度低于30%的环境中30分钟后，角质层含水量就会明显减少。干燥环境可抑制角质层中天然保湿因子的合成，降低角质层的屏障功能，使角质层含水量降低。秋季风大干燥，暴露在外的面部皮肤会有一种紧绷绷的难受感觉，这是由于皮肤缺少水分的缘故。如果缺水严重，皮肤会干裂、脱屑。冬季血液循环和新陈代谢趋于迟缓，汗腺、皮脂腺的排泄减少，维持皮肤水分及弱酸性等作用的皮脂膜不易形成，再加上空气湿度小、天气干燥，人的皮肤随着干冷的空气而慢慢流失水分，皮肤将因失去水分而干燥。当皮肤感到紧绷，面色暗淡，眼周出现细小皱纹时，这是皮肤极度缺水的信号，这时的皮肤敏感、粗糙、暗淡、异常脆弱。

（3）生活习惯和精神压力

经常进行热水浴、使用强效的洁肤产品或肥皂均容易破坏皮肤表面正常的皮脂膜，并影响皮肤的屏障功能，加重皮肤干燥。正确的饮水习惯也是保持皮肤适宜含水量的重要因素。同时有研究表明，精神压力过大会延缓角质层细胞间隙中脂质的合成，导致角质层屏障功能降低，经皮失水量增加，加重皮肤干燥程度。

（4）物理及化学性损伤

物理性的反复摩擦会破坏角质层的完整性，比如在使用磨砂膏去除面部角质时，由于其中微小粒状摩擦剂的存在，使其在使用过程中，由于摩擦力度过大或时间过长，包括使用磨砂膏过于频繁等因素，都有可能导致角质层的受损，使皮肤的经皮失水量增加，皮肤干燥。尤其是干性皮肤和敏感性皮肤的人群，在使用磨砂膏时更应谨慎。另外，在去角质的产品中还有一类是通过化学作用实现去角质目的的。比如添加果酸类成分，果酸能软化角质层，剥离人体皮肤过厚的角质，促进皮肤新陈代谢，但过量的果酸会对皮肤产生较强的刺激性，降低角质层的屏障功能，使皮肤失水量增加。

（5）疾病和药物因素

一些疾病如维生素缺乏、蛋白质缺乏及某些皮肤病（特应性皮炎、湿疹、银屑病、鱼鳞病）、内科疾病（糖尿病）等，均会因皮肤屏障功能的缺陷而导致患者皮肤干燥。同时，局部外用某些药物也会影响皮肤的屏障功能，使皮肤含水量降低。

❷ 从微观来看

皮肤分表皮、真皮和皮下组织三部分，各层对皮肤的保湿性能有不同的生理作用。

（1）表皮

与保持水分关系最为密切的是角质层（stratum corneum）、透明层（stratum lucidum）和颗粒层（stratum granulosum）。

皮肤表皮的角质层具有吸水、屏障功能，角质层中所含有的天然保湿因子（natural moisturing factor，NMF）能维持皮肤的湿润，常见的比如甘油、尿素、PCA钠盐、乳酸盐、氨基酸等。颗粒层是表皮内层细胞向表层角质层过渡的细胞层，可防止水分渗透，对储存水分有重要的影响。透明层含有角质蛋白和磷脂类物质，可防止水分及电解质等透过皮肤。

（2）真皮

人体皮肤的含水量为体重的 $18\%\sim20\%$，皮肤内 75% 的水在细胞外，主要储存在真皮内。若真皮基质中透明质酸减少，黏多糖类变性，真皮上层的血管伸缩性和血管壁通透性减弱，就会导致真皮内含水量下降，使皮肤出现干燥、无光泽、弹性降低、皱纹增多等皮肤老化的现象。

（3）皮下组织

皮下组织中的皮脂腺（sebaceous gland）分泌的皮脂在皮肤表面扩散并与水分乳化

形成油脂膜，该膜可使皮肤平滑、光泽，并可防止体内水分的蒸发，起润滑皮肤的作用。小汗腺（eccrine glands）不断分泌汗可起保湿作用，防止皮肤干燥，还有助于调节体温和排出体内的部分代谢产物。

由此可见，皮肤时刻与外界环境直接接触，如不加以保护，会出现缺水现象，直接影响皮肤的外观。要给皮肤保湿，在确保正常健康的饮食以保证蛋白质、维生素的补充，以及尽量避免外界不良因素的影响和积极治疗皮肤疾患的同时，根据需要，合理选择和使用含保湿成分的护肤品也是必需的。

二、保湿化妆品的定义

所谓保湿化妆品，就是化妆品里面含有保湿成分，能保持皮肤角质层一定的含水量，能增加皮肤水分、湿度，以恢复皮肤的光泽和弹性。它的特点是不仅能保持皮肤水分的平衡，而且还能补充重要的油性成分、亲水性保湿成分和水分，并且作为活性成分和药剂的载体，使之易为皮肤所吸收，达到调理和营养皮肤的目的，使皮肤滋润、健康。此外，保湿化妆品具有抗炎作用（anti-inflammatory effect）、抗细胞分裂作用（anti-mictotic effect）和止痒作用（anti-pruritic effect）。

三、保湿化妆品的有效成分

人体皮肤中的天然保湿系统主要由水、脂类、天然保湿因子（NMF）组成。脂类呈层状填充于角质层细胞之间，主要作用是形成水屏障，防止水分丢失。大多脂类为非极性物质，可以限制水分在细胞内外及细胞间流动。与皮肤屏障功能相关的脂质包括神经酰胺、游离胆固醇和游离脂肪酸。在有活性的表皮中磷脂含量丰富，然而由基底层向角质层分化过程中，神经酰胺、胆固醇、脂肪酸的含量逐渐增高，脂质分布也发生了变化，颗粒层中脂质聚集于板层颗粒中，颗粒层细胞转化为角质层细胞时，这些脂质被排出并填充于细胞间隙，形成了防止水分丢失的屏障。当各种原因所致脂类缺乏时，其水屏障作用减弱，经表皮水分丢失就会增多，出现皮肤干燥、脱屑。

皮肤有吸湿能力、保湿能力，是因为人体内有天然保湿因子（NMF）的缘故。NMF是存在于角质层内能与水结合的一些低分子量物质的总称，包括氨基酸、吡咯烷酮羧酸、乳酸盐、尿素、氨、尿酸、葡糖胺、柠檬酸盐、钠、钾、钙、镁、磷酸盐、氯化物、多糖、有机酸、脂类及其他未知的物质，占角质层细胞基质的10%。这些成分本身无保湿能力，它们在皮肤里形成钠盐后才具有保湿能力。NMF的这些成分与蛋白质结合，存在于角质细胞中。尤其是角质细胞的脂质与蛋白质共同构成保护NMF的细胞膜，阻止了NMF的流失，从而使角质层保持一定的含水量。如果角质层的完整性受到破坏，NMF将会受到损失，皮肤的保湿作用就会下降。

以给皮肤补充水分、防止干燥为目的所使用的吸湿性高的水溶性物质称为保湿剂（humectants）。保湿剂用以模拟人体皮肤中由油、水、NMF组成的天然保湿系统，作用在于延缓水分丢失、增加真皮与表皮之间的水分渗透、为皮肤暂时提供保护、减少损伤、促进修复过程。保湿剂主要分水性保湿剂和油性保湿剂两类。

① 水性保湿剂

（1）多元醇类

多元醇类的保湿原理，是利用结构中的羟基（—OH）抓住水分，达到保湿的作用。这一类成分可以大量地工业化制造，价格低廉，安全性却很高。但其保湿效果较容易受环境的湿度影响，长时间的高效保湿效果不佳。常见的多元醇类有丙二醇、丙三醇、聚乙二醇、丁二醇、己二醇、木糖醇、聚丙二醇、山梨糖醇等，差别只在于黏度不同。

① 丙二醇（propylene glycol 或 1,2-propanediol）

丙二醇为无色透明、具有吸湿性的黏液，稍有特殊味道，无臭。溶于水、丙酮、乙酸乙酯、乙醚、酒精和氯仿，可溶解许多精油，与石油醚、石蜡和油脂不能混溶。对光、热稳定，低温时更稳定。主要用作乳化制品和各种液体制品的湿润剂和保湿剂，与甘油和山梨醇复配用作牙膏的柔软剂和保湿剂，在染发剂中用作调湿、均染和防冻剂，还可用做染料和精油的溶剂。15%的丙二醇有防霉作用，8%的丙二醇可增加羟基苯甲酸甲酯在含乙氧基的非离子表面活性剂中的防腐作用。

② 丙三醇（glycerin 或 glycerol）

丙三醇又称甘油，是无色、无臭、有甜味、透明的黏稠液体。甘油与水、甲醇、乙醇、乙二醇、丙二醇、乙二醇单乙醚和酚等物质完全混溶，但在乙二醇单甲基丁醚中的溶解度有一定限度，几乎不溶于高级醇、油脂、碳氢化合物和氯代烃。甘油在制药工业和香料工业中是重要的溶剂，是O/W乳化制品不可缺少的保湿剂原料，也是含粉膏体的湿润剂，对皮肤具有柔软润滑的作用。它也是化妆水的重要原料，还广泛用于牙膏、粉末制品和亲水性油膏。甘油醇，价格低廉，具有特定功效，是化妆品的优质保湿剂。

③ 聚乙二醇（polyethyleneglycol，PEG）

根据相对分子质量的大小不同，聚乙二醇的物理形态可以从白色黏液（M_w 200～700）或蜡状半固体（M_w 1000～2000），直至坚硬的蜡状固体（M_w 3000～20000）。聚乙二醇易溶于水和一些普通的有机溶剂。液体聚乙二醇（如PEG-400）对很多药物原料有很好的溶解能力。相对低分子质量的聚乙二醇有从大气中吸收并保存水分的能力，并具有增塑性，可用作润湿剂。随着相对分子质量的升高，吸湿性急剧下降。聚乙二醇和聚乙二醇脂肪酸酯在化妆品工业中的应用很广泛。该原料安全性好，不刺激眼睛，不会引起皮肤的刺激和过敏。

④ 山梨醇和POE20山梨醇（d-sorbitol and POE20 sorbitol）

山梨醇是从山草莓中分离而得的，山梨醇和 POE20 山梨醇均为白色针状结晶，无臭，有清凉、爽口的甜味，极易溶于水，微溶于冷乙醇、醋酸和二甲基甲酰胺。从乙醇中结晶所得的山梨醇熔点为 95℃，水中结晶所得的山梨醇熔点为 110～120℃。其化学性能稳定，具有良好的保湿性，吸湿性较甘油缓和，品味清爽芳香，可与其他保湿剂配伍，以求得协调的效果，软化皮肤及防止水分蒸发，增加护肤化妆品及发用化妆品对皮肤的舒适感觉。POEG20 山梨醇是很好的保湿剂，又是一种表面活性剂，无论浓度高低，对皮肤或口腔黏膜均无刺激作用，是牙膏或婴儿制品最理想的保湿剂。

⑤ 1,3-丁二醇(1,3-butanediol)

1,3-丁二醇是无色、无臭黏稠液体，与水和乙醇混溶，溶于低级醇类、酮和酯类，不溶于脂肪烃和大部分普通含氯有机溶剂。1,3-丁二醇有良好的吸湿性，同时还有一定的抗菌作用。在化妆品中主要用作保湿剂，用于化妆水、膏霜、乳液和牙膏中，还用作精油和染料的溶剂。它对皮肤和眼睛无刺激作用，对口腔黏膜无刺激性，也无害。但由于常掺杂有丁四醇杂质而较少用，如能把杂质去除，就是一个优良的保湿剂，具有广泛的应用前景。

(2) 金属-有机盐类

① 吡咯烷酮羧酸钠（pyrrolidone carboxylic acid-Na，PCA-Na）

吡咯烷酮-5-羧酸钠是表皮的颗粒层丝状聚合蛋白（filaggrin）的分解产物，是人类皮肤固有的天然保湿因子成分，含量为 12.0%。角质层 PCA 含量减少，皮肤会变得干燥和粗糙。PCA 是真正的具有生理作用的角质层柔润剂。

市售的 PCA-Na 是由谷氨酸制备得到的，是透明、无色、无臭、略带碱味的水溶液。它有良好的吸湿性，其吸湿能力远比甘油、丙二醇、山梨醇为优，且只有以盐的形式才能发挥保湿吸湿功效。在同一湿度和浓度下，PCA-Na 的黏度远较其他保湿剂低。按其结构，PCA-Na 属氨基酸盐，多用于高档化妆品中，需添加适量防腐剂，以防微生物污染和产品变质。主要用作保湿剂和调理剂，安全性高，对皮肤及眼黏膜几乎没有刺激，与其他产品具有很好的协同效果，长期保湿性较强，是真正安全的角质层柔润剂。

② 乳酸和乳酸钠

乳酸是自然界中广泛存在的有机酸，是厌氧生物新陈代谢过程的最终产物。它是完全无毒的，是人体皮肤的天然保湿因子（NMF）中主要的水溶性酸类。市售乳酸是一种由乳酸和乳酰乳酸组成的混合物，是无色至浅黄色糖浆状液体，几乎无臭或略有脂肪酸臭，呈强酸味，有 α 型和 β 型，通常为 α 型，可与水、醇和甘油混溶，微溶于乙醚，不溶于氯仿、石油醚和二硫化碳。对光和低温稳定，吸湿性强。乳酸和乳酸盐对蛋白质有增塑和柔润的作用，主要用作调理剂和皮肤或头发的柔润剂，调节 pH 的酸化剂。用于护肤的膏霜和乳液、香波和护发制品中，也用于剃须制品和洗涤剂中。

(3) 酰胺类

神经酰胺又称酰基鞘胺醇，是皮肤保湿的关键组分，具有很强的缔合水分子的能力，它通过在角质层中形成的网状结构来维持皮肤的水分，具有防止皮肤水分丢失的作用，是角质层脂质中主要组分，约占表皮角质层脂质含量的 50%。

天然神经酰胺主要是由牛脑和牛脊髓中提取的。合成神经酰胺是由高碳醇缩水甘油为原料合成的，已成功地实现了工业化。合成神经酰胺还可以组合到真皮的生理结构中去，并增强天然神经酰胺的功能，调节皮肤屏障作用，减少透过皮肤的水分损失，增进细胞黏合。与常用保温剂甘油相比，酰胺类物质有更好地吸收和保持水分的能力，能够帮助皮肤更快速地建立自己的保湿屏障功能，常用于高功能的护肤品，还可应用于头发保护和调理（见图4-1）。现在一些保湿产品中含有另外一种叫做N-棕榈酰羟基脯氨酸鲸蜡酯的成分，在身体内部可以转化成神经酰胺，起到保湿作用。

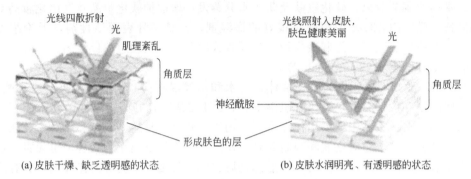

(a) 皮肤干燥、缺乏透明感的状态　　　　　(b) 皮肤水润明亮、有透明感的状态

图 4-1　神经酰胺对皮肤的作用

（4）高分子类

① 胶原蛋白（collagen）

胶原蛋白又称明胶，是以动物皮或动物骨骼为原料生产出来的高蛋白物质。胶原蛋白是由18种氨基酸组成的大分子蛋白质，分子量分布比较广。它可吸收其自身质量5～10倍的水，虽具保湿功能，但大分子的胶原蛋白不能渗入皮肤，常用作乳化剂和乳液稳定剂、增稠剂、成膜剂、润湿剂、皮肤保护剂、抗刺激剂（见图4-2）。

 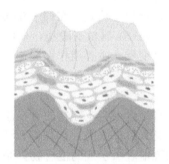

(a) 胶原蛋白充足的皮肤　　　　　　　　　(b) 缺乏胶原蛋白的皮肤

皮肤表面纹理细致整齐，表皮细胞健康。真皮层内的胶原蛋白及弹力蛋白亦充满弹性，没有松弛、皱纹等迹象

表皮干燥，真皮失去弹力。脸上的表情纹、干纹演变成细纹，甚至深皱纹，在眼部、嘴角、眉头等处尤为明显

图 4-2　胶原蛋白对皮肤的作用

② 动物水解胶原蛋白（animal hydrolysed collagen）

水解胶原蛋白，是将大分子的胶原蛋白以水解的方式，处理成小分子量的蛋白，因其具有与角质蛋白相似的氨基酸结构，且结构中含有氨基、羧基和羟基等亲水基，故亲肤性佳，对皮肤和头发有较大的亲和力，并具有很好的保湿作用。其亲和作用大小随相对分子质量增大而增强。相对分子质量小的分子可渗入头发表皮，有的可透过皮质层；相对分子质量较大的分子，每个分子结合位置较多，结合力增强，亲和作用增大。不刺

激皮肤和眼睛，性质温和。

③ 植物水解蛋白

a. 燕麦水解蛋白

燕麦是一种起源于欧洲东部的天然植物，其中含有12％的蛋白质及大量的维生素A、维生素 B_1、维生素 B_2、维生素P和维生素D，另外还含有珍贵的维生素F，能为皮肤提供所需的维生素营养成分，有助保护皮肤表面的天然油脂层，防止水分流失。利用蛋白酶把燕麦麸皮中的蛋白水解为小分子肽，具有较好的保湿效果，能使皮肤具有柔软的感觉。燕麦肽是淡黄色液体，没有异味，固体含量为20％左右，溶于水，在化妆品中具有很好的配伍性。主要用作皮肤润湿剂、调理剂，用于抗衰老产品中，也可用于洗发水中。

b. 玉米谷氨酸

玉米谷氨酸是由玉米蛋白控制水解制得。和其他具有黏滞性、弹性和胶黏性的蛋白不同，它能使皮肤有丝一般柔软的感觉。玉米谷氨酸是淡绿色液体，有氨基酸特有的气味，溶于水，具有良好的吸湿性，对皮肤及头发的亲和作用很强。在相对湿度60％时可吸收40％水分，相对湿度80％时可吸收180％水分。主要用作皮肤润湿剂、调理剂，用于护肤和护发产品中，也可用于洗洁剂中。对皮肤和眼睛不会引起刺激作用，可在各类化妆品中安全使用。

④ 丝蛋白

丝蛋白是天然蚕丝的水解产物，其基本结构单元是氨基酸，分子中含有大量的氨基、羧基、羟基等亲水性基团，能够像手一样抓住水分子，将水束缚住，具有优异的吸湿保湿作用，是一种性能独特的天然保湿剂。丝蛋白作为保湿剂的特点是，它能提高皮肤自身的生理机能，使皮肤自有的保湿能力得到改善。丝蛋白的氨基酸组成与人体皮肤中的弹性蛋白、胶原蛋白、天然保湿因子等的氨基酸组成极为相似，其渗透性能好，易被皮肤吸收，可以起到营养皮肤、延缓衰老、减少皱纹的作用。丝蛋白还能抑制酪氨酸酶的活性，减少黑色素形成，使皮肤白嫩。

（5）多糖类

① 燕麦 β-葡聚糖

燕麦 β-葡聚糖是多糖，呈淡黄色，是透明、无味的黏稠液体。燕麦中提取的β-葡聚糖的活性比酵母发酵的β-葡聚糖的活性高出近两倍。其与水有较强的亲和力，能进行高度水化作用，从而在基质间保持大量水分。其优良的保湿性能受到化妆品行业重视，广泛用于各种保湿霜（水）、防晒和晒后护理品、抗衰老及抗皱产品、眼霜等产品。可显著增加其对皮肤的保湿性，长期应用于皮肤无刺激性作用，也不阻碍皮肤的生理功能，能保护、美化皮肤。

② 海藻糖

海藻糖是一种稳定的非还原性双糖，与膜蛋白有亲和性，能增加细胞的水化功能，可用作皮肤渗透剂，增加皮肤对营养成分的吸收，对皮肤干燥引起的皮屑增多、燥热、角质硬化治疗有特效。海藻糖有较好的配伍性、相容性、稳定性，几乎可以添加到任何化妆品中，如膏霜、乳液、面膜、精华素、粉底霜、洗发水、护发素、摩丝、洁面奶等，还可作为唇膏、口腔清洁剂、口腔芳香剂等的甜味剂、呈味改良剂、品质改良剂。

③ 透明质酸

透明质酸又名玻尿酸，简称 HA，是由乙酰氨基葡萄糖醛的双糖重复单位所组成的一种聚合物。它是人体真皮层中的重要黏液质，具有特殊的保水作用，是皮肤水嫩的重要基础物质，也是目前发现的自然界中保湿性最好的物质，被称为理想的天然保湿因子（见图 4-3）。

早期透明质酸只能从鸡冠中提取，价格昂贵。20 世纪 70 年代后期，人们开始利用微生物发酵的方法生产透明质酸，而多种文献资料证明，无论是从鸡冠提取的、微生物发酵的，还是皮肤中固有的 HA，其化学结构是完全一致的，无种属差异性。这些优势使 HA 得以在化妆品界广泛应用。

透明质酸作用于皮肤表面，大分子玻尿酸可在皮肤表面形成一层透气的薄膜，使皮肤光滑湿润，并可阻隔外来细菌、灰尘、紫外线的侵入，保护皮肤免受侵害；小分子玻尿酸能渗入真皮，具有轻微扩张毛细血管、增加血液循环、改善中间代谢、促进皮肤营养吸收的作用，具有较强的消皱功能，可增加皮肤弹性，延缓皮肤衰老。玻尿酸还能促进表皮细胞的增殖和分化，清除氧自由基，可预防和修复皮肤损伤。玻尿酸的水溶液具有很高的黏度，可使水相增稠；与油相乳化后的膏体均匀细腻，具有稳定乳化作用。玻尿酸是最好的天然保湿成分，它相容性好，几乎可以添加到任何美容化妆品中，广泛用于膏霜、乳液、化妆水、精华素、洗面奶、浴液、洗发护发剂、摩丝、唇膏等化妆品中，一般添加量为 0.05%～0.5%。

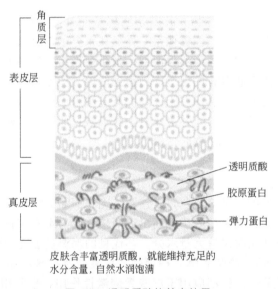

皮肤含丰富透明质酸，就能维持充足的水分含量，自然水润饱满

图 4-3　透明质酸的美容效果

现在原料界又开发了乙酰基化透明质酸（简称 AcHA），是将原来透明质酸的结构以合成的方法接上乙酰基。乙酰基为亲油性的结构，可以再增强透明质酸的保水性能，使保湿效果更优越。

④ 葡萄糖酯

葡萄糖酯是由可再生资源天然脂肪醇和葡萄糖合成的，是一种性能较全面的新型非离子表面活性剂。葡萄糖酯类保湿剂是温和性组分，基本无毒、无刺激性，具有降低配方的刺激性、增加配方的保湿效果、提高功能性产品的效能等作用，广泛应用于各类化妆品中。

⑤ 甲壳质及其衍生物

甲壳质是一种聚氨基葡萄糖，广泛存在于菌藻类到低等动物中。其生物合成量大，是一种仅次于纤维素的最丰富的生物聚合物。甲壳质经化学改性后可得到各种性能不同的多糖衍生物，与皮肤有很好的亲和能力，不存在异源过敏，安全、无毒和无刺激，具有优良的生物相容性。同时，由于其结构与人体皮肤中存在的天然保湿成分透明质酸接近，因此对皮肤具有良好的保湿性、润湿性。主要用于香波和护发素中，也可作为透明质酸代用品。

(6) 其他类

① 尿素

尿素是皮肤天然新陈代谢的产物，能软化皮肤，其保湿效果与甘油相当，安全无刺激，除了极佳的亲肤性保湿外，也能够防止角质层阻塞毛细孔，借此改善粉刺的问题。

② 硫酸软骨素

硫酸软骨素是从动物组织中提取制备的酸性黏多糖类物质，为白色或类白色粉末，具有强吸湿性、广泛配伍性，用作化妆品营养助剂和保湿剂。

③ 维生素原 B_5

维生素原 B_5（泛酸醇）是泛醇的右旋体，为无色黏稠液体，稍有特异气味，溶于水和乙醇，不溶于油脂。因其是小分子，可以直接浸润角质层，较易渗透入头发、皮肤和指甲内，达到保湿的效果。此外，维生素原 B_5 可增进纤维芽细胞的增生，所以有协助皮肤组织修复的功能，具有明确的护肤功效。

② 油性保湿剂

(1) 霍霍巴油

西蒙得木是一种生长在美国南部和墨西哥北部干燥地区的灌木，从它的果实中提取的液体蜡被称为霍霍巴油。霍霍巴油为透明液体，几乎无臭无味，主要成分是不饱和高级醇和脂肪酸，有良好的稳定性，极易与皮肤融合。霍霍巴油可以在皮肤表面铺成一层膜，以达到锁住水分并保湿的功效。同时它富含维生素 E 和矿物质，可以为皮肤提供足够的营养，是适合于各类皮肤最好的护肤油，特别适合用于牛皮癣、湿疹等过敏性皮肤。霍霍巴油具有天然的保湿、修复作用，对头皮和头发出现的问题，有非常良好的治疗作用。

(2) 角鲨烷

角鲨烯是人体皮脂膜的主要成分之一，能锁住水分，防止水分蒸发，起到保湿、锁水的作用，同时具有良好的润肤性。但是其稳定性差，容易被氧化，保存时间短，不利于应用，常将角鲨烯氢化制得角鲨烷来应用，角鲨烷是一种出色的护肤油脂，和角鲨烯的护肤效果几乎相同，润肤效果好，保湿性强，可以使皮肤柔软而有弹性，肤感顺滑，不油腻厚重，而且性质温和，一般不会引起皮肤敏感。市场上的角鲨烷主要有从鲨鱼肝脏提取的角鲨烷、植物角鲨烷和合成角鲨烷三种，由于制作方式不同，性能具有一定差异。但是，角鲨烷/烯在美白、抗衰老方面效果有限。

(3) 小麦胚芽油

小麦胚芽油是以小麦芽为原料制取的一种谷物胚芽油，它集中了小麦的营养精华，富含维生素 E、亚油酸、亚麻仁油酸及多种生理活性成分。具有调节内分泌，防止色斑、黑斑及色素沉着，抗氧化，促进皮肤的保湿功能和新陈代谢，抗皱防皱，抗皮肤老化的作用。但由于小麦胚芽油延展性不佳，会造成皮肤黏腻感，现已较少在高级护肤乳霜中使用。

（4）酪梨油

酪梨油是由酪梨核中萃取出来，类似小麦胚芽油，含维生素 A、维生素 B、维生素 D、维生素 E，还有少量植物固醇，有良好护肤成分，可有效改善皮肤的干燥及老化现象，适合中性皮肤、干性皮肤及混合性偏干性皮肤。酪梨油在护肤上属于滋润度极佳的营养用油，含有的大量维生素 E、金缕梅及卵磷脂，可以帮助皮肤增加抵抗力，滋润保湿、易渗透，具抗老化功效。但由于过于黏稠，需搭配其他油脂使用。

（5）夏威夷核果油

夏威夷核果油（macadamianutoil）取自石栗核，其所含有的脂肪酸，主要有 60% 左右的油酸及 20% 的棕榈烯酸（palmitoleticacid），质地非常清爽，且几乎无色、无味。夏威夷核果油是渗透力很高的植物油，直接涂抹也非常容易被皮肤吸收，不会残留油腻感，可形成理想保湿膜，当涂于皮肤表面时，有使皮肤软化、舒缓晒斑和减轻刺激的作用。它能很好地与一般化妆品用油脂匹配，很容易乳化，可用于护肤和护发制品，如润肤乳液、防晒乳液和膏霜、调理香波及沐浴露等。

（6）月见草油

月见草油含大量的亚麻仁油酸，含量高达 80%。其中又含少量的 γ-亚麻仁油酸最为珍贵。与亚麻仁油酸比较，γ-亚麻仁油酸更有效于角质的修复，能够强化角质层的保水能力，且使表皮平滑有光泽。月见草富含钙、镁等人体不可缺少的矿质元素，除了钾、钠、钙、镁等大量生命元素以外，微量元素中铁、锌和硒元素的含量较高。由于它们具有重要的生化活性和特殊的营养作用，以及在免疫、遗传、优生优育、延缓衰老及防治疾病等方面的作用，月见草油被视为最有价值的保养用油。

（7）杏核油

杏核油（apricotkernel oil）呈淡黄色，其中包含的脂肪酸主要为油酸 60%、亚麻仁油酸 30%，此外也含有丰富的维生素 A、维生素 E，其使用价值与小麦胚芽油类似。杏核油是能够增加皮肤呵护的润肤扩张性油，它清爽的触摸感可以清洁皮肤、滋润皮肤，有柔和的切肤感，可以在皮肤表层形成平滑的薄膜，保护皮肤中水分的流失。同时，杏核油易于被皮肤吸收，使皮肤具有光泽和光彩感，起到滋润皮肤的作用。杏核油属天然的最佳润肤油脂，能够在弱酸或弱碱的体系下极其稳定的存在，并且能和任何类型的乳化剂相复配。

（8）琉璃苣油

琉璃苣油（borage oil）的营养价值可媲美月见草油，同样含约 80% 的亚麻仁油酸，并有两倍于月见草油的 γ-亚麻仁油酸，质地清爽、不黏腻。

（9）葵花油

葵花油（sunflower oil）是从葵花籽中提取出来的油，它呈金黄色，质地清爽，有淡淡的坚果味；含有维生素 A、维生素 B、维生素 D 和维生素 E，并富含不饱和脂肪酸。葵花油质地清淡细致，使用起来非常舒服，皮肤有如绸缎般光滑，没有油腻的感觉，适合所有的肤质。

（10）葡萄籽油

葡萄籽油含有丰富的不饱和脂肪酸，主要是油酸和亚油酸，其中亚油酸的含量高达

72％～76％。亚油酸是人体必需脂肪酸，易于被人体吸收。亚油酸可以抵抗自由基，抗老化、帮助吸收维生素 C 和维生素 E，强化循环系统的弹性，降低紫外线的伤害，保护皮肤中的胶原蛋白，改善静脉肿胀，预防黑色素沉淀。

此外，葡萄籽油还富含维生素 E 和原花色素，维生素 E 具有较强的抗氧化性，原花色素能保护血管弹性，保护皮肤抵御紫外线，预防胶原纤维和弹性纤维的破坏，使皮肤保持应有的弹性及张力，避免皮肤下垂及皱纹产生。葡萄籽油渗透力强，清爽不油腻，极易被皮肤吸收，任何肤质均适用。

(11) 榛果油

榛果油来源于榛果仁，呈淡黄色，质地细致，具有较重的坚果味，含维生素、蛋白质、必需脂肪酸。榛果油是有微收敛作用的基础油，适合各种肤质，可作油性皮肤、混合性皮肤及调理粉刺的基础油。它能调和及绷紧皮肤，帮助皮肤保持稳定和弹性，能够强化微血管，刺激细胞再生，刺激循环。

(12) 开心果油

开心果油是由开心果仁压榨取得，含有丰富养分，如脂肪、蛋白质、糖、磷、钾和钙，还含有维生素 E，不但可抗老化，还具有防晒的功用，属滋养油品。开心果油很适合用来制作洗发皂，可防晒、防老化，保护皮肤及发丝。

(13) 蔷薇实油

蔷薇实油又名蔷薇果精油，其不饱和脂肪酸含量达 80％，具有良好的皮肤保湿、淡化色素斑、防止皮肤老化和消除疤痕等作用，而且还能改善皮肤的色泽和弹性。

四、保湿化妆品的保湿机制

一般认为保湿化妆品的作用机制可分为以下四种。

1 防止水分蒸发的油脂保湿

在皮肤上涂上油脂形成保湿屏障，不让水分蒸发，称为封闭性保湿。这类保湿品效果最好的是矿脂，俗称凡士林。矿脂不会被皮肤吸收，会在皮肤上形成保湿屏障，使皮肤的水分不易蒸发散失，也保护皮肤不受外物侵入。由于它极不溶于水，可长久附着在皮肤上，因此有较好的保湿效果（见图 4-4）。

它的缺点是过于油腻，只适合极干的皮肤或极干燥的冬天使用。对于偏油性皮肤的年轻人则不适合，会阻塞毛孔从而引起粉刺和痤疮等。

除了矿脂之外，还有高黏度白蜡油、各种三羧酸甘油酯，以及各种酯类油脂。含有抗蒸发保湿剂的护肤品，基本都含有这些成分，如适合极干性皮肤在晚间使用的晚霜和营养霜。

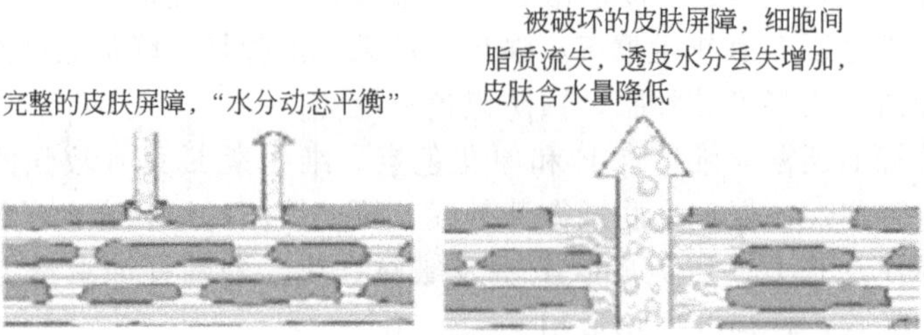

完整的皮肤屏障，"水分动态平衡"

被破坏的皮肤屏障，细胞间脂质流失，透皮水分丢失增加，皮肤含水量降低

图 4-4　脂质流失示意

② 吸收外界水分的吸湿保湿

这类保湿品最典型的就是多元醇类，使用历史最久的就是甘油、山梨糖、丙二醇、聚乙二醇等。这类物质具有从周围环境吸取水分的功能，因此在相对湿度高的条件下，对皮肤的保湿效果很好。

但是在相对湿度很低，寒冷干燥、多风的季节，不但对皮肤没有好处，反而会从皮肤内层吸取水分，从而使皮肤更干燥，影响皮肤的正常功能。很多护肤保养品如化妆水、乳液、面霜等护肤品中都或多或少含有这类成分，可以帮助产品保持水分，使其水分不至于快速散失，一方面可安定产品，另一方面帮助吸收。含这类成分的保湿护肤品，适合在相对湿度高的夏季、春末、秋初季节及南方地区使用，尤其不适合北方的秋冬季。

③ 结合水合作用的水合保湿

这类保湿品不是油溶性，也不是水溶性，属于亲水性的，是与水相溶的物质。它会形成一个网状结构，将自由自在的游离水结合在它的网内，使自由水变成结合水而不易蒸发散失，达到保湿效果。它不会从空气或周围环境中吸取水分，也不会阻塞毛孔，亲水而不油腻，使用起来很清爽，属于比较高级的保湿成分，适合各类肤质、各种气候，白天、晚上都可以使用。这类保湿品的成分以胶原蛋白、多糖类神经酰胺、玻尿酸为代表。

④ 修复角质细胞的修复保湿

这类保湿品通过渗入皮肤的表皮甚至真皮内，经过生物作用，最终对角质层的吸水能力和屏障功能起维护和加强作用，维持皮肤角质层的含水量，其常用的保湿成分有各种维生素（如维生素 E、维生素 A、维生素 B_5 和维生素 C）、水解胶原蛋白、神经酰胺、乳酸（钠）、吡咯烷酮羧酸钠、尿囊素、丝肽等。

五、保湿化妆品的分类

含保湿成分的化妆品种类很多，按产品用途和类型来分类，可以分为保湿清洁护肤品、保湿面膜、化妆水（喷雾）、保湿凝露、保湿乳液、保湿面霜和保湿精华等。

① 保湿清洁护肤品

保湿清洁护肤品是含有清洁脸部皮肤成分，同时有补充水分、含保湿因子的化妆品。根据相似相溶的原理，洁面时，由油相物溶解面部油溶性的脂垢；由水相物溶解水溶性的汗渍污垢。在清洁脸部皮肤的同时，不带走过多的皮脂，产品中添加的保湿成分如甘油、高级脂肪醇等残留在脸上，让脸部保持滋润。但利用清洁产品补湿，其实效果很有限。

② 保湿面膜

面膜是一种敷在脸上的美容护肤品，是利用覆盖在脸部的短暂时间，暂时隔离外界的空气与污染，提高皮肤温度，扩张皮肤毛孔，促进汗腺分泌与新陈代谢，使皮肤的含氧量上升，有利于皮肤排除表皮细胞新陈代谢的产物和累积的油脂类物质，面膜中的水分渗入皮肤表皮的角质层，皮肤变得柔软，增加弹性。保湿面膜由于添加了保湿剂，能高效补充皮肤水分，促进皮肤水脂膜平衡。保湿面膜产品的使用适合周护理。

③ 化妆水（喷雾）

爽肤水、柔肤水、收敛水统称化妆水，是一种透明液态的化妆品，涂抹在皮肤的表面，用来清洁皮肤、保持皮肤的健康。爽肤水、收敛水和柔肤水区别不是太大，爽肤水由于含水量最大，添加的营养成分较少，涂抹的感觉比较清爽，能补充肌肤水分；收敛水最大功效在于细致毛孔，还可以有效平衡油脂分泌，其中往往含有酒精成分；柔肤水添加有较多营养成分，比较滋润，给予肌肤细致的呵护，可以软化角质层，再次清洁脸部的残余污垢，增加肌肤吸收滋润护肤品的能力，更适合干燥的季节使用。化妆水在基础护肤中起了承前启后的作用。不同肤质的人群在选择化妆水的时候，建议健康皮肤使用爽肤水，油性皮肤使用收敛水。干性皮肤使用柔肤水。对混合皮肤来说，T字部位使用收敛水，其他部位使用柔肤水或爽肤水。

④ 保湿凝露

凝露就像质地轻薄的啫喱，瞬间补水力最强。在同类化妆品中，凝露的质地最透澈晶莹，也是最稀薄的一类，它里面通常会含有大量植物精华和矿物因子，能持久作用于皮肤，为皮肤补充天然载水因子。充足的天然载水因子则会刺激水通道蛋白的运转，源源不断地将更多的水分从真皮层向外运送，并锁在皮肤表面，改善缺水纹。另外，凝露通常富含矿物质和微量元素，能舒缓、抗过敏、增强皮肤天然保护功能，因此很适合过薄和过敏性皮肤使用。

⑤ 保湿乳液

乳液的渗透性最佳，尤其是适用于中性和油性肌的低脂乳液，涂上后会自动吸收得干干净净，亲肤性也更强。

⑥ 保湿面霜

面霜的持久补水力最强。如果在使用精华液后，用面霜在皮肤表面盖上一层滋润锁水膜，那么这层膜就会让小分子精华液不致马上散失，效果也会加倍。而乳液和凝露的成膜效果，都远不及面霜。很多面霜，虽然号称能对抗自然环境中针对皮肤的一切不利因素，但它们的确过于滋润，这也就是面霜常会引起面部脂肪粒的原因。

⑦ 保湿精华

保湿精华，由于添加大量保湿因子，能使真皮层的"胶状"本质得到维持，使皮肤真皮层中其他组成分子的健康与功能不受到影响，是能从内部解决皮肤缺水问题的保湿化妆品。

六、保湿化妆品的评价方法

保湿是护肤最基本也是最重要的话题，对于保湿剂的研究及其保湿功效的评价，是保湿类化妆品的重要发展内容。目前，国内外对化妆品保湿性能的评价方法大致可分为体外测试法和体内测试法两种，其中体外测试法主要通过测保湿剂及其产品的保湿率、吸湿率、重量变化等指标或者利用模拟人体皮肤的方法进行评价；体内测试法主要通过试用化妆品，并通过仪器测量前后皮肤水和度变化、医生评价、受试者主观评价等方法进行评价。以下介绍的是比较简易而全面、可操作性强的保湿化妆品评价方法。

第一步，外观质地观察。

观察产品外瓶设计、瓶口设计，观察产品的颜色、气味等，并用手背感觉其质地和黏稠度。

第二步，清爽性测试。

在手背上薄薄地涂上一层样品，等 5 分钟基本吸收后，在手背上撒上由吸油纸剪成的碎纸屑，观察最后粘在手背上的碎纸屑多少，从而判断样品吸收性的好坏。碎纸屑数目越小，表明吸收度较好，吸收迅速。

第三步，保湿度测试。

分别利用皮肤水分含量测试仪和皮肤水分散失测试仪，测量试用者使用前、使用后及使用后 1 小时皮肤水分含量（MMV）值和经表皮水分散失（TEWL）值，分析数值及其差异来评测产品的保湿性是否优秀。保湿度测试能够准确、综合全面地评价化妆品保湿功效。

第四步，肤质改善。

用肤质测试仪测试使用产品前后，皮肤的含水量、含油量及细嫩度的变化。

七、不同肤质选购保湿化妆品的方法

　　各类型皮肤都处于缺水状态，但补水方式并不相同。干性皮肤保养最重要的一点是保证皮肤得到充足的水分，在选择保湿护肤品时，可选用含蜜糖、牛奶和维生素 E 等偏油质的保湿产品，会有很好的锁水保湿效果（保湿霜、保湿乳液）。年轻皮肤可以选择含甘油、丙二醇、NMF、PCA-Na，氨基酸等水性保湿成分和含霍霍巴油、红花油、葵花籽油、夏威夷核果油、小麦胚芽油、酪梨油等油性保湿成分的保湿化妆品。年老皮肤，则可以选择含透明质酸、水解胶原蛋白、维生素 B_5、氨基酸等水性保湿成分和含月见草油、玻璃苣油、夏威夷核果油等油性保湿成分的保湿化妆品。

　　对油性皮肤来讲，既不紧绷又无干皱的感觉并不能代表皮肤永远都处于饱水状态，水分的及时补充对皮肤来说是同样重要，也是必不可少的环节。油性皮肤应选用清爽的水质保湿产品，如保湿凝露、喷雾、润肤露等。

　　在使用保湿化妆品的时候要注意，某些人可不用保湿化妆品。

　　一是儿童，由于儿童皮肤角质层中含有大量天然保湿因子，皮肤角质层中含水量可达 30%，而且儿童皮肤本身就薄润，禁不起化学物刺激，有时用了保湿化妆品反而适得其反。

　　二是中性、油性皮肤的年轻人，由于年轻人皮脂腺、汗腺发达，分泌也旺盛，在春夏季节，皮肤角质层中含水量增多，可不必使用保湿化妆品。

　　三是正患急性皮肤炎的人，最好也不要使用保湿化妆品。

　　以下罗列了一些选择保湿产品的小窍门。

　　① 好的保湿产品能够快速被皮肤吸收，购买前一定要试用。除了看产品的即时润泽效果，可以逛一两个小时后再看看涂抹过的部位，检验滋润效果是否持久。

　　② 认识化妆品说明上的一些成分，能够帮你选到真正保湿的产品，比如透明质酸。

　　③ 原来保湿品中流行的矿物油、丙二醇等物质都已经被更天然、更亲肤的产品替代，没有矿物油的保湿品一次用量需要更多一些，按摩需要更久一些，吸收得才好。

　　④ 干燥是皮肤老化的一个重要指标，防晒、抗老化更是保湿的前提，选择具有高效抗衰老成分的保湿霜，保湿效果会更强。

　　⑤ 如果家里的布膜式面膜不能长久紧贴皮肤，干脆换成霜状保湿面膜。但是切记，任何保湿面膜都不能敷着过夜。

　　⑥ 试着使用具有保湿效果的彩妆。现在的彩妆开始充当护肤的补充，也许因为它，皮肤可以轻松水润一整天。

　　⑦ 优质的保湿剂和锁水剂价格都不便宜，看上去浓浓的低价保湿精华，其实有可能是水加增稠剂的混合物。

　　⑧ 冬天要选择比夏天含油量更高一点的保湿品，保湿才更有效。

八、破解皮肤保湿的误区

误区 1　化妆水都有酒精成分吧？会让皮肤更干燥，不应使用？

大约 50％ 的化妆水会含有一定的酒精成分，但绝大多数品牌的酒精含量都在安全范围内，极少量的酒精成分并不会使皮肤变得干燥。如果属于极其干燥、敏感的皮肤类型，可以选择标明不含酒精成分的温和化妆水。

误区 2　抗老、美白更重要，保湿可以忽略不计？

干燥的皮肤吸收力会大大降低，就好比干燥的海绵，水分会直接滤过，根本没法吸收，而湿润状态的海绵却有极佳的吸收力，能更好地吸收各种营养。所以在选择诸如美白、紧致、抗衰老等功效型精华素时，再配合使用保湿精华素，可以让皮肤同步达成多项美肌目标。

误区 3　皮肤干时不停喷矿泉喷雾就可以？

虽然矿泉喷雾中含有微量矿物离子，可以镇静敏感肤质、补充水分，但喷雾中并不含能锁水的保湿成分，喷的次数一旦增多，同时又没有擦乳液锁水，那么皮肤会陷入干湿反复的恶性循环，反而造成皮肤缺水。因此建议喷雾在皮肤上停留的时间不要超过 1 分钟，多余的水分要用纸巾吸走，之后要马上擦上保湿乳液。

误区 4　天天敷保湿面膜，皮肤就一定水水的？

天天敷成分简单的补水保湿面膜，并不是不可以，只不过效果并不像你想得那么神效，因为那只是暂时提高了皮肤的水润度，真正深层改善皮肤干燥的功臣可能还是你之后使用的保湿精华和晚霜。况且，如果面膜中的营养成分太高，每天敷反而会刺激脸部皮肤，造成皮肤营养过剩。建议 1 星期敷 1～2 次营养型保湿面膜，每次敷面膜约 20 分钟即可，敷得太久甚至等到面膜都干掉了才拿下来，只会让水分都蒸发掉。面膜取下后应清洗干净并立即涂抹乳液锁水。

误区 5　明星保湿成分就一定有效？

胶原蛋白、玻尿酸这些明星保湿成分仿佛只要一擦，就能换来肤如凝脂。但是，这些成分真的那么神奇吗？其实，这些保湿成分没有一种是完美的，使用时必须考虑本身肤质适不适用、如何使用，这样才能真正让皮肤保湿。比如玻尿酸，可在皮肤表面帮助皮肤吸水，但没有储水能力，所以要和锁水保湿剂（霍霍芭油、凡士林等）一起使用，单擦玻尿酸或其他单纯吸水的保湿剂并不锁水，还会把皮肤原有的水分快速蒸散，让皮肤变得更干。建议选择保湿产品时，要了解各种保湿成分的特性和作用，"吸水"和"锁水"兼顾才能水养皮肤。

误区 6　保湿精华素比保湿面霜更锁水？

之所以产生这种错误的观念是因为精华素产品里的护肤成分往往比面霜里含量更高，同时质地更轻盈，渗透和吸收的能力更好。但精华素往往作用于皮肤深层，无法像面霜一样在皮肤表面形成保护层，一旦涂抹精华素后不涂面霜，皮肤很快就会觉得非常干燥。因此要实现锁水，保湿面霜必不可少。

误区 7　使劲喝水皮肤就会不干燥？

科学证明一下子喝很多水对于缓解皮肤干燥微乎其微，因为虽然水分向皮肤细胞输送，但通常是还没有到达皮肤的时候就代谢掉了。而且大量饮水还会带走体内很多有用的电解质和矿物质，而这些都是皮肤中重要的锁水元素。每日饮用 1800 毫升的水就足以提供皮肤每天的水分需求。冷开水比热开水有更好的补水效果，还能帮助容易流失的水分一直维持在最佳水平。在泡澡或淋浴前喝杯冷开水，可以防止皮下的水分快速蒸发掉。

误区 8　油性皮肤不需要保湿？

实际上干性皮肤比油性皮肤更容易吸收保湿成分，因为油性皮肤的角质更厚，更容易出现油水不平衡的状况，因此，为油性皮肤进行保湿工作应该更加注意。建议油性皮肤的保湿需轻柔去角质，保持皮肤的通透和吸收效率；选择油水适当的保湿品，避免刺激皮肤分泌更多的油分而堵塞毛孔。

误区 9　使用化妆水时一定要用化妆棉吗？

市面上的化妆水共有两种形态，一种是常见的水状，而另一种是质地比较稠的露状。水状的化妆水一般用化妆棉进行涂抹，而露状的化妆水因为添加了增稠剂所以感觉更加滋润，也更容易涂抹，除用于二次清洁的柔肤水外，不需使用化妆棉。

九、学习实践、经验分享与调研实践

① 学习实践

① 请示范使用不同类型化妆水的方式。

② 请分别体验不同类型保湿产品的使用感官与保湿效果对比。

③ 请查阅一下化妆水的用量及其开封后保质期。

② 经验分享

请与朋友分享一下自己保湿类化妆品的使用心得，如挑选方法、评价方法、使用方法与使用频率等。

③ 调研实践

根据洁面成分，寻找适合自己的刺激小、副作用小的洗面产品。以报告的形式汇报自己选择的产品，并列出理由。

第五章

美白功效化妆品

皮肤是人体健康的第一道防线，也是容颜靓丽的第一体现者，拥有健康、白皙、富有弹性的的皮肤是所有人追求的目标。东方女性对白皙美丽的皮肤尊爱有加，受其影响，美白、祛斑类化妆品市场日趋活跃，产品销售与日俱增，已成为护肤化妆品的主流品种之一。与此同时，有关黑色素的形成机理、黑色素的代谢途径、美白祛斑机理及有效成分研发、产品效果评价等方面的研究不断深入，也推动着美白、祛斑类化妆品的发展。

 一、人类肤色的种类及影响因素

人类的皮肤有六种不同的颜色，即红、黄、棕、蓝、黑和白色，正常皮肤的颜色取决于皮肤中的黑色素、胡萝卜素、氧合血红蛋白和脱氧血红蛋白的多少，也与角质层的厚度和含水量、血流量、血液中氧含量等很多因素密切相关。

黑素是决定人类皮肤颜色的最主要色素，它是在位于表皮基底层的黑色素细胞内合成的，然后通过黑色素细胞的树枝状突起被传递到邻近的角质形成细胞内，并随角质形成细胞向表皮上层移动，从而影响皮肤的颜色。

胡萝卜素是一种类胡萝卜色素，只能通过食物来摄取。血液中的胡萝卜素很容易沉积在角质层并在角质层厚的部位及皮下组织产生明显的黄色。女性皮肤中的胡萝卜素往往比男性多。

血红蛋白存在于红细胞中，能够与氧分子结合（称为氧合血红蛋白），将氧气从肺部输送到全身各组织中，氧合血红蛋白存在于动脉血中，使血液呈鲜红色；脱氧之后的血红蛋白（称为脱氧血红蛋白）在静脉血中使血液呈现深红色。

血液的颜色能够影响到面颊等毛细血管丰富部位的皮肤颜色。角质层较薄及含水量较多时，皮肤的透明度较好，能较多地透过血液颜色，从而使皮肤显出红色；相反，角质层较厚及含水量较低时，皮肤的透明度较低，皮肤呈现黄色。

皮肤颜色也随种族和个体差异而有所变化，还与性别、年龄及身体的不同部位等因素密切相关，其中不同种族皮肤颜色的差别最大，大致可分为白色、黄色和黑色三类人种。白种人皮肤的表皮中黑色素含量很低，皮肤的透明度很高，氧合血红蛋白含量较高，皮肤呈现粉色；黑种人皮肤中包含较多的黑色素，血液中的血红蛋白含量较低；黄种人肌肤内的黑色素吸收紫外线的能力较强。同时，男性皮肤的色素往往比女性丰富；老年人皮肤的色素比年轻人丰富；手掌及足跟的色素少，而阴部、乳头等部位的色素多。此外，皮肤的颜色也会受到健康和情绪压力的影响。

二、黑色素及黑色素细胞

❶ 黑色素细胞

黑色素细胞是皮肤的重要组成细胞之一，呈树状突起，具有形成、分泌黑色素的功能，它以 1∶36 的比例与角质形成细胞构成一个表皮单位，存在于表皮基底层，细胞内形成的黑色素通过树状突起运输到角质层细胞内（见图 5-1）。

❷ 黑色素

黑色素是一种蛋白质衍生物，呈褐色或黑色，是由黑色素细胞产生的。主要由两种醌型的聚合物：优黑素（真黑素）和褐黑素（类黑色素）组成。优黑素呈棕色或黑色，可溶于稀碱，主要存在于皮肤；褐黑素是由不同结构和组成的色素构成的聚合物，呈黄色、红色或胡萝卜色，仅存于头发。

由于黑素化的程度不同，黑色素可呈黄、红、褐、黑等颜色，人类皮肤及头发的颜色与黑色素细胞的数量关系不大，而主要是由黑色素细胞中储存黑色素的黑色素小体的数量、大小、分布及黑素化程度决定。如黑、白人种皮肤中的黑色素细胞数量基本相同，但黑种人角质细胞内的黑色素小体数量多、形态大、黑素化程度高、单

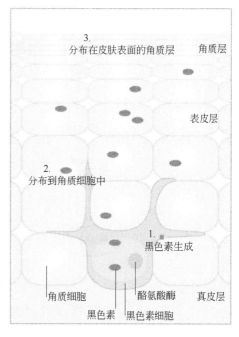

图 5-1　黑色素细胞

个散在分布、降解缓慢，而白种人角质细胞内的黑色素小体数量少、形态小、黑素化程度低、多聚集分布于吞噬溶酶小体内，易降解，导致两者肤色的差异。

③ 黑色素的形成与代谢

皮肤黑色素的形成过程包括黑色素细胞的迁移、黑色素细胞的分裂成熟、黑色素小体的形成、黑色素颗粒的转运及黑色素的排泄等一系列复杂的生理生化过程。它的形成可以分为五期。第一期，酪氨酸酶的形成，在黑色素细胞的胞浆内质网中，高尔基体空泡增大，合成酪氨酸酶蛋白质。第二期，前黑色素颗粒期，色素母细胞分泌麦拉宁色素，在外界刺激（如紫外线、自由基）下，麦拉宁色素激活酪氨酸酶的活性，酪氨酸酶与血液中的酪氨酸反应，生成一种叫"多巴"的物质，多巴其实就是黑色素的前身。第三期，黑色素颗粒成熟期，在此过程中，多巴经酪氨酸氧化而成黑色素。第四期，黑色素的转运，成熟的黑色素颗粒堆积在胞浆内，通过细胞的树枝状突起向角质形成细胞转运。第五期，黑色素

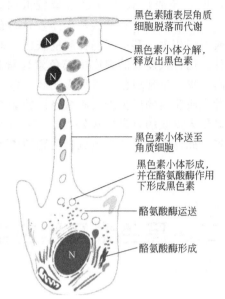

黑色素随表层角质细胞脱落而代谢

黑色素小体分解，释放出黑色素

黑色素小体送至角质细胞

黑色素小体形成，并在酪氨酸酶作用下形成黑色素

酪氨酸酶运送

酪氨酸酶形成

图 5-2 黑色素生成图

的释放，黑色素的释放有两条主要途径，一是从肾内排泄，另一途径是经皮肤排出，转移到角质形成细胞的黑色素颗粒随着表皮细胞上行至角质层，并随角质层脱落而排泄。黑色素的一个表皮周期约为 28 天（见图 5-2）。

④ 黑色素形成的影响因素

多年来，人们一直认为酪氨酸酶是黑色素生物合成过程中所需的唯一的酶。因此，若要人为地阻止（皮肤）色素的沉着，应改善酪氨酸酶的代谢或抑制其活性，人为地限制酪氨酸向黑色素的转化。近年来皮肤生理学的进展，让我们了解到黑色素的形成不仅有细胞内的变化，也有细胞外（或细胞间）的影响。如黑色素细胞中的多巴色素互变酶

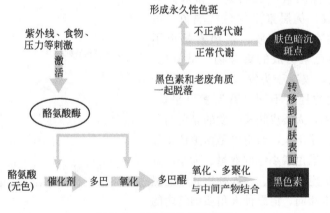

图 5-3 黑色素形成过程图

（DHICA）和氧化酶也参与了黑色素生成的反应；内皮素拮抗剂能与黑色素细胞结合，抑制黑色素细胞的增殖。同时，通过表皮生长因子加速黑色素的细胞间转运和释放，也能减少黑色素数目（见图 5-3）。

此外，导致黑色素细胞功能异常的原因还有很多，目前认为可能的因素有遗传、口服避孕药、妊娠、内分泌失调、某些药物、激素、劣质化妆品、自身免疫疾病和紫外线、氧自由基等。

三、色斑的形成及分类

1 色斑的形成

皮肤色斑是由于黑色素细胞分泌黑色素颗粒过多或皮肤黑色素颗粒分布不均匀，导致局部出现较正常肤色加深的斑点、斑片。色斑形成的原因分内因和外因，归纳如下。

（1）内因

① 遗传原因

如雀斑，常染色体遗传是雀斑主要成因。雀斑多从 5 岁左右儿童开始，女性居多，春夏重，秋冬轻。雀斑多为淡褐色至黄褐色针尖到米粒大小的斑点，对称分布在面部（特别是鼻部），并因身体及皮肤的抵抗力下降而加重。

② 内分泌原因

如黄褐斑和妊娠斑。内分泌失调也是女性产生色斑的一个重要原因，经期和妊娠期的体内性激素水平的变化，可以影响黑色素的产生。

③ 生活习惯问题

压力、偏食、睡眠不足等不良生活习惯也会令黑色素增加。所以睡眠时间不稳定的人，皮肤的代谢率也不佳，会影响黑色素颗粒的产生。

④ 疾病与老化

如老年斑、肝斑。糖尿病、甲状腺功能异常、肝肾功能不全、皮肤病、暗疮或粉刺等，使皮肤深层细胞老化，皮肤新陈代谢差从而使皮肤长期营养不良，导致黑色素积聚。

（2）外因

① 紫外线照射

日光中的紫外线照射是色斑形成的重要原因，这也是夏季需要防晒的原因所在。当皮肤接受过多日光照射时，表皮就会产生更多的黑色素颗粒，后者可以吸收紫外线，保护人体免受伤害。大家晒太阳后皮肤会变黑就是这个道理。而且，紫外线的照射会引起黄褐斑，使普通雀斑颜色加深。

② 使用不良化妆品，外界刺激擦伤

皮肤外伤时，有粉尘、墨水等异物嵌入伤口，使用碘酒、紫药水，或过食含色素的食物，如酱油、黑木耳等，都会造成色素沉积，形成黑斑。

③ 自由基刺激

某些感光食品、吸烟、喝酒等外界刺激，也可以造成色斑的形成。

❷ 色斑的分类

(1) 根据色斑的活动程度分类

① 活性斑

活性斑是由酪氨酸酶活动造成的斑，它的性质不稳定，受外界日光及内分泌等因素影响，颜色深浅发生变化。常见的活性斑有黄褐斑、雀斑、继发性色素沉着斑等。

② 定性斑

定性斑的性质稳定，不因外界因素影响而变化，一旦去除，原部位不会再起，常见的定性斑有色素痣、老年斑、胎记等。

(2) 根据起源的部位分类

① 位于表皮的斑，常见的如雀斑、咖啡斑、样痣等。

② 位于真皮层的斑，临床上常见的如太田痣、伊藤痣、真皮斑等。

③ 即位于表皮又位于真皮的混合性斑，常见的有黄褐斑。

四、美白的机理

想要达到美白祛斑的目的，必须要抑制皮肤中黑色素的数目，归纳起来可分为细胞内抑制、细胞外抑制及外源因素控制等几方面（见图5-4）。

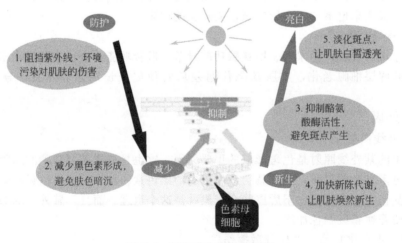

图 5-4　美白成分的作用机理

❶ 细胞内抑制

一般认为黑色素的生成，是黑色素细胞中酪氨酸在含高价铜离子（Cu^{2+}）的酪氨酸酶作用下，氧化生成 3,4-二羟基苯丙氨酸（多巴），再由酪氨酸酶氧化为多巴醌，进一步氧化聚合形成黑色素。因此，对黑色素的细胞内抑制可以通过以下几个途径。

（1）直接控制、抑制黑色素的生成过程中所需要的各种酶

对黑色素细胞内的黑色素形成机理的研究表明，黑色素的形成主要是由黑色素细胞内的四种酶，即酪氨酸酶、多巴色素互变酶（TRP-2）、二羟基吲哚羧酸（DHICA）氧化酶和过氧化物酶（TRP-1）单独或协同作用的结果，而要实现皮肤的真正美白，对多种黑色素形成酶的抑制就显得至关重要。

① 抑制酪氨酸酶

酪氨酸酶是多酚氧化酶，属氧化还原酶类，该酶主要催化两类不同的反应：一元酚羟基化，生成邻二羟基化合物；邻二酚氧化，生成邻二苯醌。这两类反应中均有氧自由基参与反应，在黑色素形成过程中酪氨酸酶的活性大小决定着黑色素形成的数量。当前化妆品市场上的美白产品几乎绝大多数以酪氨酸酶抑制剂为主，并且每年以较快的速度发现新的该类化合物。依据抑制机理的不同，可将该类化合物主要分为以下两类。

a. 酪氨酸酶的破坏性抑制（即破坏酪氨酸酶的活性部位）。酪氨酸酶是含铜需氧结合酶，因此络合除掉铜离子，酪氨酸酶便失去活性，从而达到抑制黑色素形成的目的。目前该抑制剂的研究、开发主要限于对 Cu^{2+} 等酪氨酸酶活性部位的破坏，因此寻找安全、高效的 Cu^{2+} 络合剂是该领域的一个研究热点，常见的典型代表物有曲酸、壬二酸（杜鹃花酸）等。

b. 酪氨酸酶的非破坏性抑制。所谓酪氨酸酶的非破坏性抑制，即不对酪氨酸酶本身进行修饰、改性，而是通过抑制酪氨酸酶的生物合成或取代酪氨酸酶的作用底物，从而达到抑制黑色素形成的目的。依据作用机理的不同，可分为 3 种，包括酪氨酸酶的合成抑制剂、酪氨酸酶糖苷化作用抑制剂及酪氨酸酶作用底物替代剂。由于在黑色素的生物合成中，酪氨酸是酪氨酸酶的作用底物，因此寻求与酪氨酸竞争的酪氨酸酶底物也可有效地抑制黑色素的生成。添加某结构类似于酪氨酸结构的成分，发生酶反应，但形成不了多巴。因此该成分的竞争性很重要，要强于酪氨酸，才能具有竞争优势。代表成分早期有对苯二酚（氢醌），现在被更安全的 Sym White 377（苯乙醇间苯二酚）、CL302（二甲氧基甲苯基-4-丙基间苯二酚）、熊果苷等替代。

② 抑制多巴色素互变酶（depachrome tautomerase）

多巴色素互变酶是一种与酪氨酸酶有关的蛋白质，其作用机理是促使所作用的底物发生重排，生成底物的某一同分异构体，最终生成黑色素。对该酶的抑制目前主要是竞争性抑制，即寻求一种物质作该酶的底物，通过与原来能形成黑色素的底物竞争，从而破坏黑色素的生物合成途径，达到抑制黑色素的目的。目前可知的代表成分有传明酸、甘草黄酮等。

③ 除了上述的两种酶外，还有 DHICA 氧化酶（TPR-1）和过氧化物酶，目前对这两种酶抑制机理的研究较少，常见的成分有超氧化物歧化酶等。

（2）阻断黑色素细胞调控的信号传导途径

黑色素形成，是因为角质细胞受到压力而产生的自我保护机制，当角质层受刺激时

黑色素细胞里的 MITF 蛋白质和干细胞因子 SCF 被唤醒，开始工作产生黑色素，阻断干细胞因子 SCF 的作用，防止它传送刺激信息到麦拉宁母细胞的主控调节因子 MITF 受体上，也能有效抑制黑色素生成。

(3) 还原破坏形成黑色素的中间体

黑色素及其中间体的形成过程是氧化过程，还原剂可以参与黑色素细胞内酪氨酸的代谢，将多巴醌还原成多巴，从而减少黑色素的生成，达到抑制黑色素生成的目的。常使用一些还原剂如维生素 C 及其衍生物、原花青素、谷胱甘肽、鞣花酸等。

② 细胞外抑制

黑色素的形成不仅是黑色素细胞的胞内行为，同时也是胞外物质作用的结果，黑色素细胞外抑制，也能减少黑色素的生成。

(1) 抑制黑色素细胞增殖

由于黑色素的形成主要发生在黑色素细胞内，而许多细胞因子，如碱性成纤维细胞生长因子、肝细胞生长因子、扩散因子、内皮素等都能促进黑色素细胞增殖，有些因子还能刺激酪氨酸酶活性，使黑色素细胞高度色素化。这些因子及其拮抗剂（抑制剂）可以通过黑色素细胞膜表面的受体进入细胞内，引起细胞物质主要是蛋白质磷酸化或去磷酸化，对黑色素细胞增殖和分化发挥调节作用。代表成分有阿魏酸等。

选择性破坏黑色素细胞，抑制黑色素颗粒的形成及改变其结构，黑色素细胞的功能状态可以影响皮服颜色的深浅。通过引起黑色素细胞中毒，导致黑色素细胞功能遭到破坏是抑制黑色素生成的又一途径。不同作用物质破坏黑色素细胞的机制各有不同，氢醌作为一种皮肤脱色剂在临床试用已久。

(2) 抑制黑色素颗粒转移至角质形成细胞

美白活性物质通过抑制黑色素颗粒转移至角质形成细胞，抑制黑色素沉积，澄清肤色，促进皮肤细胞增生，阻断黑色素传输。代表成分如烟酰胺（维生素 B_3）、泛酸及其衍生物、绿茶多酚等。

(3) 加强角质代谢

加速角质形成细胞中黑色素向角质层转移，软化角质层和加速角质层脱落等方式，加快了黑色素代谢，从而改善皮肤的肤色和外观。代表成分有果酸、角蛋白酶、聚乙烯醇、甘醇酸、维 A 酸、水杨酸等。

③ 外源性因素控制

紫外线是人体长期接触的一个外界刺激因素，是人类黑色素细胞增殖和皮肤色素沉着增多的主要生理性刺激。皮肤变黑主要是由中长波紫外线（UVB 和 UVA）引起，紫外线能引起黑色素细胞的增殖及促进黑色素产生，出现皮肤色素沉着。氧自由基也会激发酪氨酸酶的活性，促进黑色素生成。减少外源性因素如紫外线、氧自由基等对黑色素形成生理过程的负面影响，可以通过加强防晒，使用 SOD、维生素 E、维生素 C、辅酶 Q_{10}、硫辛酸等氧自由基终止剂，清除氧自由基抑制酶活性，以达到皮肤的美白。

五、美白活性成分介绍

美白活性成分按其来源和结构，可以分为化学类美白成分、天然植物美白成分、天然中草药美白成分，以及最新的生物制剂类美白成分，以下将分别介绍。

❶ 化学类美白成分

常用的化学类美白活性成分有不同的安全级别，我们将安全的美白成分用"☆"表示；危险的用"◆"表示；促进皮肤新陈代谢，值得长期信赖的用"○"表示；安全但不宜经年累月使用者以"△"表示，以便读者在选择的时候加以区别。

（1）对苯二酚 ◆

对苯二酚（hydroquinone），也称氢醌，通过抑制黑色素细胞代谢过程而产生可逆性的皮肤褪色，达到显著的皮肤美白效果。但是氢醌有较大毒性，对皮肤、黏膜有强烈的腐蚀作用，可抑制中枢神经系统或损害肝、皮肤功能。在我国医药界，会使用2%～5%的外用药膏来治疗皮肤表层色斑，如用于治疗黄褐斑、雀斑及炎症后色素沉着斑，此类氢醌制剂按处方药管理，必须在医生的指导下使用才能保证安全。但在以安全护肤为宗旨的化妆品领域，禁止化妆品中添加氢醌。所以，对于明显的色斑，应求助皮肤科医师，否则整脸大面积的涂擦此类成分的化妆品，是非常不理智的行为。

苯酚及对苯二酚的美白功效及其皮肤刺激性，使得科学家们着手研究其系列衍生物以获得更好的美白效果，同时兼顾安全性。比较知名的成分有4-丁基间苯二酚、4-己基间苯二酚、Sym White 377（苯乙醇间苯二酚）、三椤兰提取物CL302（二甲氧基甲苯基-4-丙基间苯二酚），都是安全的美白成分。

（2）熊果苷及其衍生物 △

熊果苷（arbutin），化学名称为对苯二酚葡萄糖苷，是一种可从沙梨树、虎耳草等植物中提取的能抑制酪氨酸酶活性的美白剂。由于熊果苷在不影响细胞增殖的情况下，可以有效减少黑色素的形成，是一种被认为副作用很低的美白剂，曾被称为21世纪最佳的美白剂。但熊果苷分两种，一种是α-熊果苷，另一种是β-熊果苷，只有前者是具有活性的有良好美白效果的。所以如果使用含熊果苷产品，一定要是α-熊果苷才能有效。一些植物萃取物，比如熊果莓萃取物、桑白皮提取物、白桑葚提取物、谷桑提取物、小蓝莓叶提取物、蔓越莓叶提取物，还有各种"梨"的提取物都不同程度含有熊果苷，也具有一定的美白功效。熊果苷具有高度的光敏感性，因而产品中往往要添加大量防晒剂，容易对皮肤造成负担，加快皮肤老化。此外，医学研究显示，过高浓度的熊果苷反而会引起皮肤黑细胞内的黑色素的增加，不适宜长期使用。

（3）曲酸 ☆

曲酸（kojic acid）又叫曲茵酶，化学名为2-羟甲基-6-羟基-1,4-吡喃酮，产生于曲霉属和青霉属等丝状菌发酵液中，是一种水溶性物质。曲酸是在偶然情况下发现的：日本酿酒业在发酵米时，发现工人的双手皮肤特别白皙，以此研究出其中的曲酸成分具有抗菌作用。

曲酸对黑色素合成的抑制原理是，它们在反应时与 Cu^{2+} 结合，阻止了 Cu^{2+} 对酪氨酸酶的活化作用，或具有与酶争夺作用物质而产生的阻碍作用。

曲酸易氧化，具有高度的光敏感性，须夜间使用，日间产品需添加防晒剂，容易对皮肤造成负担，加速皮肤老化。

近年来含曲酸的美白祛斑化妆品的安全性越来越受到人们的关注。在国内，早期因为曲酸提取不纯，可能掺杂有强致癌物质黄曲霉素，一度引起科学家们的质疑。2000年和 2002 年下半年，又相继有科学家对曲酸本身的致癌性提出疑问。根据日本最新的研究报告，曲酸成分可能会有致癌的危险。有人认为，曲酸分子式中的吡喃是与苯一样的方向性化合物，从理论上讲是和苯一样有致癌性的。此外曲酸中的羟基也可使人体内积累自由基，这也是有致癌性的。因为其可疑的安全性，日本在 2003 年就已宣布禁止进口和生产含有曲酸的化妆品；在美国，曲酸的使用是属于药品管辖的范围；在中国台湾地区，核准的使用上限是 2％。

(4) 壬二酸 ☆

壬二酸（agelaic acid，AZA）又名杜鹃花酸，是一种天然的有 9 个碳原子的直链饱和二羧酸 $[HOOC(CH_2)_7COOH]$，为无色到淡黄色晶体或结晶粉末，微溶于水，较易溶于热水和乙酸。壬二酸是酪氨酸酶的竞争性抑制剂，直接干扰黑色素的生物合成，对活性高的黑色素细胞有抑制作用，但不影响正常黑色素细胞，具有较强的美白效果，是高安全性的美白成分。由于其对乳化体系的不良影响和溶解性等问题，限制了在化妆品中的应用。

(5) 传明酸 △

传明酸（cyklokapron）是一种人工合成的氨基酸，又名氨甲环酸。它是一种蛋白酶抑制剂，能深入肌肤底层抑制酪氨酸酶形成，有效抑制黑色素形成，击退麦拉宁色素，彻底瓦解黑色素和斑点，发挥强大的美白效用。传明酸美白因子稳定，不易受温度、环境破坏，具有舒缓肌肤的特性。特别针对晒后的肌肤来说，传明酸不仅可以发挥优质的嫩白效果，同时不刺激肌肤。对于顽固的斑点及黑色素沉淀问题可以全面改善，抑制黑色素形成，发挥净白效果。

(6) 阿魏酸 ○

阿魏酸广泛存在于自然界的植物之中，其化学名称为 4-羟基-甲氧基肉桂酸，是植物中普遍存在的一种酚酸。阿魏酸在植物中主要与低聚糖、多胺、脂类和多糖形成结合体而存在，即阿魏酸钠和阿魏酸酯。这两种衍生物，基本上体现和保持了阿魏酸的生物学特性。有研究指出，阿魏酸能够抑制或降低黑色素细胞的增殖活性，抑制酪氨酸酶的活性，还具有清除氧自由基和良好的抗氧化作用，具有良好的美白和抗氧化功效。

(7) 泛酸及其衍生物 ☆

泛酸（pantothenic acid）亦称原维生素 B_5，是当今化妆品应用较好的一种维生素前体。人体吸收原维生素 B_5 后，在醇脱氢酶的作用下，原维生素 B_5 可定量转化为泛酸。泛酸及其衍生物能抑制酪氨酸酶的活性，有很好的美白效果。这一组维生素和细胞的新陈代谢相关，包含硫胺、核黄素、烟酰胺等，其中烟酰胺，又名维生素 B_3，是维生素家族中的重要一员。烟酰胺可以抑制由黑色素细胞产生的黑色素向皮肤表层细胞的转移，从而达到美白的功效。但需要达到较高的浓度（2％以上），才有此效果。烟酰胺还能加速细胞新陈代谢，以加快含有黑色素的角质细胞的脱落。由于烟酰胺具有很高的美白安全性，同时兼具多种护肤功效，现在被各大护肤品品牌广泛应用。

(8) 甘草黄酮 ○

甘草黄酮（glycyrrhizic flavone）外观为棕黄色半透明液体，是从特定品种的甘草中提取的天然美白剂。它能抑制酪氨酸酶的活性，其作用强于熊果苷、曲酸、维生素 C 和氢醌；还能抑制多巴色素互变酶和 DHICA 氧化酶的活性，具有与 SOD（过氧化物歧化酶）相似的清除氧自由基的能力，同时具有与维生素 E 相近的抗氧自由基能力，是一种快速、高效、绿色的美白祛斑化妆品添加剂，主要用于乳液和膏霜类。

(9) 维生素 C ☆

维生素 C（vitamin C）又名抗坏血酸（ascorbic acid），是一种强还原剂，具有抗氧化作用，也可称为抗氧化剂。维生素 C 可以将黑色素还原成淡色的麦拉宁，其美白效果与它本身的结构有很大的关系。可以发挥美白作用的维生素 C 是 L-型，即左旋的维生素 C。天然的维生素 C 就是 L-型维生素 C，而合成者通常混合着 D-型与 L-型两种，D-型的维生素 C 是不具生理活性的。所以，有些含维生素 C 美白成分的化妆品，会强调用的是 L-型维生素 C。

维生素 C 淡化黑色素的方式十分温和安全，其作用对象主要是已经形成的黑色素，是可以放心使用的。但因经还原的黑色素仍可能再次被氧化，因此必须长期保持一定的维生素 C 的浓度才有效。

若是想以口服天然蔬果中的维生素 C 来美白，恐怕要失望了，因为吃水果所获得的维生素 C，不足以推动美白作用。如果服用过量，一天超过 5 克，则会有腹泻和甲状腺失调的现象发生；擦的维生素 C 因其不耐热、不耐光，容易接触空气而氧化，所以必须结合金属来维持较佳的稳定性；乳液或面霜中，必须是脂溶性的维生素 C 的衍生物，才能顺利渗透到皮肤较里层。水溶性维生素 C，除非是配合特殊渗透溶剂，否则看不出美白效果。

(10) 鞣花酸 ☆

鞣花酸（tanning acid）是一种天然的多酚二内酯，是没食子酸的二聚衍生物，可以从很多植物像草莓、石榴、天竺葵、尤加利树、绿茶中萃取出来。它的美白效果来自于它强大的抗氧化力，可以有效抑制黑色素生成过程中的氧化步骤。此外，跟曲酸一样，鞣花酸也能螯合铜离子，降低、抑制酪胺酸酶的活性，阻断黑色素生成，具有美白作用。

(11) 原花青素 ○

原花青素（OPC）具有极强的抗氧化性，但并不是最强的。如果用维生素 E 做比较，番茄红素清除自由基的能力是维生素 E 的 100 倍，原花青素清除自由基的能力是维生素 E 的 50 倍，已知最强的抗氧化剂是虾青素，其清除自由基的能力是维生素 E 的 1000 倍。原花青素的广泛使用，是因为其较好的水溶性。

(12) 谷胱甘肽 ☆

谷胱甘肽（glutathione）取自植物酶，特别是啤酒酶，是含巯基的氨基酸。巯基对酪氨酸酶的活性具有制衡效果，可使黑色素的生成缓慢，达到美白的效果。值得推荐的是，谷胱甘肽本身也是极佳的抗氧化剂，可以捕捉自由基，达到抗老化的作用。

(13) 果酸 △

果酸（AHA）是几种化学物质总称，因为其中的大部分物质均可从天然水果中找到，所以以"果酸"称之。如甘蔗中的甘醇酸、牛奶中的乳酸、苹果中的苹果酸等均属于果酸，英文统一表示为AHA。果酸是通过去除过度角化的角质层后，刺激新细胞的生长，同时有助于去除脸部细纹，淡化表皮色素，使皮肤变得更柔软、白皙、光滑且富有弹性。

对于浅层色斑，尤其是因为日照所产生的皮肤黝黑，果酸所发挥的功效是具有高满意度的。这是因为这些浅层的黑色素本身就容易经由皮肤角质以自然代谢的方式去除。对于深层的色斑，若想达到剥离效果，则必需使用高浓度的果酸换肤术，让高浓度的果酸作用到真皮上层，才能顺利去除雀斑、肝斑类型的色素斑。

一般化妆品专柜或护肤美容院买的果酸，浓度虽然不相同，但绝大多数在8%以下，不可能达到换肤效果。真正果酸换肤术，是皮肤科医师的执业范畴。在换肤过程中，会有真皮层组织液的渗漏，并伴随发炎红肿，必须有配套的护理措施，像是抗炎药物的使用等，才能确保安全。

基本上，角质层必须维持适当的厚度，皮肤自身的防御功能才能健全。长期使用果酸，或许在皮肤美白上会有很好的效果，但长期角质偏薄，皮肤免疫功能会下降，易形成敏感性肤质。建议使用果酸一段时间，应让皮肤休养生息，换另一种美白保养方式，例如甘草酸、桑椹萃取液、熊果素轮流使用。

(14) 内皮素拮抗剂 ○

内皮素是角质形成细胞释放的一种细胞分裂素，它会使黑色素细胞增殖，加快黑色素的合成。内皮素拮抗剂（endothelin antagonist）是20世纪90年代发现的重要的皮肤美白剂，它可以从洋甘菊中提取，也可以用生物发酵法制成。使用内皮素拮抗剂作为美白剂，比其他美白剂在抑制酪氨酸酶及其他活性酶上更高效和快速。可以这样来理解，因为合成黑色素时，酪氨酸酶处于黑色素细胞黑色素体内，酪氨酸酶抑制剂要起作用，必须通过好几关，即角质层、颗粒层、棘层、基底层（黑色素细胞膜和黑色体膜），而内皮素拮抗剂只需到达黑色素细胞膜即可发挥作用，减少了好几道关卡。

(15) 胎盘素 ○

胎盘素（placenta）取自动物胎盘，是一复杂的生化萃取物，含有氨基酸、酶、激素等可以复活细胞机能的珍贵成分，从人胎盘组织酶解后提取的也称宫宝素。如果不考虑取源，胎盘素算得上是美容圣品，使用胎盘素不只可以改善粗糙老化的皮肤，还可淡化皮肤上的斑点，全面性的美白效果也相当不错。胎盘素既无抑制酪氨酸酶的作用，也没有破坏黑色素或还原色素的作用，它的美白机理，可以从"活化细胞"的角度来解释：细胞被活化，新陈代谢的功能提高，色素代谢的能力增强，角质更新代谢正常，皮肤就自然白皙。

但不同来源的胎盘素活性成分的多寡差距较大，美容效果有差异，需注意辨别含胎盘素的化妆品的真伪。同时，作为动物器官提取物，胎盘素的生物活性较大，也比较敏感，容易失活，需妥善防腐保存。

(16) 超氧化物歧化酶○

根据衰老的自由基理论，在皮肤的衰老过程中，自由基对皮肤的损害是一个重要因素。体内产生的自由基与脂肪酸作用生成丙醛等物质，它们与细胞膜上的蛋白质等作用形成脂褐素沉积于皮肤上，成为多种色斑。自由基也能使表皮内胶原纤维、弹力纤维交联而变性、变脆失去弹性。当皮肤的水分不足时，容易使弹性纤维断裂形成皱纹。因此自由基对皮肤的损坏作用是很大的，如能采取措施减少皮肤自由基的生成，对已生成的自由基进行有效的消除，并能保持皮肤的水分，就可以有效地减缓皮肤的衰老。超氧化物歧化酶（SOD）是超氧阴离子游离基的有效清除剂，目前已在化妆品中有所应用，但效果不特别显著，原因是超氧化物歧化酶容易失活。

(17) 过氧化氢◆

过氧化氢（hydrogen peroxide）又名双氧水，是无色无臭的澄明液体。其释放的初生态氧有漂白作用，临床上用于皮肤增白，治疗黄褐斑和雀斑等色素沉着性疾病。其不良反应，如较长期涂在毛发部位，毛发会脱色而变黄。双氧水皮肤具有刺激性，接触到皮肤，会有刺痛感。在化妆品领域中，双氧水的主要的用途是作为染发剂的色素漂白成分，或烫发剂的第二剂，市面上一般买不到以双氧水作为美白成分的保养品。但是部分美容院，会以双氧水作为皮肤的漂白剂。在美容院现场调配化妆品中的添加量为10％～20％。要注意的是，到美容院做全身性美白疗程时，不要使用这一类成分。

(18) 美拉白☆

美拉白（Melawhite）为目前较流行的合成美白成分，结构中含多肽，具有制衡酪氨酸酶活动的功效。氨基酸的结构对皮肤细胞较为安全，无副作用。这一美白效果优秀的制品，主要的销售渠道是护肤美容院。制品的酸碱度也较为适中，为pH6～6.5，一般肤质使用不会引发过敏或刺激。

(19) 汞及其化合物◆

汞及其化合物是较早用于化妆品中的美白祛斑成分，如氯化亚汞、氯化氨基汞等。汞能渗入皮肤，与表皮层的蛋白质结合，破坏细胞内酶的活动，使黑色素无法形成，故其美白效果迅速而明显。但汞同时会与皮脂腺分泌的脂肪酸结合而沉淀，成为另一种色斑，称为汞斑。这种色斑，无法用美白制品去除，只有靠激光等医疗方式才能去除。同时汞具有一定的毒性，可通过皮肤吸收蓄积在体内，导致汞中毒。特别是大量或长期使用含汞化妆品，对人体的危害性更大。因此我国及许多其他国家将汞列为化妆品中禁用物质。但是由于该类成分具有祛斑见效快的特点，一些企业为了迎合广大消费者急于求成的心理，在化妆品中违法添加这些成分；此外，汞原料价格相对较低，也是这些成分屡禁不止的原因之一。

(20) 激素 ◆

糖皮质激素是近年来最常被非法添加的美白成分，包括有氯倍他索丙酸酯、地塞米松、倍他米松等。

糖皮质激素通过收缩毛细血管、增强机体的水钠潴留和减缓皮肤新陈代谢，间接导致含黑色素的皮肤角质层变薄等三种方式达到皮肤美白、水嫩的效果。长期大量使用激素可导致激素依赖，严重的可引起身体多器官损害。

综合言之，可应用的化学类美白成分有很多种，每一种又各具特色，要根据自身皮肤类型和肤质状况谨慎选择。

② 天然植物美白成分

因为化学美白成分存在很多安全性问题，现在各大化妆品公司都把目光投到来自大自然的植物，并投入大量资金研究植物中含有的美白成分。经过多年的研究，发现了许多天然美白成分，可以预见，安全无刺激的植物美白将成为主潮流。

（1）芦荟

芦荟（aloe）是百合科，世界各地都有分布，我国南方海南、广东、广西、福建等省都有种植。其有效成分能抑制酪氨酸酶活性，减少黑色素的生成；具有防紫外线作用，使皮肤避免由紫外线引起的黑色素增加；芦荟中含有的维生素 C、维生素 E 及 SOD，可有效清除氧自由基，抑制黑色素生成。

从芦荟叶中得到的芦荟提取物组成十分复杂，其化学成分仍需进一步分析研究，而且因芦荟的品种和生长条件的不同，芦荟所含有的化学成分也不尽相同。目前，芦荟提取物的类型有从芦荟叶中分离出的胶质——芦荟凝胶；从叶中提取的芦荟油；从叶中提取的水溶性芦荟浓缩液及芦荟粉制品等。这些芦荟提取物都含有多种生理活性物，主要为芦荟素、芦荟大黄素、芦荟苷、复合黏多糖、蛋白质、维生素 B 及微量元素等有效成分，其中芦荟素及其衍生物是各种芦荟提取物的主要成分。

（2）珍珠粉

珍珠自古流传具有美白功效，其中含有蛋白质（水解后可得到 18 种氨基酸，其中 7 种是人体必需氨基酸）、碳酸钙、20 多种微量元素及维生素 B 等。现代科学发现，珍珠中的微量元素可促进人体皮肤 SOD 的活性，抑制黑色素的合成；珍珠粉（pearl powder）中所含的多种氨基酸，能促进角质层细胞代谢，保持皮肤白皙。珍珠粉美白需要内服外用配合，效果才能显现。

（3）茶花

茶花（camellia）又名山茶花（camellia japonica），属茶科植物，具有抗氧化、镇静皮肤的功能，还有防止表皮层暗沉、色素堆积的美白功效。

（4）沙棘

沙棘（hippophae rhamnoides）别名醋柳、酸刺，是一种多年生的落叶灌木，主要分布在欧洲大陆，我国的西北、华北、西南等地也有大量的沙棘。经科学测定，沙棘含有丰富的维生素、类黄酮、不饱和脂肪酸、氨基酸、胡萝卜素、黏多糖和微量元素等近百种生理活性物质，大都是人体所必需的营养成分和天然药用成分。沙棘提取物沙棘油富含维生素 E（生育酚）和维生素 C、胡萝卜素、不饱和脂肪酸及游离氨基酸等，具有消除体内自由基和抗氧化等功能，对皮肤有营养美白和保护作用。

（5）杏仁

杏仁（almond）是蔷薇科杏的种子，分为甜杏仁和苦杏仁，主要含有蛋白质、脂肪、糖、微量苦杏仁苷。脂肪的组成中主要是油酸和亚油酸，具有软化皮肤和美容的功效。

（6）玫瑰

玫瑰（rosa rugosa）是蔷薇科蔷薇属植物，玫瑰果实可食，无糖，富含维生素 C，能去除皮肤上的黑斑，令皮肤嫩白自然，对防皱纹也有帮助。

（7）桑葚提取物

桑葚提取物（mulberrybark extract）又称为桑果萃取物、桑皮白、桑枝等，主要萃取自白桑椹的枝干。桑椹萃取液具有抑制酪氨酸酶活性的功能，所以能有效控制黑色素的生成，安全性佳。

（8）甘草萃取物

甘草萃取物（licorice extract）是从甘草的根中提取而来，含有黄酮类成分，有温和抑制酪氨酸酶的作用，临床上证实可促进细胞修复。所以，甘草萃取物作为敷脸成分，除美白效果之外，应可视为护肤理疗成分。一般添加在日晒后的护理产品中，用来消除强烈日晒后皮肤上的细微炎症，修护细胞。若以安全性来衡量，甘草萃取物是自然安全又温和的成分。尤其对敏感性皮肤，更具保护、免于受刺激的作用。因此，过敏性皮肤要美白，这是不错的选择。

③ 天然中草药美白成分

我国传统的中药，许多具有良好的美白祛斑作用，有许多治疗面斑的药方流传至今。这些绿色植物成分具有优异的美白效果，是美白类化妆品今后的发展方向。其中包括当归、辛夷、川芎、丹参、白附子、白芷，白茯苓、鲜皮、白芍、白术、葛根、菟丝子等。

④ 生物制剂类美白成分

（1）半乳糖酵母样菌发酵产物滤液

半乳糖酵母样菌发酵产物滤液即大名鼎鼎的 pitera，是一种叫做 saccharomycopsis 的特殊酵母在发酵过程中所提炼出来的一种液体，内含健康肤质不可或缺的游离氨基酸、矿物质、有机酸、无机酸等自然成分，具有优异的滋润及特殊保湿功能。有研究指出 pitera 能抑制色素体细胞的增加，并且经由新陈代谢作用帮助色素排泄，防止皮肤变黑，使日晒后产生的黑斑、皱纹及敏感的红热现象迅速恢复，保持肌肤的细致柔嫩，具有美白功效。

（2）二裂酵母发酵产物溶胞物

二裂酵母发酵产物溶胞物（bifida ferment lysate）是经双歧杆菌培养、灭活及分解得到的代谢产物、细胞质片段、细胞壁组分及多糖复合体，具有很强的抗免疫抑制活性，并能促进 DNA 修复，可有效保护皮肤不受紫外线引起的损伤，用于乳化、水基及水醇体系的护肤防晒及晒后护理产品，帮助预防表皮及真皮的光老化。二裂酵母发酵产物溶胞物，会产生包括 B 族维生素、矿物质、氨基酸等有益护肤的小分子，是一种只用于护肤的优质酵母精华。其可以加强角质层的代谢，还能捕获自由基，抑制脂质的过氧化，具有美白、抗衰老的功能。其中富含的营养物质，有滋养皮肤的功能。

（3）人体脂肪细胞培养液提取物

人体脂肪细胞培养液提取物（HAS）是由人体脂肪干细胞的培养液所提取的成分，由 150 种类的生长因子所构成，不论是哪种肤质都特别容易吸收。具有美白功效，可以修复受损肌肤。

六、不同类型色斑的美白成分选择

对于不同类型的色斑，我们要选择不同的美白成分和美白护理步骤。以下针对浅表性色斑、雀斑、晒斑、老年斑、肝斑、发炎后色素沉着及真皮层的定性斑逐一说明。

(1) 浅表性色斑

防晒＞果酸或去角质（择一即可）＞曲酸、维生素 C 或熊果素。

(2) 肝斑

防晒＞曲酸、维生素 C 或熊果素＞果酸或去角质（择一即可）。

(3) 发炎后色素沉着

防晒＞果酸或去角质（择一即可）＞曲酸、维生素 C 或熊果素。

(4) 晒斑、老年斑

防晒＞果酸或去角质（择一即可）。

(5) 雀斑、定性斑

雀斑及定性斑如颧骨母斑、太田母斑、痣等，除了防晒外，其他外用保养品都没有作用。

七、不同肤质选择美白产品的原则

皮肤大体上可以分为中干性、油性、混合性、敏感性四类，不同类型皮肤的人群在选择美白祛斑类化妆品应注意以下事项。

1 中性和干性皮肤

中性和干性皮肤的美白关键是补水、保湿，应选择性质温和的美白成分化妆品，如植物性美白产品（多种美白植物萃取精华，比如甘草萃取精华），或者海洋性美白产品（含有海藻、海洋生物性胶原蛋白类等）。因为中干性皮肤的角质层薄，皮肤容易受到外界环境的刺激，所以选择含有降敏成分的美白产品，如金缕梅、芦荟等成分，对皮肤有较好的保护作用。肤质偏干、冬天、常在空调房时，应尽量选择偏油性的美白产品，如乳液及乳霜。

2 油性皮肤

油性皮肤的美白关键是清爽、无油、深层清洁，应选择含清爽的水分美白产品或者选择无油脂的清润美白产品为好。夏天时，尽量选择含油量少的美白产品，如凝露、凝胶及凝乳等剂型。而在油性皮肤的美白护理中，每周 1 次的深层清洁也十分重要。油性皮肤的角质层厚，尤其在夏天，最好是 1 周做 1 次深层清洁。在深层清洁后，再使用清爽美白的补水面膜，以帮助皮肤在去角质后，以最新鲜的状态，迎接多种美白成分的呵护。

③ 混合性皮肤

混合性皮肤的美白关键是清润、温和、保湿。混合性皮肤容易变成敏感性或者是缺水性皮肤，它们最需要长效保湿类因子，比如胶原蛋白、金缕梅（有抗敏作用）、洋甘菊或者是芦荟、甘草萃取精华、黏多糖、精纯维生素 C 等成分。特别是甘草萃取精华和精纯维生素 C，不仅可以给皮肤清润的保湿效果，还可以美白皮肤，增强弹性。

④ 敏感性皮肤

敏感性皮肤的美白关键是先补水保湿，降低皮肤过敏率，再美白。敏感性皮肤角质层薄，对外界刺激抵御能力低。使用美白化妆品前，一定要将补水和保湿工作做到位，能保证接下来美白步骤的效率。美白类产品一定要选择含有植物性或海洋性的美白成分。当然，无论你选择哪类产品，都别忘了先在手内侧或耳后做过敏测试。敏感性皮肤也可以选择一款保湿的美白晚霜，在晚霜前加上保湿精华，以帮助晚霜更好地吸收。敏感性皮肤最好选择不含酒精、香料、刺激性多元醇及色素的美白产品。

此外，容易长痘痘的皮肤，就要选择不含致粉刺性油脂（植物性油脂或人工合成油脂）成分的产品，应选择成分单纯，没有刺激性成分，少用含太浓香味或人工色素的产品。

八、美白产品的评价方法

(1) 观察外观质地

观察外包装设计、瓶口设计，观察各自的颜色、黏稠度及细腻程度，并用手背感觉其质地。

(2) 吸收性测试

涂抹定量样品在皮肤上，几分钟后将碎纸屑撒于手背上，后翻转手背，观看被黏住的纸屑有多少，纸屑数目越少，表明吸收度较好，吸收迅速。

(3) 抗氧化性测试

测试反应前后聚维碘酮溶液中碘的含量。取定量产品与水分别加入定量同浓度的聚维碘酮。反应后溶液颜色越浅，碘含量减少得越多，说明抗氧化性越好，产品能保护皮肤受免受糖化，去除黄气。

（4）美白性测试

把马铃薯加去离子水在搅碎机搅碎、抽滤，得到富含酪氨酸霉的马铃薯汁液。在试管中加入的马铃薯汁液、样品液，摇匀，不添加样品的马铃薯汁液作空白对照。紫外分光光度计测475纳米的吸光度。

注意：样品对酪氨酸酶活性的抑制强度以抑制率表示，抑制率高表明其对酶活性抑制强度高。抑制率的计算公式为：

$$抑制率＝（[对照]－样品)/[对照]×100\%$$

（5）淡化色斑测试

把变色的马铃薯放入各个试管中，加入蒸馏水，再加入样品，混匀；在室温（约25℃）的条件下放置15分钟以上，对比条状马铃薯颜色变化。马铃薯颜色变浅，表明样品的淡斑效果较好。

（6）皮肤保湿性测试

试用者使用水分测试仪，分别测试面部皮肤使用样品前、使用后 1/3/6 小时或 2/4/8 小时的水分值，分析水分值的差值大小来评价产品的保湿性是否优秀。

（7）皮肤肤质改善测试

用肤质测试仪测试使用样品前后皮肤的含水量、含油量及细嫩度的变化。

九、破解皮肤美白的误区

误区 1 芦荟是天然美白成分，外敷内服都可以？

芦荟有三百多个品种，目前美国 FDA 及中国允许食用及药用的芦荟只有五种，包括好望芒芦荟、芒芦荟、女王锦芦荟、非洲芦荟及翠叶芦荟。外敷芦荟具有消退皮肤红肿的作用，内服则有轻泻、排毒功能，从而改善皮肤暗淡或色斑，建议每天吃 3 至 4 汤匙，由于不同牌子的浓度有异，根据标签指引服用最安全。由于有轻泻作用，孕妇忌吃。

误区 2 DIY 调配果酸焕肤，质优价廉？

果酸可以使皮肤表皮加速脱落，改善皮肤粗糙情况，但要处理得宜、时间控制精准；如果浓度过高，或施于过敏性和干燥性皮肤便会造成灼伤，也可导致皮肤发炎、色素沉淀等副作用。

误区 3 柠檬敷脸天然方便，美白效果好？

虽然柠檬含有许多维生素 C，但同时也含有刺激的柠檬酸，很容易导致皮肤敏感，甚至灼伤皮肤引致反黑或起水泡。此外，食物中含的多是右旋维生素 C，非左旋维生素 C，其抗氧化和美白效果较不稳定，故自制天然美白面膜不可乱用。

误区 4 根据美白化妆品配方自制美白精华，简单又省钱？

有些网站教人用美白化妆品配方中的材料包括左旋 C 粉 1g、水溶性维生素 E

0.5mL 等自制美白精华，这样的做法是具有安全风险的。首先某些具有美白作用的成分有刺激性，加上自制护肤品所含的有效成分浓度无法确定，如果浓度过高会有危险。其次，自制过程中所用的容器、材料，或是过程中也可能有细菌污染，加上没有添加防腐剂无法确知其保存期限，不建议大家使用。

误区 5 美白产品就刚开始用的时候有效？

其实最大的原因可能是大多数人只注重美白而不注重防晒，皮肤长时间遭到紫外线影响，当然越来越黑。建议平常要注意防晒，一年四季都应该擦防晒霜，将防晒和美白一起进行才能有效果。

误区 6 为了让美白成分更好地吸收所以需彻底清除皮肤角质？

这样非但起不到好的效果相反会刺激皮肤，美白产品本身就有剥离角质的功效，如果此时再去角质只会让新生细胞再次被剥离，使皮肤抵抗力下降，造成皮脂膜的损伤。

误区 7 美白产品能祛除痘印？

产生于皮肤表面的痘痘不断发炎会扎根于皮肤内而产生"痘印"，普通的美白产品根本没有办法去除，处于红印时期的痘痘还处于炎症期，此时使用美白产品无疑是雪上加霜刺激痘痘再次发炎。美白产品用于祛痘印只是归功于里面含有的剥离角质的成分，里面的美白成分丝毫不会淡化痘印反而会增加负担。

误区 8 咖啡、茶、酱油等会导致皮肤变得比较黑？

茶叶经烘焙后，颜色较黑，很多人误以为喝了会使皮肤形成黑色素沉淀，其实这是错误的，不过要记得，不要喝隔夜茶，因为隔夜茶中含有丹宁酸，对身体有害无益。咖啡、酱油等黑色食物，同样不会导致皮肤变黑。

误区 9 美白护肤品要成套使用？

很多品牌常常会推出一系列的美白产品，经常是主成分相似，只要选择适合自己肤质的用就好了。

误区 10 "美白针"中含有明星美白成分，可以实现真正美白？

"美白针"确实含有传明酸、谷胱甘肽、维生素 C、肌醇和烟酰胺等明星美白成分，通过涂抹、喷洒等方式作用于人体表面，可以实现缓慢美白，但这些成分如果以注射的方式进入人体，已经超出化妆品的范围，不受化妆品的安全监管，具有安全风险。同时，消费者忍着疼痛，冒着静脉炎和蜂窝组织炎的风险去打点滴或者静脉注射，冒着不明确的药物混合使用的风险去打"美白针"，掏钱去购买这种没有任何保证的"美白效果"，实在很不明智。

十、学习实践、经验分享与调研实践

1 学习实践

① 请分别体验不同类型及品牌美白产品的使用感官感受及美白效果对比。

② 根据本章学到的内容，分析你现在正在使用的化妆品，是否具有美白产品成分？

② 经验分享

请与朋友分享一下自己美白类化妆品的使用方法、挑选方法、评价方法和使用心得。

③ 调研实践

① 根据美白产品成分，寻找适合你的刺激小，副作用小的美白产品。以报告的形式汇报你选择的产品，并列出理由。

② 通过调研，撰写最新美白化妆品产品调研报告，分析产品特点及创新性。

第六章

防晒功效化妆品

近年来，防晒成为化妆品发展的热门话题之一，防晒化妆品（sunscreen cosmetics，SC）在国内外都得到普遍使用、生产和销售。阳光中的紫外线（UV）有利于人体内合成能够帮助钙质在骨骼中沉积的维生素 D，然而过量照射紫外线不仅可以引起晒伤、色素沉着、皱纹、皮肤光老化等美容问题，还可以引起 DNA 损伤等慢性危害，造成皮肤的良性和恶性肿瘤。为此，以最大限度地保护皮肤免受紫外线的伤害为根本目标的防晒化妆品应运而生并迅速发展，人们把防护紫外线的损害寄希望于不断推陈出新的防晒化妆品上。

一、紫外线及对皮肤的影响

❶ 紫外线产生原因

自然界的主要紫外线源是太阳。近年来，随着大气臭氧层的破坏，臭氧层的吸收及散射作用减弱，致使到达地表的紫外线（UV）辐射强度逐年增大。

❷ 基本特征

紫外线（通常用 UV 表示）是日光中波长最短的一种光波，约占日光总能量的 6%，也是日光中对人体造成伤害的主要波段，其波长范围在 100～400 纳米。根据其波长长短又可分为 3 个波段：长波紫外线（UVA），波长为 320～400 纳米；中波紫外线（UVB），波长为 280～320 纳米；短波紫外线（UVC），波长为 100～280 纳米。不同波长的紫外线，穿透皮肤的深度是不同的，对皮肤的损伤破坏也是不同的（见图 6-1）。

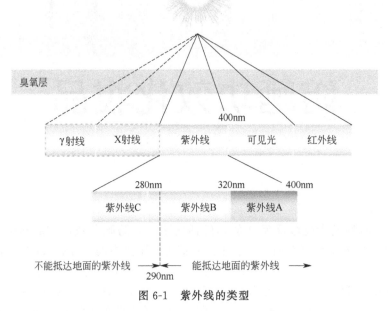

图 6-1　紫外线的类型

（1）波长为 100～280 纳米的短波紫外线（UVC）

UVC 可被角质层反射和吸收，只有小部分穿透到表皮浅层。但由于 UVC 通过大气层时，大多被臭氧层所吸收而不能到达地球表面，因此基本不会对人体皮肤构成危害，只有极少的情况会让我们碰上。但科学家说，由于氟利昂等对大气臭氧层的破坏，短波紫外线将可到达地面，由于其能量大，对人类皮肤的影响较大，会造成皮肤癌患者的增加，可见保护环境、保护臭氧层是多么重要。

（2）波长为 280～320 纳米的中波紫外线（UVB）

UVB 对人体皮肤有一定的生理作用。此类紫外线的极大部分被皮肤表皮所吸收，不能再渗入皮肤内部，小部分到达真皮浅层。但由于其能量较高，对皮肤可产生强烈的光损伤，使被照射的真皮血管扩张，皮肤可出现红肿、水泡等症状，长久照射皮肤会出现红斑、炎症、皮肤老化，严重者可引起皮肤癌。中波紫外线又被称作紫外线的晒伤（红）段，是应重点预防的紫外线波段。UVB 能被厚云层。衣服及玻璃阻断。

（3）波长为 320～400 纳米的长波紫外线（UVA）

UVA 是波长最长的一种紫外线，不被大气层顶端的臭氧层吸收，在夏天的中午到达地球表面的量要比 UVB 多 100 倍。长波 UVA 具有很强的穿透力，能穿透玻璃，且一年四季，不论阴晴、朝夕都存在。日常皮肤接触到的紫外线 95％以上是 UVA，小部分被表皮吸收，大部分可达到真皮深处，并可对表皮部位的黑色素起作用，从而引起皮肤黑色素沉着，使皮肤变黑，故 UVA 段又称为晒黑段。虽然 UVA 对皮肤的作用缓慢，但它可长期积累，对皮肤的长期作用可使皮肤老化，造成皮肤伤害，是主要的紫外线致病光谱。

③ 紫外线对人体的影响

（1）正面因素

太阳光中大约 6% 为紫外线，紫外线可以杀死致病的病毒、病菌，也可以促进人体内合成维生素 D，有效预防佝偻病。

（2）负面因素

紫外线可能导致人体免疫功能下降，伤害人体遗传因子，使皮肤晒伤，产生红斑和色素沉着，加速皮肤老化，产生皱纹，增加皮肤癌、白内障发病概率。具体表现如下。

① 日晒红斑

日晒红斑也称日光灼伤或紫外线红斑，是由紫外线照射在局部而引起的一种急性光毒性反应，主要表现为皮肤出现红色斑疹，轻者伴有皮肤红、肿、热、痛，重者则会出现水疱、脱皮反应等。UVB 是导致皮肤日晒红斑的主要波段。由于日晒红斑发病较快，症状明显，所以能够被大多数人所重视。

② 日晒黑化

皮肤经紫外线过度照射后，在照射部位会出现弥漫性灰黑色素沉着，边界清晰，且无自觉症状。UVA 是诱发皮肤黑化的主要因素。虽然日晒黑化无自觉症状，但产生的色素斑会影响皮肤的美观，所以对于爱美人士及想要美白的人群来说，做好皮肤的防晒是必需的。

③ 光致老化

光致老化是指皮肤长期受日光中的紫外线照射后，由于累积性损伤而导致的皮肤衰老或加速衰老的现象。UVA 是光致老化的主要波段。UVA 对皮肤的影响虽然是缓慢的，但具有持久的累积性，并且其透射程度最深，能深达真皮内部，使真皮基质内起保水作用的透明质酸类物质加速降解，同时使弹力纤维与胶原纤维含量降低，部分弹力纤维出现增粗、分叉等现象，导致皮肤的弹性与紧实度下降，皮肤出现松弛和皱纹等提前衰老现象。而且光致老化的速度明显快于皮肤的自然老化，皱纹的深度也更明显，皮肤呈现粗糙肥厚状态。另外，由 UVA 照射产生的自由基，能够导致组成皮肤细胞膜的不饱和脂肪酸被氧化，生成过氧化脂质，最终形成脂褐素而沉积在皮肤内，累积到一定程度使皮肤暗沉，甚至产生老年斑。因此，做好皮肤的防晒工作是抗皮肤衰老的必备条件。

④ 皮肤光敏感

皮肤光敏感是指在光敏感物质的存在下，皮肤对紫外线的耐受性降低或感受性增高的现象，可引发光过敏反应和光毒性反应。这种现象只发生在一小部分人群中，属于皮肤对紫外线辐射的异常反应。

总之，紫外线过度辐射对皮肤所产生的影响，不仅仅只是影响皮肤的美观，而是对皮肤的健康产生了很严重的影响。所以，不仅是追求美白、抗皮肤衰老的爱美人士需要防晒，对于普通人群，无论男女老少都需要做好皮肤的防晒工作，以尽量减轻紫外线对皮肤所造成的不良影响（见图 6-2）。

④ 防晒的重要性

阳光是造成皮肤老化与形成皮肤表面斑点的主要因素，哪怕是春天，如果任由阳光

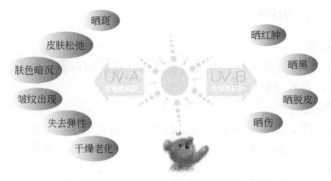

图 6-2 紫外线对皮肤的影响

曝晒十分钟，皮肤就会早衰十天。举一个很明显的例子，穿着背心在阳光下活动的时候，一段时间后，脱下背心，会看到未被阳光照射的皮肤会留下背心的印记。通过对比照射过的皮肤和背心阻挡阳光下的皮肤会发现，不仅颜色不同，背心阻挡阳光下的皮肤更显细嫩光滑。这是因为紫外线的穿透能力强，会大部分进入皮肤。而细胞核里DNA是紫外线的主要靶标，紫外线可引起DNA的损伤。如果造成长期不可逆转的损伤，最终会诱导DNA凋亡启动，细胞死亡。而皮肤为了保护自己，减少紫外线的损伤，就有了黑色素细胞，黑色素细胞合成黑色素，黑色素分布在皮肤中，可以起到盾牌的作用。紫外线进入皮肤后大部分被黑色素吸收，黑色素储存一定量的紫外线后就会裂解凋亡，然后黑色素细胞就会分泌新的黑色素补充上去。黑色素细胞就是通过这种方法，保护了其他的皮肤细胞。

图 6-3 也表明了皮肤偏黑的人不容易长色斑和细纹，皮肤特别白皙的人更应该注意防晒的原因。

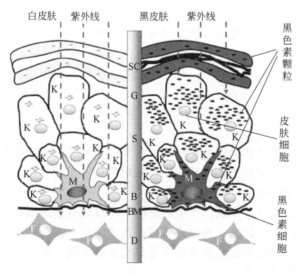

图 6-3 紫外线对不同肤色的人的影响

图 6-3 中，左边是皮肤白皙的人，黑色素含量少，紫外线完全穿透皮肤，大量的正常皮肤细胞被照射，细胞核受到破坏。右边是皮肤偏黑的人，紫外线进入皮肤后，大部

分都被黑色素吸收阻挡。

防晒是非常重要的，只有做好防晒，有效预防黑色素的产生，晒不黑、晒不伤，才能时刻保持皮肤的青春润泽。

二、防晒的 ABC 原则

防晒很重要，但防晒并不意味着只是使用防晒化妆品，而是要做好防晒的 ABC 三原则。

A 是 Avoid，避免。就像皮肤过敏是接触了相关的过敏原，皮肤晒黑是因为阳光中的紫外线。在条件允许的情况下避免在上午 9 点至下午 5 点之间暴露于阳光下，因为这段时间的紫外线照射强度最大，应减少与其接触。

B 是 Block，遮蔽。在户外时，应该尽量寻觅阴凉处，配合防晒衣、防晒帽、遮阳伞、太阳镜等物品遮挡紫外线。

C 是 Cream，使用防晒霜。防晒霜是皮肤防晒的最后一道防线，是在防晒不足的情况下采取的防护措施。

三、防晒化妆品的作用和分类

防晒霜能有效阻止紫外线对皮肤等的伤害，下面来介绍一下防晒化妆品的作用、类型，以及不同类型防晒化妆品的作用原理及优缺点。

① 防晒化妆品的作用

防晒化妆品是指添加了能阻隔或吸收紫外线的防晒剂以达到防止皮肤被晒黑、晒伤的化妆品。使用防晒化妆品防止皮肤晒伤、晒黑和光老化的观念，已经被越来越多的人所接受。各大化妆品品牌不断推出新的防晒产品，哪怕仅仅是将原有产品的防晒值增加，或是改变产品剂型等，都可见其对防晒化妆品市场的重视程度。

② 防晒化妆品的产品类型

市场上防晒化妆品琳琅满目，可以按产品类型、防护功能和作用机制对其进行分类。

（1）按产品类型分

防晒化妆品可分为防晒油、防晒乳、防晒霜、防晒凝胶、防晒棒、防晒喷雾等。

① 防晒油是古老的防晒化妆品剂型，优点是制备工艺简单，产品抗水性好，易涂抹。缺点是油膜较薄，不易持久保持，故难以达到较高的防晒效果。

② 防晒棒是新的剂型，主要由油与蜡等成分组成，配方中也常加入无机防晒剂，产品携带方便，使用简便，效果优于防晒油，但不适于大面积涂用。

③ 防晒凝胶多为水溶性凝胶，肤感清爽，适宜夏天使用。但产品抗水性差，油溶性防晒剂不易加入，因此防晒效果不够明显。

④ 防晒乳和防晒霜是市场上防晒品的主要产品形式，大约有88%的防晒化妆品为乳液剂型。它可以配入所有的防晒剂，很少受到剂型限制。因此产品的SPF值可以比较高，易于涂抹且不感油腻，可制成抗水性产品，有水油型和油水型两种剂型可供选择。

⑤ 防晒喷雾是新近出现的简便型防晒产品。在传统的防晒产品之外，随身携带一只，可以弥补长时间在户外无法重抹防晒乳的问题，同时没有一般防晒品的油腻烦恼。

（2）按防护功能分

可分为防晒制品和晒黑制品。

① 防晒制品

产品成分中既包含UVB（中波紫外线）的吸收剂和屏蔽剂，又包含UVA（长波紫外线）的吸收剂和屏蔽剂，故既可防日晒红斑，又可防日晒黑斑。

② 晒黑制品

产品中只含UVB（中波紫外线）的吸收剂和屏蔽剂，故只可防日晒红斑，不防晒黑。

我国消费者多以白皙皮肤为美，故防晒制品的市场需求较大。国外，尤其是白色人种，以小麦色皮肤为美，所以晒黑制品在白色人种市场中需求较大。

（3）按作用机制分

防晒化妆品可分为物理防晒、化学防晒和生物防晒。

① 物理防晒

顾名思义，就是利用物理学原理防晒，这种防晒霜的原子微粒是片状的，当在脸上涂开的时候，就像镜子一样，反射和散射紫外线辐射，达到防晒的目的。

原理：采用片状紫外线屏蔽剂，常用的包括氧化锌、氧化镁、二氧化钛等无机粉体，通过反射和散射作用减少紫外线与皮肤的接触，从而防止紫外线对皮肤的侵害。

形态：典型的物理性防晒成分呈白色、糊状，且在接触水后变成蓝色。

局限：对于肤色较深的人来说，其润色效果可能不太自然；对于肤质较干的人来说，不够滋润；不适合做全身防晒；必需使用卸妆产品帮助卸除干净，等等。

② 化学防晒

化学防晒就是用化学成分来防晒，这种防晒化妆品是利用透光的化学成分吸收紫外线辐射，使其转化为分子振动能或热能的原理来防晒。

原理：利用化学成分吸收、减弱紫外线，分散其对皮肤的伤害。常用的紫外线吸收剂包括对氨基苯甲酸类、水杨酸类、肉桂酸类、二苯甲酮类等，它们能吸收使皮肤产生红斑的UVB（又称晒红段），以及使皮肤变黑的UVA（又称晒黑段），有效防止皮肤晒红晒黑。

局限：因化学成分会产生衰变（一般 4 小时），所以使用此类防晒剂的防晒霜，要在隔一定时间后重新涂抹。

理论上，物理防晒在安全性上优于化学防晒，但是目前市面上大多是化学防晒的防晒产品（见图 6-4）。

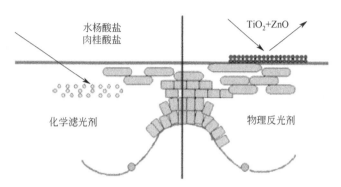

图 6-4　物理防晒与化学防晒机制对比

③ 生物防晒

生物防晒是通过生物防晒剂使皮肤免受紫外线的伤害，生物活性物质具有纳米球形的吸收和反射功能，能均衡肤色，维持皮肤水分含量，更能修复 UVA、UVB 对细胞的伤害，对日晒引起的色斑有明显的修饰改善作用。

原理：生物防晒剂本身不具有紫外线吸收能力，但它们在抵御紫外线辐射中具有重要作用。因为紫外线辐射是一种氧化应激过程，通过产生氧自由基来造成一系列组织损伤，生物防晒剂所含活性物质则能通过清除或减少氧活性基团中间产物，从而阻断或减缓组织损伤或促进晒后修复，起到间接防晒的作用。

主要成分：这类防晒产品富含的成分如维生素 C、维生素 E、烟酰胺、β-胡萝卜素等，这些成分能有效地活化皮肤细胞，有助于皮肤修复，增强皮肤对紫外线的抵抗力。其他的还有一些植物提取物，如芦荟、沙棘、母菊、金丝桃、甲壳质、胡椒酸、阿魏酸、异阿魏酸、迷迭香酸、槲皮素、芦丁等。

局限：价格昂贵。

四、防晒化妆品的主要活性成分

防晒化妆品在我国属于特殊用途化妆品，我国 2015 年版《化妆品安全技术规范》（以下简称为《规范》）规定，防晒化妆品中使用的防晒剂必须是该《规范》中准许使用的 27 项准用防晒剂，而且使用条件应满足《规范》的要求，以确保产品使用的安全性。这些防晒剂可分为无机防晒剂和有机防晒剂两大类，其中以有机的化学防晒成分比较多。这两类防晒剂各有其不同的特点。

❶ 无机防晒

（1）无机防晒的原理

无机防晒剂的防晒机制与其粉末粒径大小有关。当粒径较大（颜料级别）时，防晒机制是简单的遮盖作用，这类粉末在皮肤表面形成覆盖层，把照射到皮肤表面的紫外线反射或散射出去，从而减少进入皮肤中的紫外线含量，就像一束光照在镜子上被反射出去一样，属于物理性的屏蔽作用，所以也称为紫外线屏蔽剂，防晒作用较弱。但随着粉末粒径的减小，此类防晒剂对紫外线的反射、散射能力降低，而对 UVB 的吸收性明显增强，当粒径小到纳米级时，防晒机制是既能反射、散射 UVA，又能吸收 UVB，防晒作用较强。

（2）常见无机防晒剂

无机防晒剂是一类白色无机矿物粉末，目前最广泛使用的是二氧化钛和氧化锌两种物质。通过简单遮盖阻隔紫外线的无机防晒剂（颜料级别）具有安全性高、稳定性好的优点，适合敏感皮肤使用。但由于在皮肤表面沉积成较厚的白色层，所以容易堵塞毛孔，影响皮脂腺和汗腺的正常分泌，且容易脱落，具有增白效果的防晒品中往往都含有这类防晒剂。纳米级的无机防晒剂的粉粒直径在数十纳米以下，已经无遮盖作用，而具有防晒能力强、透明性好的优势，但也存在易凝聚、分散性差、吸收紫外线的同时易产生自由基等缺点，所以需要对其粒子表面进行改性处理以解决上述缺点，这对生产厂家的研发能力要求较高。二氧化钛和氧化锌与有机防晒剂共同作用时，有协同效果，所以有的产品会同时含有有机及无机防晒剂。

❷ 有机防晒

（1）有机防晒的原理

有机防晒剂是一类对紫外线具有较好吸收作用的有机化合物，也称为紫外线吸收剂。这类物质能选择性吸收紫外线，分子结构不同，选择吸收的紫外线的波段也不同。有些防晒剂主要吸收 UVB，有些防晒剂主要吸收 UVA，而有些防晒剂属于广谱防晒剂，既能吸收 UVB，又能吸收 UVA。这类防晒剂将吸收的紫外线的光能转换为热能，减弱紫外线给皮肤带来的伤害。有机防晒剂因为存在分子衰变，在衰变前都重复多次"吸收—发射"循环，所以使用此类防晒剂的防晒霜，要在隔一定时间后重新涂抹。

（2）常见有机防晒剂

我国在 2015 年版《化妆品卫生规范》中列出了 25 项准许使用的有机防晒剂，并对其使用条件（主要是用量）作出了规定。常用的有对甲氧基肉桂酸酯类、樟脑类衍生物、苯并三唑类及奥克立林等。通常以多种防晒剂配合使用的方式用于防晒品中，以增强防晒效果。

① 苯甲酸酯类

a. 对氨基苯甲酸（p-aminobenzoic acid，PABA）及其衍生物

对氨基苯甲酸是最常见的紫外线化学吸收物质，主要吸收 UVB。美国及加拿大批准使用，最大允许使用量为 15%，中国、欧盟及澳大利亚禁止使用，仅使用其衍生物，

例如 PEG-25 对氨基苯甲酸、二甲基 PABA 乙基己酯。PABA 及其衍生物的使用历史可追溯到 20 世纪 50 年代，由于 PABA 分子倾向于形成晶体结构，难于在化妆品制剂中发挥作用。科学家通过酯化 PABA，如使 PABA 结合甘油产生甘油 PABA，它比母体化合物更溶于水，大大扩展了其在化妆品中的应用。

对氨基苯甲酸及其衍生物有皮肤刺激性，敏感性皮肤应该谨慎使用含有 PABA 的防晒剂，因为 PABA 容易导致敏感皮肤发红和过敏。由于其明显的副作用，现在很多"四无配方"化妆品（无油、无泪、无香精、无色）都在广告中声明不含 PABA。

b. 二乙氨基羟基苯甲酰基苯甲酸己酯（diethylamino hydroxybenzoylhexyl benzoate）

对紫外线的遮蔽范围包括了整个 UVA，也就是 320～400 纳米的波长，最大吸收波长在 354 纳米，对紫外线有很强的防护作用，且光稳定性很好，可以长时间维持防晒效能。

② 樟脑类衍生物

a. 4-甲基亚苄基樟脑（4-methylbenzylidene camphor，4-MBC）

4-MBC 是主要防御紫外线 UVB 的防晒剂，属于化学防晒剂，中国、澳大利亚、日本允许防晒霜中添加使用，但美国 FDA 不批准使用，欧洲研究认为 4-MBC 对甲状腺有毒性，会干扰人体激素，要求用量不得超过 4%。

b. 对苯二亚甲基二樟脑磺酸（terephthalylidene dicamphor sulfonic acid）

商品名 Mexoryl SX，是较新的一种紫外线 UVA 防晒剂，属于水溶性化学防晒剂，功效性强，皮肤吸收率低，获得了美国 FDA 的认可。不过，Mexoryl SX 吸收的紫外线并未涵盖所有 UVA 波段，而且暴露在阳光下两小时分解即达 40%，所以常常需要搭配其他防晒剂一起使用。

c. 樟脑苯扎铵甲基硫酸盐（camphor benzalkonium methosulfate）

此类化合物在我国、欧盟、澳大利亚和日本被批准在防晒霜中使用，要求用量不得超过 6%，但美国 FDA 不批准使用。

d. 3-亚苄基樟脑（3-benzylidene camphor，3-BC）

3-亚苄基樟脑常作为紫外线过滤层在防晒剂中使用，但是法国健康产品安全机构（AFSSAPS）宣布一项紧急禁令，要求生产商禁止在化妆品中使用，原因是该物质具有潜在风险，会干扰人体内分泌，美国也在 2015 年禁止在化妆品中使用。

③ 肉桂酸酯类

此类物质在国内广泛使用且用量较大，因其结构中包含一个特别的不饱和双键，所以此类分子能更好地吸收 UVB 紫外线，是优良的紫外线吸收剂。

a. 甲氧基肉桂酸异戊酯（isoamyl *p*-methoxycinnamate，IMC）

IMB 是紫外 UVB 区的良好吸收剂，对紫外线吸收效果比对甲氧基肉桂酸乙基己酯更好，是一种有应用前景的防晒剂，也是天然防晒剂，存在于山奈根部，但含量较少。

b. 甲氧基肉桂酸辛酯（octylmethoxycinnamate，OMC）

商品名 UvinulMC80，是目前全世界范围内最广泛使用的 UVB 防晒剂，属于油性化学防晒剂，可以吸收 UVB 290～320 纳米的波段，对皮肤的刺激性小，但在动物试验中观察到其对雌激素有所影响，浓度限量 10%。

④ 三嗪类

三嗪类是优良的 UVB 吸收剂，与油性成分相溶性好，主要代表化合物如下。

a. 二乙基己基丁酰胺基三嗪酮（diethylhexyl butamido triazone）

商品名，Uvasorb HEB 一种 UVA 吸收剂。美国 FDA 正在审批中，欧盟、澳大利亚和日本允许使用。目前的研究仅发现该物质对人体无毒、不致癌，尚不能完全确定其安全性。

b. 双-乙基己氧苯酚甲氧苯基三嗪（bemotrizinol）

商品名 Tinosorb，有两个成分，Tinosorb S 和 Tinosorb M。Tinosorb S 的吸收效率非常高，使用少量就会很好的提升防晒能力。Tinosorb M 吸收效率稍低，使用浓度稍高，但其优点是对于长波 UVA，尤其是到了 380～400 纳米仍然保持部分吸收特性，而且，Tinosorb M 是唯一的大颗粒固体有机分子，具有吸收和反射的双重特性。

这两种成分的光稳定性理想，因为拥有羟基苯三嗪这样的活性基团，吸收紫外线后在极短时间内可恢复原来的结构，因此，能轻松抗住 30 倍 MED（相当于赤道附近地区夏季全天的紫外线累积剂量）的考验。作为新型防晒成分，Tinosorb 具有一切理想的防晒成分特性，目前唯一需要做的就是，改善其整体产品的质感，Tinosorb M 因为是大颗粒，具有部分物理防晒的泛白特性，而且两者都属于油溶性成分，所以质感偏厚重。

⑤ 奥克立林

英文名为 Octocrylene，系统命名法为 2-氰基-3，3-二苯基丙烯酸异辛酯，是较为新型的防晒成分，属于油溶性化学防晒剂，可吸收中波段 250～360 纳米的 UVA 和 UVB，通常和其他 UV 吸收剂联合使用，以达到较高的 SPF 值，不过 Octocrylene 暴露在阳光下会释放出氧自由基。

⑥ 二苯酮及其衍生物

独特的结构使其能吸收波长超过 320 纳米的紫外线，对 UVA 和 UVB 均有吸收。具有很高的热和光稳定性，但易发生氧化反应，所以配制时需加入抗氧化剂。此类物质和皮肤黏膜的亲和性好，不会产生光敏反应，所以很多产品含有此类成分。

⑦ 水杨酸酯类及其衍生物

水杨酸酯是第一个广泛应用于商业制剂的防晒剂，能形成分子内氢键，主要吸收 UVB，但效果不如其他防晒剂。由于价格极低，使用安全，对皮肤亲和性好，且很容易添加于化妆品配方中，产品外观好，具有稳定、润滑、水不溶性。但作为防晒剂，其 UVB 吸收率太低，吸收带宽较窄，容易变色。

⑧ 阿伏苯宗

英文名称 avobenzone，化学名称为叔丁基甲氧基二苯甲酰甲烷，俗称 1789，是最有代表性的高效 UVA 吸收剂，其紫外吸收波长为 320～400 纳米。添加量一般在 1%～3% 之间，常与 UVB 段紫外线吸收剂（如 OMC 或 MBC）配合使用来达到宽光谱或全效防晒效果。由于其分子结构特点使之存在光稳定性差的先天不足，但通过与适当的光稳定性高的 UVB 紫外线吸收剂如 4-甲基亚苄基樟脑等配合使用，可充分发挥其对长波紫外线防护的高效能。该 UVA 吸收剂是目前唯一被美国 FDA 批准使用的长波紫外线吸收剂，其在防晒化妆品中使用的安全性通过了美国 FDA 长期严格的评估和审查。在生产使用过程中应避免接触重金属和铁离子以及含可释放甲醛的防腐剂等物质。

⑨苯基苯并咪唑磺酸

英文名 phenylbenzimidazole sulfonic acid，其具有良好的紫外吸收性能，但稳定性很差，属于 UVB 吸收剂，我国及欧盟批准使用其作为防晒剂用于化妆品中。

从理论上说，能吸收紫外线的化合物，只要具有足够的安全性和良好的溶解性，都可以作为紫外线吸收剂。但由于评价紫外线吸收剂的安全性是个复杂、长期的过程，各国都严格控制紫外线吸收剂的使用，如美国把紫外线吸收剂作为 OTC 药物来进行管理。虽然各大公司研究出很多各种结构的紫外线吸收剂，但被批准使用的紫外线吸收剂类别有限。目前美国 FDA 批准的防晒剂有 16 种，而欧盟批准了 29 种，我国批准了 27 种。这些新型化学防晒剂部分列于附录 2 中。

与无机防晒剂相比，有机防晒剂存在的安全隐患更多一些，比如刺激皮肤、导致皮肤过敏等，但有机防晒剂的防晒能力大多强于无机防晒剂。所以，大多厂家将无机防晒剂与有机防晒剂配合使用，最大化地增强防晒效果，同时提高安全系数。消费者在购买防晒产品时，一定要注意产品标签上是否有特殊用途化妆品批准文号，在正规渠道购买，以防劣质产品给我们的健康带来危害。

五、防晒化妆品的功效评价

大家购买各式防晒化妆品的时候，导购会问"您要多大倍数的？室内用还是室外用？防水的还是不防水的？"对于防晒产品的包装上充斥着不同的英文字母组合，如 SPF、IP、PA＋，大多数消费者都不理解其代表的含义，也不知道美系、欧系和日系防晒化妆品标注方法的区别。其实这些字母及数字代表着防晒化妆品的防晒功效，消费者在掌握这些专业术语后，能更得心应手地选择适合自己需求的防晒化妆品。

① SPF

SPF（sun protection factor），是美国系统的防晒系数，现已作为对防晒化妆品效能测试的主要指标，在国际上普遍使用。美国 FDA 对防晒化妆品的 SPF 值测定有较为明确的规定。我国通过《化妆品卫生规范》对防晒化妆品进行严格管理。防晒化妆品的首要测定指标就是 SPF。

SPF 是涂抹防晒化妆品和未涂抹防晒化妆品所产生的最小红斑量（MED）之比。以涂抹防晒制品的皮肤，产生最小红斑所需的紫外线照射时间，除以未使用制品的皮肤产生最小红斑所需的紫外线照射时间。

$$防晒系数\ SPF=\frac{在防晒成分保护下皮肤晒伤所需的时间}{在没有防晒成分保护下皮肤晒伤所需的时间}$$

如 SPF10 是指 10 倍的防晒强度，假设一个人在没有抹防晒霜的情况下晒 30 分钟皮肤开始出现红斑，那么抹上 SPF10 的防晒霜后，可保证她在 30 分钟×10 即 300 分钟后才会晒伤皮肤，这里"10"是倍数，一个倍数为 30 分钟，如图 6-5 所示。

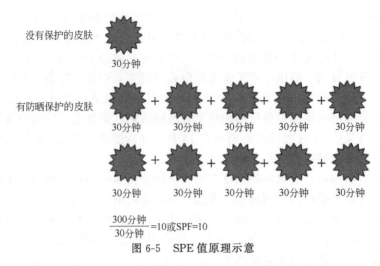

没有保护的皮肤

30分钟

有防晒保护的皮肤

30分钟 + 30分钟 + 30分钟 + 30分钟 + 30分钟

30分钟 + 30分钟 + 30分钟 + 30分钟 + 30分钟

$$\frac{300分钟}{30分钟}=10或SPF=10$$

图6-5　SPE值原理示意

一般来说，防晒系数（SPF值）的大小代表着防晒化妆品的防晒能力强弱。SPF值越小，其防晒效果越差；SPF值越大，其防晒效果越好。

SPF值受众多因素影响，防晒剂活性成分的浓度和类型、制剂中的其他成分等均会影响其数值的高低。研究发现，增加防晒剂数量能提高SPF值。我国相关法规规定：当防晒品的实测SPF值＜2时，不得标识防晒效果；2≤SPF值≤50时，标识实际数值，数值越大，防晒效果越好；SPF值＞50时，不再标注具体数值，统一标为50＋。虽然SPF值是评价防晒产品的重要指标，但也不要盲目相信这个指标。因为SPF值过高的防晒产品中，防晒剂及制剂成分也多，会造成额外的皮肤负担，并且SPF值实际上只是评价UVB防晒效果的指标，不包含UVA，并不完全代表其防晒能力。

SPF值是目前国际上较广泛采用的表征防晒用品防晒功效的指数，国外一般采用人体皮肤试验或其他方法确定。国际上还有另一种评价防晒用品防晒功效的方法——光谱法。它通过测定表征样本吸收和反射紫外线能力的吸光度值（OD），来评价防晒品的防晒功效，需要用到紫外探测仪。

防晒化妆品未经防水性能测定，或产品防水性能测定结果显示洗浴后SPF值减少超过50％的，不得宣称防水效果。宣称具有防水效果的防晒化妆品，可同时标注洗浴前及洗浴后的SPF值，或只标注洗浴后SPF值，不得只标注洗浴前SPF值。

❷ IP

IP（indicia protection）是欧洲体系防晒化妆品防晒系数的标示，IP×1.5＝SPF，实际上也只是评价对UVB的防晒效果。

❸ PA

PA（protection grade of UVA）是1996年日本化妆品工业联合会公布的"UVA防止效果测定法标准"，是目前商品中最广泛采用的标准，分为PA＋、PA＋＋、PA＋＋＋三个等级。皮肤医学专家不断提出警告，UVA虽然不易晒伤皮肤，但会引起皮肤老化及病变，所以PA标示也越来越受到重视。需要注意的是，防晒化妆品对应UVA防御效果的标识，目前国际上尚没有统一的规定，我国和日本等国家采用的是PA等级的标识方法，而欧美等国家并不采用这种标识方法。

PFA 是防晒化妆品对 UVA 防护效果的客观评价。这种标识建立在皮肤晒黑或色素沉着基础上，主要反映的是对 UVA 的防护效果。

$$PA = \frac{涂防晒剂 \ MPPD}{未涂防晒剂 \ MPPD}$$ MPPD:产生黑斑的最小剂量

PA 与 PFA 之间的关系如下：

2＜PFA＜4　一般防护　有效防护时间 2～4 倍时间　相当于 PA＋（有效）

4＜PFA＜8　较强防护　有效防护时间 4～8 倍时间　相当于 PA＋＋（相当有效）

8＜PFA　　超强防护　有效防护 8 倍时间以上　　相当于 PA＋＋＋（非常有效）

系数越高的产品往往含有大量的化学物质，每个人的体质不一样，在选择防晒产品的时候还需要谨慎选择。

六、防晒化妆品的评价方法

第一步，观察外观质地。

评测方法：观察外包装设计、瓶口设计，观察各自的颜色、黏稠度及细腻程度，并用手背感觉其质地及延展性。

第二步，清爽性测试。

评测方法：先取适量的样品涂抹在同一个人的手背上，5 分钟后待试剂吸收后撒上碎纸屑，然后翻转手背，观察沾附于皮肤上的碎纸屑的多少。沾附于皮肤上的碎纸屑越多，证明样品黏稠性越高，清爽性越低。

第三步，防水防油测试。

评测方法：使用猪皮的皮革模拟人体皮肤，在表层涂抹适量的样品，再分别在涂抹过样品的皮革上滴水和油，观察样品是否溶解于水油中，然后再侧着放置，观察水油的流动形状及是否带走防晒品。防晒品不溶解，说明其能够持久防止汗水和油脂侵袭。

第四步，美白性测试。

评测方法：把马铃薯和去离子水（200mL）加入搅碎机搅碎，放入抽滤装置中抽滤，得到富含酪氨酸霉的马铃薯汁液。在每个试管中分别加入 5mL 的马铃薯汁液。样品液，摇匀。紫外分光光度计测 475 纳米的吸光度（扣除空白对照）。

注意：样品对酪氨酸酶活性的抑制强度以抑制率表示。按以下公式算出抑制率：

$$抑制率 = \frac{[对照] - 样品}{[对照]} \times 100\%$$

抑制率高表明其对酶活性抑制强度高。

第五步，防晒效果。

评测方法：取一块玻璃板，取适量的试剂涂抹在玻璃板上，然后利用紫外光探测仪透过样品测量该样品的光照强度，再在空白处没有涂抹样品的玻璃板处测量光照强度，两者对比，得出该样品的吸光度，多次测量取平均值，测量其吸光度的变化。并且每隔1小时喷水油，测量其吸光度的变化。紫外线吸光度（值）代表了对 UVA、UVB 的吸收效果，值越大，表明对 UVA、UVB 的吸收效果越好。

第六步，皮肤保湿。

评测方法：用皮肤探测仪检测手背（每次测试在相同部位）在使用前、使用后和使用后 1 个小时的皮肤水分值，比较水分值的差值大小来评价产品的保湿是否优秀。每次测试样品的时间间隔不低于 12 个小时。

七、防晒化妆品的选择原则

① 根据肤质选择

每个人的肤质不同，所用的护肤品也是不同的。防晒霜也是一样，一定要选择适合自己皮肤的产品。

(1) 油性皮肤防晒霜的选择

油性皮肤选择渗透力较强的水剂型、无油配方的乳液状产品，使用起来清爽不油腻，不堵塞毛孔。千万不要使用防晒油、隔离霜类的防晒品，物理性防晒类的产品慎用。

(2) 痘痘型皮肤防晒霜的选择

与油性皮肤相同，痘痘型皮肤选择渗透力较强的水剂型、无油配方的乳液状产品，要特别注意产品有无标示 non-comedogenic（意思是不会造成粉刺）。但是如果痘痘比较严重，发炎或者皮肤破损，就要暂停使用防晒霜，出门时只能采用物理方法遮挡防晒。

(3) 干性皮肤防晒霜的选择

干性皮肤一定要选用质地滋润、并添加了补水功效及增强皮肤免疫力的防晒品，现在很多防晒品已经增加了防晒以外的补水、抗氧化功效。

(4) 敏感性皮肤防晒霜的选择

安全起见，推荐选择专业针对敏感性肤质的护肤品牌的防晒品，或者产品说明中明确写出"通过过敏性测试""通过皮肤科医师对幼儿临床测试""通过眼科医师测试""不含香料、防腐剂"等说明文字，最好选择物理性防晒品。挑选时也最好先在自己的手腕内侧试一下，10 分钟内如果出现皮肤红、肿、痛、痒的话，说明对该产品有过敏反应，可以试用比该防晒指数低一个倍数的产品，如果还有过敏反应的话，就只能放弃选择这个品牌的防晒霜了。

② 根据季节、使用感官感受选择

夏季，一般情况下会挑选比较清爽、透气性较好的防晒霜来使用。

可将所选中的防晒产品轻涂在手背或虎口处，若皮肤能很快吸收，无黏腻感、增白感，且没有光光的油亮感，感觉清爽湿润，就基本可以认定是一款合格的清爽防晒品。

③ 根据防晒功效选择

购买防晒化妆品时应该注意最关键的一点，要看清这款防晒产品是防 UVA、UVB，还是两个都防。选择时最好两者都能兼顾，这样既有防晒效果，又可以保证防晒时间。

在日常防晒保养中，选择 SPF 值在 8~15 的防晒品就可以了，不需要太高的防晒系数。如果要长时间在户外活动，应选用 SPF 值在 15 以上的，而一些高原及高紫外线地区，可以选择 SPF 指数大于 30 的防晒产品，最好是可以防水的防晒产品，来抵挡紫外线对皮肤的伤害。如果流汗或者防晒霜遇水，应该及时再涂抹一层，否则会影响防晒效果。但是大家要注意，SPF 值越高，防晒霜就会越厚，如果一味地追求高防晒系数，反而会造成皮肤不必要的负担。

实际生活中，可以根据每天的紫外线指数选择 SPF 指数适合的防晒产品，具体方法如下。

紫外线指数（UVI）是度量地表紫外线强度的数据。紫外线指数强度划分如下。

0~2　　微弱

3~5　　弱

6~7　　中等

8~10　　强

10 以上　极强

例 1：天气预报明天紫外线指数为 12，同学们需要在阳光下暴晒 4 小时，需要选择的防晒产品 SPF 值为多少？

首先，天气预报提供的紫外线指数单位为 25 毫瓦/平方米。

那么，明天的紫外线辐射强度为：

$$12 \times 25 \text{ 毫瓦/平方米} = 300 \text{ 毫瓦/平方米} = 0.3 \text{ 瓦/平方米}$$

最小红斑剂量是每平方米 250 焦耳，目前测试 SPF 值时以此作平均参考。

按 0.3 瓦/平方米辐射能量计算，未做任何保护的皮肤，暴露于阳光下超过以下时间皮肤就会出现最小红斑（晒伤）：

$$250 \text{ 焦耳/平方米} \div 0.3 \text{ 瓦/平方米} \approx 833 \text{ 秒} \approx 14 \text{ 分钟}$$

如果你明天准备在阳光下活动 4 个小时，你所需要的防晒品 SPF 值为：

$$4 \text{ 小时} \times 60 \text{ 分钟/小时} \div 14 \text{ 分钟} \approx 18$$

理论上所需 SPF 值＝紫外线指数×0.36×阳光下活动小时数

所以例子中同学们在紫外线指数为 12 的情况下，活动 4 小时，需要选择的防晒产品 SPF 值计算如下：

理论上所需防晒品 SPF 值＝12（紫外线指数）×0.36×4（阳光下活动小时数）

$$= 17.28 \approx 18$$

但由于防晒产品的损耗和涂抹均匀性的差异，SPF 实际所需计算的系数要更高些。

实际所需 SPF 值＝紫外线指数×0.47×阳光下活动小时数

例 2：明天广州地区紫外线指数为 10，同学们要上体育课（2 小时），需涂防晒霜

SPF 实际值是多少？

解：实际所需 SPF 值＝$10 \times 0.47 \times 2 = 9.4 \approx 10$

若平时有服用降压药或减肥药、镇静剂者，应使用防晒系数较高的防晒品，因服用此类药物者皮肤容易对光过敏，这些有特殊防晒需求的人应提高防晒品的防晒系数。

八、防晒品使用方法

① 使用前要试用

在使用某一种防晒化妆品前，应在手背、手臂内侧或耳根处试涂一下，特别是含化学防晒剂的高 SPF 值产品，过 24 小时后皮肤没有出现任何过敏现象，方可放心使用。

② 防晒要提前

由于化学防晒剂需要涂抹一段时间，在皮肤表面成膜后，才能发挥最佳效果，所以防晒霜应在出门前 15 分钟内涂抹。否则刚涂上就出门，等于皮肤未及防护就暴露在紫外线的直射下。

③ 防晒不防水

即使是防水型的防晒霜，确切的意思也只是耐水，可在一定程度上保持遇水后的功效稳定性，但在游泳和大汗、擦汗之后，还是应及时补涂防晒霜。

④ 涂防晒不要揉

防晒霜是拍的，取适量于指间或掌心，轻轻晕开后在需要防晒的部位拍开、拍匀即可。防晒霜分子很大，不要多揉、多按摩硬把它挤进毛孔，那样很容易"搓泥"，也会堵塞毛孔，反而降低了防晒功效。

⑤ 要注意使用的量

防晒霜并不是涂上就有效，而要达到一定量才能发挥效应。防晒要涂多少才算合适，专家指出，要达到应有的防晒效果，通常防晒霜在皮肤上涂抹量为每平方厘米 2 毫克。因此一瓶 30g 的防晒产品，每天使用，1 个月就应该用完，才能满足防晒所需用量，而且这还没计算补涂的部分。而涂抹防晒品时要均匀，不要涂得太厚，涂抹太厚容易阻塞皮肤毛孔，伤害皮肤健康。

⑥ 防晒要全面

涂防晒霜时，千万不要忽略了脖子、下巴、耳朵等部位，小心造成肤色不均。嘴唇和眼周等特殊部位也需防晒。

⑦ 防晒霜不能在上妆前使用

防晒产品最好不要直接接触皮肤，应在使用了护肤用品后再涂抹。

⑧ 防晒要卸妆

防晒霜的结构，是水包油的乳状液，从其成分来看，绝大部分是水，一部分是油脂（包括化学防晒剂），并且是已经被乳化的状态。一般来说，使用洗面奶是完全可以卸掉防晒霜的，如果防晒霜上有明确的"防水"或者"抗水"（water proof）的说明，那么建议用清洁能力强一点的洁面乳。如果要确保清洁干净，可以用一点点卸妆油协助，但是需防止清洁过度。

⑨ 选择要适度

SPF 值越高，防晒时间越长。但防晒指数越高，产品就会越油，其中的防晒剂浓度越高，对皮肤造成的损伤越大。所以应该选择适合的防晒产品，如日常护理、外出购物、逛街可选用 SPF5～8 的防晒用品，外出游玩时可选用 SPF10～15 的防晒用品。游泳或做日光浴时用 SPF20～30 的防水性防晒用品。最好有高、低 SPF 值两个产品，视紫外辐射情况选择不同产品涂用。当照射时间超过有效防晒时间应及时补充涂抹。

⑩ SPF 值不能累加

涂两层 SPF10 的防晒霜，只有一层 SPF10 的保护效果。涂 SPF10 和 SPF25 的防晒霜，SPF25 的会覆盖掉 SPF10 的。

⑪ 妥善保存防晒品

防晒化妆品用后应拧紧瓶盖，置于阴凉处。如果防晒化妆品受热或太阳直晒，不仅会降低防晒效果，还有可能刺激皮肤。

⑫ 晒后要护理

即使做好了防晒措施，但如果阳光很强烈，夜里最好还要使用晒后护理品。

九、破解防晒误区

误区 1　夜晚不用防晒？

白天的防晒保护受到了越来越多女性的重视，但夜晚的防晒美白却常被人们所忽视。特别是到酒吧或看电影时更应特别注意，因为卤素灯、荧光灯所含的紫外线很强，很容易会晒黑。

误区2　在室内或车里就不用防晒了？

UVA会折射进室内，又称为"室内紫外线"，它能深入真皮层，会对胶原、弹力纤维甚至纤维母细胞进行破坏，所以UVA不但会激发色素合成而使肤色变黑，更是造成皮肤老化及细纹产生的主要祸首。所以为了皮肤健康着想，开车族不但要注意防晒，最好在车窗上再加装含有隔离紫外线的保护膜。

误区3　打伞就不用擦防晒品？

每到夏天，大家一定会看到女性朋友撑起的一把把伞，可是如果问一下她们有没有擦防晒乳液，大部分人都会反过来问你："我都已经打伞了，为什么还要擦防晒乳液？"

其实打伞隐藏了更多的危机。质优的伞的确可以有效阻隔紫外线，但是不论它如何有效，充其量也只能阻隔直射的紫外线。可对来自于诸如地面反射、玻璃橱窗折射的紫外线可说是一点用处都没有。唯有在皮肤表面涂上防晒乳液才能彻底隔绝无孔不入的紫外线。

误区4　阴雨天和冬天就不用防晒？

根据观察，人们多半还是会在出大太阳的日子才会想到防晒。但在冬天和阴雨天，因为完全没有那种阳光晒起来暖暖热热的感觉，所以直觉上也认为没有防晒的必要。其实，冬天阳光稍弱，但依旧有紫外线。云层虽然可以阻挡红外线，却无法阻隔紫外线，特别是波长较长的UVA，紫外线还是不知不觉中对皮肤产生了伤害。

误区5　不易晒黑的皮肤不用防晒？

"我怎么晒都不会黑，所以不需要防晒。"

其实，皮肤不容易晒黑的"白美人"更应该做好防晒。因为"白美人"天生肤色白皙，表皮中所含的黑色素量自然比较少，也就是说用来抵御"邪恶"紫外线的防护罩也相对较少。虽然暂时晒不黑，可长期下来所累积的紫外线伤害一点都不输给"黑美人"，出现黑斑、皱纹、皮肤癌的概率可是比"黑美人"大上好多倍。

误区6　SPF30太阳油的保护能力比SPF15太阳油大两倍？

不是。两者保护能力相差只是1/15减1/30，即约3%。同样道理，SPF15和SPF50的保护能力相差为1/15减1/50，约5%。不同SPF的防晒产品在防护能力上差别不大，在防护时间上的差别较大。

误区7　防晒品需要提前涂搽，否则无效？

事实上，只要搽，防晒就有效。早期的防晒产品较为浓稠，需要时间使防晒品分布得更均匀，但是现在剂型不断改良，许多防晒品呈液状，就算出门前搽也能迅速附着于皮肤。但对夏天容易挥汗如雨的人来说，还是提早15分钟搽比较好，以免一出门就满头大汗，顺带也把刚搽上去、没来得及紧紧附着在皮肤上的防晒品统统"洗掉"了。

误区8　每2小时就应补擦防晒，才能保护皮肤？

在防晒品流失的情况下，的确每1～2小时就应补搽，但如果一直待在室内，没有大量流汗、戏水、不断擦拭的情形，就不需时时补搽防晒，以免愈搽愈厚重，就算是清爽的配方，也会在脸上形成一层又一层防护膜，闷得皮肤透不了气，对皮肤造成负担。

误区9　防晒产品SPF值越高越好？

防晒霜的选择应根据自身的皮肤条件及工作性质、日晒强弱等来确定。皮肤白皙者耐晒能力差；室内工作者阳光照射概率少；户外劳作者光照强度大等。根据如上情况选择不同SPF值的防晒霜，如肤色白皙且在室内工作者可选用SPF15～18的防晒霜；户外劳作者如地质工作者、农业工作者、户外调研者等选用 SPF20～25 的防晒霜。虽说 SPF 值越大防晒效果越好，但防晒剂浓度应与实际需要相适应方为优选原则，否则一是浪费，二是致皮肤过敏概率增加，得不偿失。如遇雨天，SPF 只需 8～10 即可。

十、晒后修复

　　总听到有人说，为什么我涂上了厚厚的防晒霜，到家里洗澡后还是觉得晒黑了不少，而且皮肤总是会有类似晒斑的纹路或者黑点出现。其实问题出现在防晒后的晒后修复上面。

　　我们所熟悉的 UVA 和 UVB 波长，其实比我们了解的可怕得多，UVA 和 UVB 波长直接穿透表皮层进入真皮层，破坏毛囊和皮脂腺，从而直接影响皮肤组织的状态。通常使用防晒霜能很好地抵抗 UVA 和 UVB，一款好的防晒霜能抵抗 90% 的 UVA 和 UVB，那么其余 10% 的伤害，就需要我们做好最重要的晒后修复工作了。

　　皮肤的晒后修复主要从以下几个方面来进行。

　　第一，补湿——及时补充皮肤过量流失的水分，防止皮肤干燥、起皮。

　　第二，镇静降温——日光照射后，面部皮肤温度局部升高，会导致毛细血管扩张，令皮肤发红、有血丝等。

　　第三，抑制黑色素形成——补充维生素 C

　　不同程度的皮肤晒后损伤，要采取不同的晒后恢复处理方法。

（1）日晒过度的皮肤护理

　　当离开烈日后，要立即用凉水洗面，去除热气，给皮肤以充足的水分保养。但切忌擦揉，而应该轻轻拍打面部。

（2）皮肤晒红的急救方法

　　夏季烈日炎炎，面部和身上的皮肤常被晒得红扑扑的，怎么办呢？这时需用蘸了化妆水的化妆棉敷面，最好是不断交替敷面，直至皮肤感到冰凉为止。另外，以面部及鼻子等发红的部位为中心，慢慢用化妆水、冰块敷之。敷后需用润肤露保湿。

（3）皮肤灼伤的急救

　　当皮肤被强烈的阳光灼伤并感到灼热不堪时，这时可用化妆水放入冰箱冷却，尔后取出已凝结的冰块敷之。如果条件允许，还可用富含水分的面膜来缓解。

（4）皮肤疼痛的急救

　　这种情况差不多已达到烫伤的地步，唯一的急救办法是采取冰敷，不要擦任何护肤用品。如果手部和足部晒伤时，可用沾过冰水的毛巾包起冰块敷之，直到皮肤感觉舒服为止。

　　当晒伤的皮肤得到缓解之后，为防止皮肤出现干涩、紧绷的现象，甚至干裂无法上妆，这时就应补充水分。首先，在沐浴时用泡沫式敷面霜进行保湿，保留一段时间再冲洗掉。然后用含保湿成分的润肤乳涂在面部，用手掌轻轻按压面部，以促进皮肤对水分的吸收。这样做几次后，皮肤即可恢复原有的保湿能力。

此外，可以常吃一些具有防晒功效的食物。

① 番茄　番茄是很好的防晒食物，富含抗氧化剂番茄红素，每天摄入 16 毫克番茄红素，可将晒伤的危险系数下降 40%。熟番茄比生吃效果更好。

② 土豆或者胡萝卜　其中的 β 胡萝卜素能有效阻挡紫外线。

③ 鱼类　科学研究发现，一周吃三次鱼可保护皮肤免受紫外线侵害。长期吃鱼，可以为人们提供一种类似于防晒霜的自然保护，使皮肤增白。

④ 坚果　坚果中含有的不饱和脂肪酸对皮肤很有好处，能够从内而外地软化皮肤，防止皱纹，同时保湿，让皮肤看上去更年轻。坚果中含有的维生素 E，不仅能减少和防止皮肤中脂褐质的产生和沉积，还能预防痘痘。

⑤ 主食类　全麦食品防晒效果最好。

⑥ 水果类　西瓜含水量在水果中是首屈一指的，特别适合夏季补充人体水分的损失。柠檬含有丰富维生素 C，能够促进新陈代谢、延缓衰老现象、美白淡斑、收细毛孔、软化角质层及令皮肤有光泽。与柠檬有相似作用的还有橙子、猕猴桃、甜椒和草莓。

但要注意的是，一些感光蔬菜，如莴苣、苋菜、油菜、菠菜、香菜、小白菜、芥菜、白萝卜等含有光敏性物质，如果吃完后立刻晒太阳，皮肤容易出现晒斑，在阳光强烈的季节最好少吃这类蔬菜。

十一、学习实践、经验分享与调研实践

① 学习实践

① 请分别体验物理防晒与化学防晒化妆品的使用感官感受差别。

② 请分别体验不同 SPF 值的防晒产品的使用感官比较。

③ 请几位当天上户外体育课的同学，体验晒后修复面膜的效果。

② 经验分享

请与朋友们分享一下自己防晒类化妆品的使用心得，如挑选方法、评价方法以及使用方法与使用频率等。

③ 调研实践

① 根据防晒产品成分，寻找适合自己的刺激小、副作用小的防晒产品。以报告的形式汇报选择的产品，并列出理由。

② 调研大学生群体在购买、保存、使用防晒化妆品过程中普遍存在的疑问，并尽你所能寻找答案。

第七章

抗痤疮功效化妆品

一、痤疮概述及分类

❶ 痤疮

痤疮是一种毛囊皮脂腺引起的慢性炎症性皮肤病，以粉刺、丘疹、脓疱、结节、囊肿及瘢痕为特征，常常发病于脸部、前额、双颊、颈部、背部等部位。它的出现不仅给患者的外观造成极大的影响，而且发病时伴有瘙痒，处理不当常形成瘢痕疙瘩。正值青春期的青少年男女，是痤疮的高发人群，特别是油性肤质的人，所以痤疮又叫"青春痘"。目前痤疮发病年龄已多极化，不再是青少年特有，但总体仍是男性患者多于女性患者。

❷ 痤疮的分类

痤疮可分为寻常性痤疮和聚合性痤疮。寻常性痤疮根据发病过程的演变，可以分为粉刺、炎性丘疹、脓疱、结节、囊肿及斑痕等几个过程。而除了粉刺是非炎性痤疮外，其他类型的痤疮都是炎性痤疮，皮肤会发生炎症。下面对痤疮的不同类型及特点做简单介绍。

（1）粉刺

粉刺是毛囊漏斗部的上皮囊肿，是痤疮的早期阶段。粉刺并非寻常痤疮特有的症状，老年性痤疮、职业性痤疮、粉刺样痣都有此皮疹，临床所见的粉刺多是1～2毫米左右的小丘疹。

粉刺又分为黑头粉刺（开放性粉刺）和白头粉刺（闭锁性粉刺）。黑头粉刺毛囊漏斗部扩张，其内部充填着角栓，顶端呈黑色，角栓由角质、脂质和尘埃构成。之所以呈黑色是因为脂质氧化，尘埃或毛囊漏斗部的黑色素细胞产生黑色素过多。黑头粉刺可长期存在，然后角栓自然排出，皮疹吸收痊愈。但也有少部分转变成炎性丘疹、小脓疱，形成炎性痤疮。

白头粉刺是微突出表面的小丘疹，呈黄白色，如果挤压可见少量白色乳酪样物排出，其组成除角质、脂质外，尚有少量微生物，因色素较少，故呈白色。白头粉刺一部分自然消退，一部分变成黑头粉刺，大部分变成炎性丘疹和脓疱。

（2）炎性丘疹

炎性丘疹是和毛孔一致的淡红或暗红色的小丘疹，呈圆锥形，组织学可见真皮毛囊周围有不同程度的炎性反应。丘疹一部分经2～3周后消退，一部分经一段时间变成炎性结节和脓疱。

（3）脓疱

脓疱内含少量黏稠的脓液，周围绕以红晕。脓疱可分为深、浅两种，浅在性脓疱无浸润，无痛，1周左右有干涸痊愈，或排出少量脓汁后残留潮红而痊愈；深在性脓疱深而大，有浸润，1周左右一部分吸收痊愈，另一部分变成炎性丘疹或囊肿，深在性脓疱消退后通常留下小凹坑。

（4）结节性痤疮

结节性痤疮是炎症向真皮深部和毛囊周围浸润时，脓疱性痤疮可发展成厚壁的结节，大小不等，呈暗红或紫红色，触诊可感觉质地较硬并有热感。持续时间可达数月甚至1年以上，有的逐渐吸收，有的化脓破溃形成瘢痕。

（5）囊肿性痤疮

除以上皮疹外，深部的炎症形成半球状隆起的伴有炎症的囊性肿物，触诊质地较软，时有波动感并有疼痛，囊肿由深在性脓疱或结节演变而来，在真皮内形成大的囊腔，其壁完整或缺损。如将波动者切开，流出白色乳酪样物和脓汁，囊肿随之缩小，但因囊壁残留，尚可复发。囊肿病程漫长，经久不愈，在病程中常继发感染，也可互相穿通，此时治疗困难，囊肿愈后遗留瘢痕。

（6）萎缩性痤疮

萎缩性痤疮是丘疹或脓疱性损害破坏腺体，引起凹坑状萎缩性瘢痕。

（7）聚合性痤疮

聚合性痤疮是痤疮中最严重的一型，包括各种类型损害，病情复杂，其中有粉刺、丘疹、脓疱、脓肿、囊肿及破溃流脓的瘘管，愈合后留下显著的瘢痕。

❸ 痤疮程度的分级

根据痤疮皮损性质及严重程度，可将痤疮分为三度四级。

Ⅰ级（轻度）：仅有黑头粉刺，散发至多发，炎性皮疹散发。

Ⅱ级（中度）：Ⅰ＋浅在性脓疱，炎性皮疹数目多，限于面部。

Ⅲ级（中度）：Ⅱ级＋深在性脓疱、炎性皮疹，可发生于面部及胸背部。

Ⅳ级（重度）：Ⅲ＋囊肿，结节，易形成瘢痕，发生于上半身。

二、痤疮的发病机制

1 痤疮的形成过程

痤疮形成的过程如图 7-1 所示。其形成过程可描述为：体内脏腑功能失调→内分泌失调→皮脂腺分泌旺盛→油脂过多→毛孔粗大/堵塞→角质层增厚，油脂渐往皮层表面隆起→角质层隆起，油脂堵塞毛孔，隆起的顶点氧化变成黑色→细菌在毛孔里和油脂搅和在一起→痤疮丙酸杆菌在缺氧情况下大量繁殖→导致炎症细菌侵入，变成脓疱、结节→整个毛囊变红、发炎→细菌扩散到附近的皮肤组织，变得更大，进而形成痤疮。

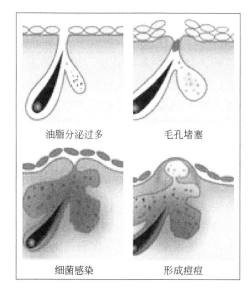

油脂分泌过多　　　　毛孔堵塞

细菌感染　　　　形成痘痘

图 7-1　痤疮的形成过程

2 痤疮产生的原因及皮肤表观表现

痤疮形成的三个关键性因素，一是内分泌紊乱，导致皮脂腺分泌油脂过多，在皮肤上的表现主要是毛孔粗大；二是毛囊皮脂腺导管堵塞，导致油脂堆积，表现在皮肤上为出现粉刺，非炎症，摸上去不会痛，白头粉刺主要为白色或肉色的小疙瘩，黑头粉刺主要出现在鼻部；三是痤疮丙酸杆菌分解油脂，导致炎症形成痤疮，丘疹表现为皮肤有明显凸起，脓疱型痤疮表现为皮肤有可视脓液、结节及囊肿，摸上去会有痛感。导致痤疮发生的原因很多，分内因和诱因（见图 7-2）。

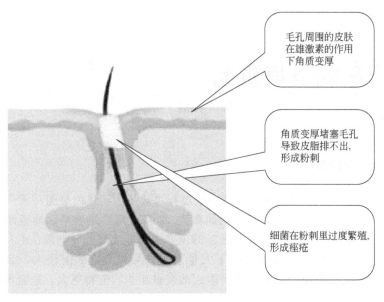

毛孔周围的皮肤在雄激素的作用下角质变厚

角质变厚堵塞毛孔导致皮脂排不出，形成粉刺

细菌在粉刺里过度繁殖，形成痤疮

图 7-2　痤疮产生的原因

(1) 内因

内分泌功能失调，造成体内雄激素水平升高，雄激素水平过高又会刺激皮脂腺肥大、增生，分泌油脂量增多，还可能导致毛囊皮脂腺角化异常，皮脂无法正常排出。大量皮脂的分泌和排出障碍继发细菌感染，是引起痤疮爆发的内因。

① 内分泌功能失调

主要与雄激素代谢有关，研究表明部分女性患者循环中雄性素增高，也有实验表明皮损区二氢睾酮明显增加，说明雄性素的局部代谢异常也与发病有关。

② 皮脂腺分泌过多油脂

痤疮患者局部皮脂腺的快速发育，皮脂较正常人明显增加，而皮脂腺的发育是直接受雄性激素支配的。进入青春期后，雄性激素特别是睾酮的水平快速上升，睾酮在皮肤中经 5-α 还原酶的作用转化为二氢睾酮，后者与皮脂腺细胞的雄激素受体结合促进皮脂腺发育并产生大量皮脂。皮脂主要由角鲨烯、蜡脂、甘油三酯和少量固醇及胆固醇组成，痤疮患者的皮脂中，蜡脂含量较高，亚油酸含量较低，而亚油酸含量的降低可使毛囊周围的必需脂肪酸减少，并促使毛囊上皮的角化。

③ 毛囊皮脂腺导管上皮细胞异常角化

这种异常的角化可使毛孔堵塞，内容物排出不畅而堆积，形成微粉刺，进一步形成粉刺，近来研究表明皮脂中的亚油酸与毛囊口异常角化有关。

④ 细菌感染

在毛囊皮脂单位中存在多种微生物，如葡萄球菌、酵母菌和丙酸杆菌。与痤疮发病关系较密切的是丙酸杆菌。一般毛囊中的丙酸杆菌有三种，包括痤疮丙酸杆菌、卵白丙酸杆菌、颗粒丙酸杆菌，其中以痤疮丙酸杆菌最为重要。该菌为厌氧菌，皮脂的排出受阻正好为其创造了良好的局部厌氧环境，使得痤疮丙酸杆菌大量繁殖，痤疮丙酸杆菌产生的脂酶可分解皮脂中的甘油三酯，产生游离脂肪酸，后者是导致痤疮炎症性损害形成的主要因素。此外，痤疮丙酸杆菌还可产生多肽类物质，趋化嗜中性白细胞、活化补体和使白细胞释放各种酶类，诱发或加重炎症。

除上述因素外，部分患者痤疮的发生还与机体的遗传、免疫状况等有关，特别是一些特殊类型的痤疮，如聚合性痤疮和爆发性痤疮，免疫因素发挥着重要作用。

（2）诱因

① 药物因素

如长期口服避孕药或含雄性激素、类固醇皮质激素、卤族元素的药物（碘剂、溴剂），抗结核药、抗癫痫药等，容易形成激素依赖性皮炎，诱发痤疮的产生。

② 环境因素

包括空气、土壤、水、食物、噪音、射线等污染，经常使皮肤处于一种紧张的防御状态，皮肤新陈代谢减慢，造成皮肤抵抗力下降，易诱发痤疮。

③ 化妆品因素

化妆不当会引发皮肤过敏，长期滥用化妆品，使皮肤的保护层受到破坏，刺激皮脂腺分泌、加速毛囊角化和堵塞，从而诱发痤疮。

④ 饮食因素

偏嗜麻辣、油腻、海鲜、油炸等类食品及烟草者，均可刺激皮脂腺肥大、增生，分泌大量皮脂，诱发痤疮。

⑤ 吸食毒品

毒品对人体的危害很大，当我们的身体遭到毒品的侵害时，就会表现在皮肤上，为青春痘的生长提供条件。

⑥ 精神因素

如情绪亢奋、精神紧张，易导致皮脂腺分泌旺盛，诱发痤疮。

⑦ 个体因素

如月经不调、工作劳累、休息欠佳、青春期、不当的皮肤护理和皮肤病治疗，以及不注意皮肤生理卫生等。

 三、常见痤疮表现及化妆品应对方法

痤疮是正常的生理现象，护肤是一个很缓慢的过程，要尊重皮肤本身的规律，不要急于求成。化妆品在皮肤护理上第一诉求应该是安全的，其次才是有效。化妆品不是药品，人们通常所说的祛痘化妆品，不允许也不应该添加药物成分，此类产品不得宣传治疗作用，不得虚夸。

❶ 控油化妆品

造成皮肤出油最主要的原因是皮脂腺，皮脂腺是位于皮肤真皮层的囊状附属腺体，其细胞合成脂肪后会堆积在细胞质内，使细胞逐渐胀大最后破裂，而皮脂就是这些脂肪性物质与细胞碎片混合而成的。人体除手、脚掌外，都有皮脂腺的分布，在头皮与脸部是最密集的，尤其是在鼻子两侧、额头、发际、耳后、前胸及上背区域，也因此才有了油性肤质和油性发质的分类。

皮脂腺主要的功能就是分泌皮脂，而皮脂是一种半流动状态的油性物质，含有较多物质的混合物，具有润滑皮肤、柔软头发、抵抗细菌的功效。由于皮肤腺分泌与激素有密切的关系，尤其是雄性激素，青少年时期雄性激素会爆发性增长，因此青少年时段会是痤疮发生的高峰期。皮脂的分泌同时也与环境温度有很大的关系，一般来说，夏季皮脂分泌会比较旺盛，因此皮肤出油情况更严重。但皮脂的产生是在深夜时最旺盛，产生后会先存储在皮脂腺中，到了白天皮脂腺就会逐渐将制造的皮脂分泌至皮肤表面，而中午 12 点到下午 2 点则是皮脂分泌的高峰。此外，心理因素、油腻食物、药物等也都会刺激诱发皮脂的分泌。在护肤品中，具有控油收缩毛孔的常见主要成分有下面几种。

① 收缩毛孔

酒精、异丙醇、AHA 及衍生物、铝盐、植物萃取物（金盏菊、金缕梅、茶树、白栎树、薰衣草等）。

② 吸油成分

滑石粉、高岭土、皂土、淀粉、高分子聚合物等。

③ 调理油脂分泌

酵母萃取物（asebiol）、维生素 B_3、维生素 B_6、乙基亚麻油酸、锌盐、铜盐、植物萃取物（南瓜、酪梨、藻类萃取物等）。

④ 消炎成分

甘草萃取物、柳兰萃取物、水杨酸衍生物、甜没药醇等。

⑤ 辅助剂

薄荷、樟脑、桉树油等。

需要注意的是，皮肤含水量与油脂分泌量不是正比关系。也就是说，保湿做好了，并不一定能够控油，虽然多数油性肤质调理都会以保湿为前提。因为多数的保湿产品只是给皮肤角质层补充水分，并不能抑制皮脂的分泌。

有些人因为皮脂分泌过于旺盛，常常会过度使用清洁力较强的洁面产品或酒精浓度高的收敛水来控制油脂的分泌，久而久之就会有皮肤刺痛、脱皮和泛红的副作用而变成外油内干性肤质。

因此，要进行完整的正确的控油保养工作，除了要选用适合个人肤质的洁面产品外，还要搭配适当的控油和保湿的产品。同时也要注意影响皮脂分泌的内在因素，比如尽量让身体处于凉爽的环境中，降低表皮的温度，少吃过热、过辣、油腻或油炸的食物，不熬夜及保持愉快的心情，都是非常重要的，这样才能有效地调理好油性及混合性偏油的肤质。

❷ 收缩毛孔化妆品

毛孔即毛囊口，是毛囊和皮脂腺的开口，可以进行毛发生长，以及实现早些生理功能，比如排泄皮脂腺的分泌物。一般来说，T 字部位、额头、鼻子及鼻翼两侧是毛孔粗大的重灾区，因为通常这些区域中的皮脂腺多且分泌旺盛。

（1）毛孔粗大的类型及表现

① 遗传型

遗传型的毛孔粗大主要是遗传基因的选择性表达，多为父母有此症状。其主要表现为毛孔形状多为浑圆饱满状，且多发于男性，这类人一般油脂分泌也比较旺盛。

② 色素型

在空气污染、紫外线照射等情况下，皮肤在分泌黑色素保护自己的同时，毛孔逐渐变黑变粗，出现色素型毛孔粗大。主要表现为鼻翼两侧容易出现黑色小点状的阴影现象（似黑头粉刺但却不是黑头粉刺），使得毛孔看起来暗沉。

③ 角质型

由于生活规律不协调、激素分泌、季节变换等因素影响，毛囊及皮脂腺管口的角质代谢异常，堆积过多，并堵塞毛孔，从而使毛孔变得粗糙粗大。主要表现为角质层堵塞毛孔，伴有黑头粉刺现象；黑色或白色的圆形孔状粉刺，有时会有粉刺突出物。

④ 老化型

随着年龄的增长，皮肤老化萎缩，胶原蛋白流失，皮肤失去弹性，逐渐松弛，毛孔缺乏支撑，最终不可逆变大。其主要表现为毛孔呈"Y型"，毛孔粗大（水滴型），严重的会呈现偏长形态（几个毛孔连成一条线排列），向斜上方提拉的话则会隐藏或基本消失。这类粗大毛孔一般容易出现在动态纹附近。

⑤ 油光型

遗传因素、气候因素或饮食太过油腻都可能造成皮脂分泌过盛，无法及时代谢出去，堆积在毛囊里，膨胀毛孔。主要表现为毛孔不仅粗大还冒油，让整个人看起来油光满面。

⑥ 缺水型

肌肤缺水，毛孔失去了周围细胞的支撑，变得松弛，自然就扩大了。主要表现为表皮缺乏滋润，不再饱满，甚至脱皮，毛孔自然更明显。

⑦ 病态型

由于某种皮肤疾病导致，比如脂溢性皮肤炎或激素皮炎，这个必须用医疗手段解决，护肤品无法做到。主要表现为毛细血管扩张明显，可能伴随一定程度的水肿，轻轻挤压，皮下组织会向表皮凸起，形成橘皮样变化。

（2）收缩毛孔的化妆品成分

市面上收缩毛孔的产品主要含有几类成分，包括去角质成分（如水杨酸、果酸等）、收敛剂（如酒精、金缕梅等）、吸油物质（如硅粉等）及柔焦粒子。去角质成分能减少毛孔的角质堵塞，收敛剂能使洗脸后张大的毛孔收缩，硅粉可以吸附油脂，而柔焦粒子是利用光线折射的原理，使毛孔看起来较不明显。除了去角质成分长期使用后能使毛孔角化正常，可能使毛孔缩小一些，其他的成分都只是治标不治本。常见收缩毛孔的成分如下。

① 水杨酸（salicylic acid，β-羟基酸，BHA）

水杨酸可以渗入细胞壁，湿润毛孔壁，松动最表面角质层里面角化细胞之间连接的"铰链"（细胞桥粒），羟基酸最大的功能就是调节皮肤表面的 pH 值，让皮肤表面呈现弱酸性。而这种弱酸性可以刺激加速细胞桥粒（也就是角化细胞之间的铰链）断裂的一些酶，让断裂加快。它也是一个具有表面活性的分子，能够撬动堵在毛孔里的硬化的皮脂及污垢，使毛孔壁的附着力大为降低，代谢较为顺畅。

② 酶（enzyme）

酶的作用具有专一性，有脂质分解酶、角质分解酶及蛋白分解酶等。用在洗脸制品中的酶，主要为角质分解酶，即只对皮肤的角质发生溶解作用。酶因为作用缓和，使用时没有立即的刺激性而大受欢迎。但过度溶解角质后，所可能衍生的现象，其实与果酸差不多。如果说酶可以缩小毛孔，那就有点勉强了。只能说，酶具有辅助皮肤进行角质脱落的清洁功效。

③ 化学性收敛剂（astringent）

作为化学性收敛剂的成分有氯化铝（aluminium chloride）、氯化氢氧化铝、苯酚磺酸锌（zincphenolsolfonate）及明矾等。这些成分的作用是能暂时凝固皮肤上的角质蛋白，使皮脂的分泌受到抑制。基本上，这是油性肤质者为了化妆需要，经常使用收敛水调整肌肤性质的方法。这种暂时性的收敛，或许一时间毛孔口有收缩的效果，但长期使用反而增加皮肤代谢的负担，不但无法改善毛孔，更让肤质恶化。

④ 植物性收敛剂

植物萃取液中，有些具收敛效果的成分也经常被利用。例如金缕梅（witchhazel）、荨麻（nettle）、麝香草（thyme）、马栗树（horsechestnut）、鼠尾草（sage）、绣线菊（meadowsweet）等。植物萃取成分效果慢但是安全，加在洗面乳配方中，一般来说效果不易彰显。

（3）毛孔收缩的其他方法

化学性收敛成分如水杨酸等，因为对皮肤的刺激性较大，如果长期高浓度使用，可能使皮肤较容易泛红敏感，所以油性或痘痘肌肤不适合长期使用。真正改善毛孔粗大，建议还是使用脉冲光、低能量激光或钻石微雕等物理疗法，才能真正有效地解决问题。

❸ 抑制粉刺化妆品

（1）粉刺的分类及产生原因

粉刺分为开口粉刺和闭口粉刺两种，即我们常说的"白头"粉刺（也称闭口）及"黑头"粉刺，都属于痤疮的早期。一般来说，粉刺不痛不痒不红肿，可是如果不加以处理就会形成炎性痘痘。

白头粉刺的成因主要是脱落的毛囊内表皮细胞和流动的皮脂一起堵住了毛孔，形成"脂栓"，如果毛孔开口较大，脂栓外部被空气氧化，就会变黑变硬，形成黑头；如果毛孔开口较小，不存在氧化现象，那就是白头。

（2）粉刺的护理

对于白头粉刺，建议采用精简护肤，即停止目前正在使用的护肤品，检查自身是否清洁过度，然后适度保湿。比较顽固的白头粉刺可以使用4%烟酰胺辅助护理。

对于黑头粉刺，由于皮脂有敞口，利用油脂软化毛囊，把皮脂溶解出来是比较温和的处理方法。霍霍巴油是一个亲肤性和亲水性较好的油脂，这种油脂与表皮的皮脂接近但又不会在皮肤表面成膜而封闭（毛孔）。短时间的按摩（五分钟以内），能够渗透到毛孔里面"松动"被固定住和堵塞住的角栓。但是这种方法见效较慢，需要坚持。

④ 炎症型痤疮

炎症型痤疮是痤疮杆菌（propionibacterium acnes）与表皮葡萄球菌（staphylococcusepidermidis）的大量繁殖导致毛囊受到感染，皮损症状加剧的痤疮表现。在允许使用的化妆品成分中，具有抗炎作用的活性成分有下面几种。

（1）烟酰胺（维生素 B₃）

烟酰胺是有效改善炎症型痤疮的明星成分，通过支持皮肤水油平衡，提高皮肤免疫力，抵御细菌，与一种活性成分 nicototinamide 结合，能像抗生素一样有效治疗顽固粉刺。在囊性痤疮疤痕中，减轻肿胀和吸收皮脂分泌物，能在不过度干燥的地方消除现有痤疮，并在痤疮愈合过程中降低细菌感染的风险，并能减淡疤痕和减少康复期间的刺激程度。

（2）芦荟

芦荟具有良好的抗菌及消炎作用，其中的芦荟酊（aloetin）成分能杀灭真菌、霉菌、细菌、病毒等病菌，抑制和消灭病原体的发育繁殖。芦荟的缓激肽酶与血管紧张素联合可抵抗炎症。尤其是芦荟的多糖类，可增强人体对疾病的抵抗力。

（3）过氧化苯甲酰

过氧化苯甲酰（BPO）是一个"过氧化物"，而造成痘痘的痤疮丙酸杆菌，是个"厌氧菌"，过氧化苯甲酰通过氧化杀菌。用过氧化苯甲酰治疗的病人表现出脂质和游离脂肪酸降低和轻度脱屑（干燥和脱皮），同时粉刺和痤疮皮损减少。

⑤ 改善痘痕化妆品

痘痕是机体对组织损伤产生的一种修复反应，当皮肤的损伤深及真皮或大面积的表皮缺损，该部位的表皮不能再生，将由真皮纤维细胞、胶原及增生的血管所取代，这样就出现了痘痕。要改善痘痕，可以使用具有淡化疤痕的美白活性成分。

（1）杜鹃花酸

杜鹃花酸（azelaic acid）又名壬二酸，在水里面溶解性较差，对于油的亲和性较好。杜鹃花酸对于皮肤表面导致感染的两种常见细菌，痤疮杆菌（propionibacterium acnes）与表皮葡萄球菌（staphylococcu sepidermidis），都能产生抗菌效果，主要是通过抑制细菌合成蛋白质的机制来达到目的。除了能够杀菌之外，杜鹃花酸和水杨酸一样，能够减少角质细胞角化异常，不让毛孔附近的皮肤表层细胞脱落，即控制毛囊的过度角化，也能部分溶解粉刺，降低粉刺的生成。还可以抑制细胞氧化代谢，并清除自由基，达到抗炎效果和抑制黑色素的生成，减少痘印出现的可能。

（2）维生素 C

维生素 C 又名抗坏血酸（ascorbic acid），是一种强还原剂，通过抑制酪氨酸的氧化，减少黑色素生成，起到美白淡痕的效果。

（3）果酸

痤疮的形成原因之一是毛囊漏斗部角质形成细胞粘连性增加，角化物堆积造成毛囊口堵塞，致使皮脂腺不能通畅地排泄皮脂。外用果酸制剂不仅可使角质层粘连性减弱，使毛囊漏斗部引流通畅，加速痤疮炎性病灶的缓解，还可以淡化痘疤，有较好的祛除痘痕的效果。

四、痤疮的治疗方法

痤疮发病机制与治疗方法，如图 7-3 所示。

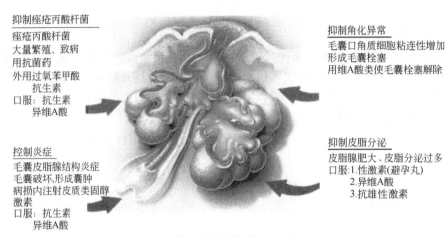

抑制痤疮丙酸杆菌
痤疮丙酸杆菌
大量繁殖、致病
用抗菌药
外用过氧苯甲酸
　　抗生素
口服：抗生素
　　　异维A酸

抑制角化异常
毛囊口角质细胞粘连性增加
形成毛囊栓塞
用维A酸类使毛囊栓塞解除

控制炎症
毛囊皮脂腺结构炎症
毛囊破坏，形成囊肿
病损内注射皮质类固醇
激素
口服：抗生素
　　　异维A酸

抑制皮脂分泌
皮脂腺肥大、皮脂分泌过多
口服：1.性激素(避孕丸)
　　　2.异维A酸
　　　3.抗雄性激素

图 7-3　痤疮发病机制与治疗对策示意图

① 一般治疗

一般治疗的行为发出者是患者个人，强调患者不要挤压皮疹，注意面部清洁，要坚持使用不含皂基和酒精等成分的痤疮专用洁面皂或洗面奶。一定不能过度清洁皮肤，因为过度清洁会刺激细胞分泌更多的油脂，从而形成恶性循环。化妆的痤疮患者要注意卸妆、洁面必须分别进行，只有含油分的卸妆液才能彻底清除同属油性的化妆品。患痤疮后对脸部进行清洗时注意不要过于用力，以免使患处皮肤破损溃烂，形成疤痕。

② 药物治疗方法

痤疮药物治疗的常用方法有：

(1) 抑制毛囊皮脂腺导管角化异常药

痤疮发病的前提是毛囊皮脂腺导管的角质形成细胞过度增生和导管内皮角化的细胞脱落减少引起的角化过度，抑制毛囊皮脂腺导管角化异常药能调节毛囊皮脂腺导管的角化，有效减少痤疮的发生，如维 A 酸类（维 A 酸乳膏、阿达帕林凝胶、他扎罗汀凝胶）。

维 A 酸主要是 13-顺-维 A 酸，能有效溶解粉刺，减少皮脂，减少炎性反应和降低痤疮丙酸杆菌，是目前针对痤疮发病四大环节的唯一药物，所以疗效也高，主要用于结节囊肿型痤疮及抗生素治疗无效的痤疮患者。

维A酸治疗痤疮有较多副作用。有抑郁病史或家族史的患者用药要谨慎，一旦发生情绪波动或出现任何抑郁症状，应马上停药。

（2）抗生素治疗

痤疮丙酸杆菌对痤疮的产生和恶化影响很大，通过抗菌消炎药物抑制痤疮丙酸杆菌，有助于痤疮的治疗。在众多已知的微生物中，只有活的痤疮丙酸杆菌明确与痤疮炎症反应加重密切关联，故选择针对痤疮丙酸杆菌敏感的抗生素是重要的出发点。除感染引起的炎症外，免疫和非特异性炎症反应也参与痤疮炎症性损害的形成过程中，因此既能抑制痤疮丙酸杆菌繁殖，又兼顾非特异性抗炎症作用的抗生素要优先考虑。依据抗生素药代动力学，首选四环素类，其次大环内酯类，其他如复方新诺明和甲硝唑也可酌情使用，但β-内酰胺类抗生素不宜选择。常用的局部应用的抗生素主要有四环素、红霉素、罗红霉素、米诺环素、多西环素、克林霉素等。

① 四环素

四环素能有效抑制痤疮丙酸杆菌的生长，主要治疗炎症性痤疮。四环素口服吸收差，对痤疮丙酸杆菌的敏感性低，第二代四环素类药物如米诺环素、多西环素和赖甲四环素应优先选择，两者不宜互相替代。四环素会产生二重感染，有胃肠道反应和肝损害。需饭前服用，以增加吸收，避免与铁剂等同时服用。

② 红霉素

红霉素抑制痤疮丙酸杆菌的药效与四环素类似，通过抑制细胞脂肪酶和中性粒细胞趋化因子，修复淋巴细胞，从而减轻炎症反应。红霉素可用于寻常性痤疮的治疗，尤其适用于对四环素不耐受的痤疮患者。其不良反应一般较少，日服大剂量时可出现恶心、呕吐、腹泻、腹痛等胃肠道反应，但其耐药性现象比四环素明显。

③ 米诺环素

米诺环素能迅速进入痤疮的组织和皮脂腺中发挥作用，抑制痤疮丙酸杆菌的生长。对痤疮，尤其是炎症性痤疮效果良好，疗效优于四环素和红霉素。其胃肠道反应症状比四环素明显，常有头痛等不良反应。

④ 克林霉素

克林霉素对痤疮丙酸杆菌有较强的抗菌作用，同时能减少面部油脂分泌量，仅用于严重的寻常性痤疮的治疗，为四环素最好的替换药，可口服或外用。本品较少引起严重不良反应，外用仅少数产生局部刺激症状，口服可能有胃肠道反应、阴道炎和皮疹等。

其他外用抗生素如氯霉素、林可霉素、氨苯砜等均属于痤疮的抗生素治疗药物，用于痤疮的局部治疗和系统治疗。对系统性感染目前主要或常用的抗生素如克拉霉素、罗红霉素、左氧氟沙星等，应注意避免选择使用在皮肤上。

（3）口服药物治疗

异维A酸是一种口服的药物，主要用于治疗严重结节性痤疮。通常与外用维A酸（例如维A酸、阿达帕林），以及抗生素（例如克林霉素、红霉素）一起使用，或抗菌组合（例如过氧化苯甲酰）、口服抗生素（例如多西环素或米诺环素）。

异维A酸不能和四环素类药物同时使用，也不要系统使用皮质激素，因为两者有协同诱发颅内压升高的可能。使用过程中还会造成皮肤黏膜干燥、暂时的痤疮加重、肌痛、关节痛、肝功能损害、眼损害、暗适应性差、重度脱发，血脂能升高，长期大剂量使用可能引起骨骺畸形。为了减少副作用，每公斤体重每天不能超过 0.5 毫克。

异维 A 酸一定要在医生的指导下使用，使用时一定要注意皮肤的保湿（环境的加湿）。口服异维 A 酸有可能会导致短暂的痘痘恶化（持续 2～3 周）、嘴唇干裂（唇炎）、皮肤干燥（包括鼻内的干燥）、容易被晒伤等副作用，罕见的副作用包括肌肉酸痛（肌痛）和头痛。由于异维 A 酸可能会导致畸胎，孕妇禁止使用，同时停用维 A 酸类药物半年后方可怀孕，对男性没有影响。对于严重痤疮，异维 A 酸的治疗可能需要长达 8～10 个月之久。

（4）抗雄激素治疗

痤疮的发生与雄激素增多有关，皮肤的性激素受体与痤疮的形成也有密切关系。抗雄激素能减少雄激素的生成，竞争 5α-还原酶，阻断皮脂腺的雄激素受体。常用的抗雄激素有螺内酯、雌性激素。

① 螺内酯

螺内酯是醛固酮类化合物，是一种保钾利尿药，但同时又具有明显的抗雄激素作用。它能竞争性抑制二氢睾酮与皮肤靶器官的受体结合，从而影响其作用，抑制皮脂腺的生长和皮脂分泌，同时抑制 5α 还原酶，减少睾酮向二氢睾酮转换。副作用是月经不调（发生概率与剂量呈正相关）、恶心、嗜睡、疲劳、头昏或头痛和高钙血症。孕妇禁用。不推荐男性患者使用，用后可能出现乳房发育、乳房胀痛等症状。

② 雌性激素

雌性激素包括雌激素和孕激素两大类，临床应用的雌性激素都是一些人工合成的衍生物。雌激素和孕激素合用有协同作用，可以明显改善痤疮的症状。雌激素和孕激素还可以直接作用在毛囊皮脂腺，减少皮脂分泌和抑制粉刺生成。典型代表药物如口服避孕药复方醋酸环丙孕酮片（商品名达英-35），适用于女性中、重度痤疮患者，伴有雄激素水平过高表现（如多毛、皮脂溢出等）或多囊卵巢综合征。迟发型痤疮及月经期前痤疮显著加重的女性患者也可考虑应用口服避孕药。

（5）口服糖皮质激素

糖皮质激素具有抑制肾上腺皮质功能亢进，引起雄激素分泌、抗炎及免疫抑制作用。口服糖皮质激素主要用于暴发性痤疮或聚合性痤疮，因为这些类型的痤疮往往和过度的免疫、炎症反应有关，短暂使用糖皮质激素可以起到免疫抑制及抗炎的作用。但应注意，糖皮质激素本身可以诱发痤疮，口服仅用于炎症较严重的患者，而且是小剂量、短期使用。

（6）抗皮脂溢药

皮脂在痤疮的形成过程中起着非常重要的作用，油性皮肤的人更容易长痤疮，抗皮脂溢药就是通过抑制皮脂分泌来减少痤疮的发生机会。目前应用最多的抗皮脂溢药主要是一些锌制剂，有硫酸锌、葡萄糖酸锌及干草锌等。

① 二硫化硒洗剂具有抑制真菌、寄生虫及细菌的作用，可降低皮肤游离脂肪酸含量。用法为洁净皮肤后，将药液略加稀释，均匀地涂布于脂溢明显的部位，约 20 分钟后再用清水洗涤。

② 硫黄洗剂具有调节角质、形成细胞的分化、降低皮肤游离脂肪酸等作用，对痤疮丙酸杆菌亦有一定的抑制作用。

③ 硫酸锌可抑制毛囊角化，具有抗炎作用，但会导致恶心、呕吐、腹泻等副作用。

3 中医疗法

中医认为痤疮的出现是因为机体发生了阴阳失衡，所以对痤疮的治疗建议采用分层疗法，遵循辨证施治，以清热解毒、消痈散结为首要目标，尽早恢复机体阴平阳秘状态，还患者健康亮丽无痕皮肤。具体方法是：红色丘疱疹型痤疮宜清泄肺胃；脓疱性痤疮宜解毒散结；月经前痤疮宜调理冲任法；对聚合性痤疮、愈后色素沉着或瘢痕者，宜活血散瘀。

4 物理疗法

(1) 光动力疗法

目前临床上使用单纯蓝光（415纳米）、蓝光与红光（630纳米）联合疗法及红光疗法治疗各种寻常性痤疮。使用特定波长的光激活痤疮丙酸杆菌代谢的卟啉，通过光毒性反应诱导细胞死亡及刺激巨噬细胞释放细胞因子，促进皮损自愈来达到治疗痤疮的目的。治疗过程中有轻微的瘙痒，治疗后部分患者出现轻微脱屑，未发现有明显的副作用。实验证明，光动力疗法可不同程度地抑制皮脂腺分泌、减少粉刺和炎性皮损数量，促进组织修复。

(2) 果酸疗法

果酸在自然界中广泛存在于水果、甘蔗、酸乳酪中，分子结构简单，分子量小，无毒无臭，渗透性强，作用安全，不破坏表皮屏障功能。果酸的作用机理是通过干扰细胞表面的结合力来降低角质形成细胞黏着性，加速表皮细胞脱落与更新，同时刺激真皮胶原合成，增强保湿功能。果酸浓度越高，作用时间越长，其效果越好，但相对不良反应也越大。增加治疗次数可提高疗效。

(3) 激光疗法

1450纳米激光、强脉冲光（IPL）、脉冲染料激光和点阵激光是目前治疗痤疮及痤疮疤痕的有效方法之一，也可与药物联合治疗。1450纳米激光是FDA批准用于痤疮治疗的激光。强脉冲光可以帮助炎症性痤疮后期红色印痕消退。点阵激光对痤疮疤痕有一定程度的改善。

5 其他方法

(1) 外科治疗

① 粉刺挑除

这是目前粉刺治疗的有效方法之一，但必须同时使用药物治疗，从根本上抑制粉刺的产生和发展。

② 结节/囊肿内皮质激素注射

有助于炎症的迅速消除，是治疗较大的结节和囊肿非常有效的办法。

③ 囊肿切开引流

对于非常大的囊肿，切开引流是避免日后皮损机化并形成疤痕的有效方法。

(2) 维持治疗

① 调整饮食结构

患者在配合医生专业治疗的同时，还需做到不吸烟，不喝酒，也不要喝浓咖啡和浓茶，少吃糖分含量高、脂肪含量高及辛辣刺激食物，多吃蔬菜水果，保持大便通畅。

② 注意生活规律

调整作息习惯，坚持规律作息，早睡早起，保证充足的睡眠时间和优质的睡眠质量，尽量减少熬夜工作、通宵工作的次数。

③ 合理运动

痤疮出现是因为身体中脂肪比较多，所以痤疮的治疗应帮助脂肪进行代谢，脂肪代谢过程中运动起着重要的作用。

④ 减少外界刺激

保持痤疮患部的清洁，不要滥用化妆品和药物。此法虽然很简单，但却是痤疮的治疗方法中最为重要的。

五、抗痤疮类化妆品评价方法

第一步，外观质地。

评测方法：观察产品外观的包装设计，描述产品质地、颜色、黏度、延展性。

第二步，温和性测试。

用 pH 笔测试产品 pH 值。取少量产品，将 pH 笔感应头完全浸没在痤疮类产品里，待 pH 值稳定后读数，pH 值接近皮肤天然酸碱度 5.8 最好。

第三步，软化角质测试。

评测方法：使用一种热带阔叶景天属植物（角质层较厚的植物之一）的叶片制成切片，将叶片浸润在被检样品中静置 10 分钟，放在载玻片上，用少量蒸馏水洗去多余样品，用显微镜观察，对比切片外表面的情况变化。

第四步，细胞活性测试。

评测方法：将新鲜的竹叶切成 0.5cm×0.5cm 的薄片，分为两组，一组在滋润霜中浸泡 5 分钟，另一组不做处理，作为空白对照组，分别在显微镜下观察，然后使用美兰指示剂从叶片一端染色 30 秒。用滤纸吸走多余的美兰染色剂后继续在显微镜下观察并拍照。由于细胞活性可以用细胞中的脱氢酶活性表示，如果细胞活性高，即能使美兰由蓝色变为无色，根据颜色变化时间的长短，就可以确定脱氢酶的活性。

第五步，肤质改善。

评测方法：用肤质测试仪测试使用抗痤疮类化妆品前后，皮肤的含水量、含油量及细嫩度的变化。

第六步，真人试用。

评测方法：模特试用之前拍摄一张图片作为试用后对比，然后试用产品，并在第二天观察模特脸上的痘痘的祛除效果并拍照对比。

六、痤疮性皮肤选购化妆品注意事项

医学界人士分析认为，具有防治痤疮作用的化妆品，虽然其中的有效成分在某种程度上可起到防治痤疮的作用，但也可能诱发、加重痤疮，甚至可导致接触性皮炎，尤其是长期使用者更应注意。

痤疮患者在使用化妆水、霜剂和乳剂等化妆品时，需及时清洗面部的油脂，防止毛囊及皮脂腺堵塞，不宜用油剂和膏剂化妆品。清洗面部、去除化妆物时宜采用洗面奶或普通香皂，但不可用力摩擦和使用按摩乳。为了清除残留在皮肤毛囊皮脂腺口的化妆品微颗粒，可使用清洁面膜进行深层清洁，但一周 1～2 次，每次面膜停留面部时间不宜超过 20 分钟。另外，痤疮患者在化妆美容时，要采用淡妆，尽量减少化妆次数，并缩短化妆品在面部停留的时间。

痤疮患者在使用痤疮外用剂的同时，最好每天 2～3 次用温水、少许洗面奶或香皂清除面部的油脂及尘土，于皮损处涂擦外用剂，待外用剂干燥后，再使用其他化妆品，如化妆水、乳液等。痤疮症状较轻者，可使用粉底霜或扑粉，而重症患者或炎症反应较强时应禁止使用粉底霜。同时，痤疮患者应避免使用含有香料的化妆品，谨防香料诱发接触性皮炎。

七、学习实践、经验分享与调研实践

❶ 学习实践

请根据痤疮的分类、痤疮的症状，辨认出周围痤疮患者分别属于哪种类型和程度的痤疮性皮肤，并给出治疗建议和使用祛痘类化妆品的建议。

❷ 经验分享

请与朋友们分享一下自己祛痘类化妆品的使用心得，如挑选方法、评价方法以及使用方法与使用频率等。

❸ 调研实践

根据祛痘药物成分，寻找适合你的刺激小、副作用小的祛痘产品。以报告的形式汇报你选择的产品，并列出理由。

第八章
抗衰防皱功效化妆品

一、皮肤的衰老及其原因

1 皮肤的衰老

衰老是生物界最基本的自然规律之一，是生物随着时间的推移，所有个体都将发生的必然过程，表现为结构和机能衰退，适应性和抵抗力减退。由于皮肤在身体的最外层，最容易显示出衰老的迹象。

2 皮肤衰老的分类

皮肤衰老是一个复杂的、多因素综合作用的过程，根据衰老成因的不同，可分为内源性衰老和外源性老化。皮肤的自然衰老与光老化，无论是在形成原因还是衰老症状方面，均有明显不同（见表8-1）。

表8-1　自然老化与光老化的区别

区别点	皮肤自然衰老	皮肤光致老化
发生年龄	成年以后开始,逐渐发展	儿童时期开始,逐渐发展
发生原因	固有性,机体衰老的一部分	光照,主要为紫外线辐照
影响因素	机体健康水平,营养状况	职业因素,户外活动
影响范围	全身性,普遍性	局限于光照部位
临床特征	皮肤皱纹细而密集、松弛下垂,有点状色素减退,无毛细管扩张、角化过度	皮肤皱纹粗,呈橘皮、皮革状,出现不规则色素斑如老年斑,皮肤毛细血管扩张、角化过度
组织学特征	表皮均一性萎缩变薄,血管网减	表皮不规则增厚或萎缩,血管网排列紊乱

① 内源性衰老（intrinsic aging，即自然老化），是由机体内在因素的作用（主要为遗传因素）引起的，特征为皱纹的出现和皮肤松弛，是不以人的意志为转移的。

② 外源性老化，主要由外界因素引起，如紫外线辐射、吸烟、风吹、日晒、接触有害化学物质、饮酒和营养不良等，其中日光中紫外线辐射是最主要的因素，所以皮肤外源性老化又称为皮肤光老化（photo-aging）。这种衰老的发生是可以预防和减缓的。

❸ 皮肤衰老的表观表现

(1) 衰老的组织学改变

一般说来，皮肤衰老具有五个最基本的特征，即皮肤衰老的普遍性、多因性、进行性、退化性、内因性，具体在皮肤组织上，主要表现为以下几个方面。

① 表皮

早期表皮厚度改变不明显，但随着角质细胞脱落速度的变慢，角质层增厚，皮肤变得粗糙，细胞间连接疏松，角质层通透性增高，含水量降低，屏障功能下降，表皮-真皮连接变平，皮肤变得松弛、失去弹性。

30 岁以后黑色素细胞开始减少，每十年降低大约 10%～20%，但是角质细胞的数目并不随年龄的增加而减少。衰老皮肤中残存的黑色素细胞发生了功能上的代偿性肥大和细胞活力的增强，其体积更大，并有增多的树状突起，且具有较强的多巴阳性反应，导致皮肤可能出现不规则的色素沉着。

随着年龄的增加，皮肤角质层中的自然保湿因子含量减少，致使皮肤的水合能力下降，老年人皮肤仅为正常皮肤的 75%。而且老化的皮肤多有皱纹，使皮肤的表面积增加，水分丢失增多。因此自然老化首先表现为皮肤干燥。

② 真皮

真皮衰老表现为真皮对外来化学物清除力下降，真皮厚度由于成纤维细胞（fibroblast）和肥大细胞（mast cell）的减少而变薄、密度降低，胶原蛋白和弹性蛋白合成减少、分解增加，分解酶活性增强，真皮内非血管区和非细胞区相应增多。

儿童的皮肤以Ⅲ型胶原蛋白为主，它是一种有活力、富弹性、纤维较少的胶原蛋白；随着年龄的增长，胶原蛋白Ⅲ慢慢地被胶原蛋白Ⅰ取代，Ⅰ型胶原蛋白弹性较差，纤维粗，代谢活力差。此外，日光中紫外线照射使弹力纤维变形，纤维增粗、扭转、分叉，日积月累可使变性的弹力纤维呈团块状堆积，其弹性和顺应性则随之丧失，皮肤出现松弛、过度伸展后出现裂纹。同时，基质中的其他成分，如对调节细胞间相互作用以及调节弹力纤维和胶原纤维的合成起主要作用的氨基多糖和蛋白多糖也在日光照射下发生裂解，可溶性增加，从而影响其结构和功能，使真皮层结构状态发生改变。

③ 皮下组织

临床上早期表现为皮肤毛细血管扩张，晚期皮肤小血管减少、毛细血管网消失，使皮肤看起来暗无光泽或呈灰黄色。在真皮乳头层，垂直毛细血管也减少。电镜观察发现，血管壁变薄，壁细胞减少。由于皮肤血管减少，皮肤微循环减弱，调节温度功能减弱。

④ 皮肤附属器

光镜下汗腺排列紊乱，汗腺数量减少，分泌细胞萎缩，管腔扩大。同时，脂肪质粒增多，故影响汗腺分泌功能，使老人对高温的出汗反应降低。皮脂腺尽管在数目上不变或尚可能增加，但分泌皮脂功能减弱，皮脂分泌减少。由于皮肤汗腺和皮脂腺数目减少，功能下降，使得皮肤表面的水脂乳化物含量减少。

衰老性皮肤的组织学表现见图 8-1。

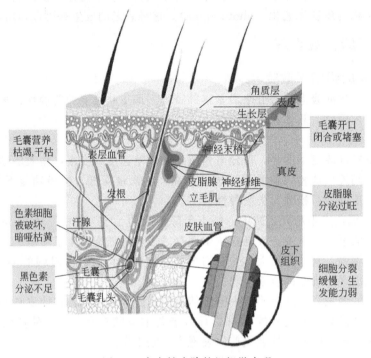

图 8-1　衰老性皮肤的组织学表现

（2）皮肤自然衰老的表观特征

皮肤自然衰老主要是指发生于老年人非曝光部位皮肤的临床、组织学、生理和生理功能的变化，是一种萎缩性改变。这些变化在外观上主要表现为皮肤松弛，出现细小皱纹，同时伴有皮肤干燥、脱屑、脆性增加、修复功能减退等。皮肤干燥缺水是导致皮肤自然衰老的一个很重要的因素，所以做好皮肤的保湿工作对于延缓皮肤衰老至关重要。

（3）皮肤外源性衰老的表观表现

皮肤外源性衰老是皮肤受光损害的累积并与自然老化相叠加的结果，主要发生在被紫外线照射的暴露皮肤部位，表现为皮肤松弛、肥厚，并有深而粗的皱纹，呈皮革样外观，用力伸展时皱纹不会消失。同时皮肤明显干燥和脱屑，呈黄色或灰黄色，久则出现色素斑点，甚至表现为深浅不均的色素失调现象，长期日光照射还可能诱发皮肤癌。

可以看出，光老化所导致的皮肤衰老更为严重，它与自然性衰老在症状上最明显的区别是，自然性衰老引起的皱纹较为细浅，而光老化导致的皱纹则粗而深，而且光老化引起的皮肤衰老速度明显快于自然性衰老。虽然如此，光老化是可以控制的，只要平时做好防晒工作，防止紫外线对皮肤的过度辐射，就可以控制或减缓光老化对皮肤所造成的伤害。

④ 皮肤衰老的原因及理论

人体各部分受遗传基因的控制而出现的一系列衰老现象是不可避免的，一般人体的皮肤从 25～30 岁以后即随着年龄的增长而逐渐衰老。但是衰老不仅与年龄有关，还受一些其他因素的影响，人们的生活环境、生活方式、皮肤护理方法等诸多因素的不同，使得每个人衰老的程度、速度具有很大的差异。

(1) 皮肤内在性衰老的原因

① 皮肤附属器官功能的自然减退，由于皮肤的汗腺、皮脂腺功能降低，分泌物减少，使皮肤由于缺乏滋润而干燥。

② 由于皮肤的新陈代谢减慢，使得真皮内弹力纤维和胶原纤维功能减退，造成皮肤张力与弹力的调节作用减弱。

③ 面部的皮肤较身体其他部位的皮肤薄，由于皮肤的营养障碍，使得皮下脂肪储存逐渐减少，细胞和纤维组织营养不良，性能下降。而导致营养不良的原因有：饮食结构不合理，营养摄入量不足；消化、吸收功能障碍；疲劳过度，消耗过量等。这些因素都会加速皱纹的增加，导致皮肤的衰老。

(2) 皮肤内在性衰老的理论

由于衰老的机制迄今未完全清楚，所以关于衰老的理论有很多。目前比较被人接受的主要有遗传基因学说、蛋白质合成差误成灾学说、交联学说和自由基学说等，近年来的皮肤糖化理论及慢性炎症因子理论也推进了皮肤衰老的研究。

① 遗传基因学说

该学说认为某种生物寿命的长短或衰老是由遗传因子（即基因）决定的，衰老是由遗传程序规定，按时表达出来的生命现象。随着年龄的增长，修饰基因丧失，DNA 甲基化减少，磷酸化反应降低，端粒缩短（端粒决定细胞分裂的次数，随着细胞分裂端粒逐渐缩短，短至一定程度则启动停止分裂信号，正常的体细胞即开始衰老死亡），DNA 自我修复能力下降，导致染色体突变，正常细胞过度分化而出现衰老表现。

② 蛋白质合成差误成灾学说

该学说认为，在遗传信息传递的各个步骤如转录和翻译中发生的错误，可以造成有缺陷蛋白质的积累，并导致衰老。据统计，DNA 在体内复制过程中，出现错误的概率大约是 10^{-9}。对于正常生物体来说，DNA 分子上的差错一般能够得到校正和修复，这种修复的功能和体内的某些酶有关。老年生物体内酶活性下降，修复力也随之降低，DNA 分子上的差错导致不正常蛋白质（包括酶）分子也越来越多，随年龄增长而增加的同时，差错逐渐积累，最后超过一定阈值，而产生致死性效果，致使正常的生理生化过程衰退和紊乱。

③ 自由基学说

所谓自由基是指带有不成对电子的原子或原子团，这些自由基非常活泼，能够引发多种化学反应。自由基理论由英国学者 Harman 于 1956 年在美国原子能委员会上首次提出，并逐渐成为衰老理论中的核心理论之一。

a. 机体在正常代谢中会产生自由基，它参与机体的正常生理运行，体内的抗氧化防御系统维持着体内自由基的动态平衡。

b. 随着年龄的增长，体内抗氧化系统功能衰退，抗氧化酶的活性不断降低，自由基过量积聚，发生清除障碍，引发体内氧化性不可逆损伤的积累，最终导致一系列衰老损伤。

c. 维持体内一定水平的抗氧化系统功能，可延缓机体衰老。

④ 交联学说

胶原交联导致的皮肤老化，是交联反应的重要生物学特征之一。生物体内的交联反应主要有两大类，一类是发生在细胞核 DNA 的双股结构的股间交联；另一类是发生在细胞外蛋白胶原纤维之间的交联。这两类交联反应，都可严重损伤机体，引起机体的衰老和死亡。

⑤ 皮肤糖化学说

糖化，就是指摄入的糖附着在体内蛋白质上的一种反应现象。当糖分摄入过量或糖分代谢功能低下时，糖分会在人体内滞留。而紧致的皮肤是由真皮层中的胶原蛋白和弹性蛋白构成的，一旦滞留体内的糖分与这些蛋白质结合，就会形成糖基化蛋白（简称AGEs），糖化后的皮肤蛋白会弱化其功能，如真皮层胶原蛋白的糖化会使皮肤逐渐松弛，失去弹性。角质层糖化后，肌肤的保湿能力也会下降，导致肌肤干燥、暗黄。糖基化蛋白还会抑制身体内的天然抗氧化酶，使皮肤更容易受到外界损伤。

⑥ 慢性炎症因子学说

细胞在衰老过程中会分泌大量的炎症因子，La Prairie 的专家称之为慢性无征兆炎症（chronic silent inflammation，简称 CSI）。相关研究表明，真皮细胞不断受到炎症因子的攻击，细胞会不断损失能量，加速自身衰老的进程。由此可见，控制慢性炎症可能是干预衰老的有效途径。

⑦ 其他学说

主要包括体细胞突变学说、环境中毒学说及免疫功能下降学说等，从不同水平和角度对衰老机理做了种种推测。

(3) 皮肤衰老的外源性原因

① 紫外线

研究表明，长期受紫外线照射是导致皮肤衰老的最常见、作用最强的外在因素。紫外线刺激和损伤皮肤，使其过度增殖，色素沉着，最终导致皮肤老化。

当光线照到皮肤上，因为紫外线的穿透能力强，就会大部分进入皮肤。而细胞核里DNA 是紫外线的主要靶标，紫外线可引起 DNA 的损伤。长期不可逆转的损伤，最终会诱导 DNA 凋亡启动，细胞死亡。而皮肤为了保护自己，减少紫外线的损伤，就有了黑色素细胞，黑色素细胞合成的黑色素分布在皮肤中，可以起到盾牌的作用。紫外线进入皮肤后大部分被黑色素吸收，黑色素储存一定量的紫外线后就会裂解凋亡。然后黑色素细胞就会分泌新的黑色素补充上去。黑色素细胞就是通过这种方法，保护了其他的皮肤细胞。所以皮肤偏黑的人不容易长色斑和细纹，皮肤特别白皙的人更应该注意防晒。

② 皮肤水分补充不足

皮肤角质层含水量约为 $10\% \sim 20\%$，它具有较强的吸水性，可柔软皮肤。皮肤水分补充不足，会使皮肤缺乏滋润，失去弹性而出现皱纹，加速衰老。让皮肤及时补充足够的水分，才是护肤之道的关键所在。

③ 皮肤毛孔的阻塞

毛孔经常受到死亡细胞阻塞，影响水分和油脂分泌，造成皮肤干燥，同时影响皮肤新陈代谢，是造成皮肤衰老的另一个主要外在原因。

④ 长期睡眠不足

皮肤细胞有分裂增殖、更新代谢的能力。皮肤的新陈代谢功能在晚上十点至凌晨两点之间最为活跃。如睡眠不足可使皮肤调节功能降低，出现皱纹，加速衰老。睡眠是否充足会很容易表现在皮肤上，尤其是娇嫩的眼部皮肤。一个香甜的好觉，对消除皮肤疲劳，延缓皮肤老化很重要。

⑤ 环境突然改变或环境恶劣

一个美好的环境可以使人心旷神怡，精神抖擞，皮肤放松；环境突然改变，如气候冷、热骤变或长时间使皮肤暴露在烈日下、寒风中，皮肤难以适应，会变得粗糙，加速衰老，出现皱纹。

⑥ 化妆品使用不当

劣质化妆品对皮肤的刺激，或过多的彩妆（粉底）吸去了皮肤表层的水分，都易使皮肤粗糙、老化，出现皱纹。

⑦ 不当的迅速减肥或缺乏体育锻炼

由于平时体育锻炼少或因体重迅速减轻，都易使皮肤松弛而形成皱纹。

⑧ 烟、酒等的刺激

吸烟会加速皮肤老化，并增加皮肤皱纹。烟气中含有的一些有害物质，会使胶原蛋白水解酶的合成增加。烟雾促使机体产生超氧化物阴离子等自由基增多，自由基通过直接或间接作用引起组织损伤。

除此之外，过度饮酒、喝太浓的茶、咖啡、含酒精的饮品等，都易对皮肤产生刺激而促使其衰老，产生皱纹。

二、皱纹产生的原因及其分类

❶ 皱纹形成的原因

皱纹是皮肤老化的最初征兆。一般来讲女性在 30～35 岁开始出现皱纹，男性在 35～40 岁开始出现皱纹。最早出现皱纹的部位是面上 1/3 处。第一个出现皱纹的部位是眶外侧的鱼尾纹；其次是额头纹和眉间纹；再次为面下部的鼻唇沟纹和唇上纹；最后出现的是颈部伸侧的颈阔肌纹，俗称老人颈（aging neck），因它形态上像火鸡，故又称火鸡脖（neck of turkey）。皱纹进一步发展，会形成皱襞，即皮肤上较深的褶子。皱纹的发生归结起来有四个原因，分别是自然老化、地心引力作用、光老化与光损伤、面部表情肌过多收缩。

（1）自然老化

随着年龄增长，人体内成纤维细胞的数量逐渐减少，因此其分泌的胶原蛋白和弹力纤维蛋白也因为被氧化逐渐减少、断裂，真皮层开始变薄，皮肤弹性变差，皱纹也开始逐渐产生。如图8-2所示，当真皮层的胶原蛋白被氧化、断裂后，对表皮的支撑作用就消失了，因此造成不均一的塌陷，这样皱纹就产生了。

富含胶原蛋白的皮肤组织　　　　　　　　缺少胶原蛋白的皮肤组织

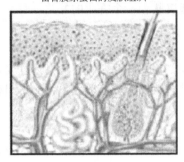 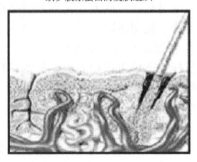

(a) 健康完美皮肤组织　　　　　　　　(b) 不健康皮肤组织
(白皙、平滑、结实、保湿)　　　　　(暗淡、细纹、松弛、干燥等)

图 8-2　健康皮肤与老化皮肤的对比

(2) 地心引力作用

地心引力作用对皱纹的形成有重要影响，会造成眼袋、双下颌等。

(3) 光老化与光损伤

真皮胶原纤维束是真皮中最主要的结构物质。紫外线辐射会引起胶原纤维束的退化，通过影响胶原纤维束，使皮肤弹性受损，进而使皱纹增加。日光中紫外线照射还会使弹力纤维变形，纤维增粗、扭转、分叉，弹性和顺应性则随之丧失，皮肤出现松弛，过度伸展后出现裂纹。

(4) 面部表情肌过多收缩

面部表情过度夸张，如挤眉弄眼、愁眉苦脸，或面部表情持续收缩等，均可诱发皱纹。眼部皮肤非常脆弱，和脸部其他皮肤2mm的厚度相比，眼部皮肤的厚度只有0.5mm，且其皮肤干燥速度比其他部位快2倍，眼部周围只有22块肌肉，每天眨动10000次，因此这部分的肌肉在不停地运动，第一个老化现象总是发生在眼部皮肤。嘴唇周围皮肤缺乏皮脂腺，特别薄，因而异常脆弱。嘴唇不停地运动，如大笑、微笑、噘嘴、拉下脸及扮鬼脸，这些运动都会导致皱纹产生。

一般认为，手臂内侧的皮肤基本反映了自然老化的进度，如果脸上的皮肤比手臂内侧皮肤糟糕，出现肤色不均、松弛起皱等，都是外因老化带来的，尤其是防晒措施不足带来的光老化。此外，日晒、风吹及寒冷、皮肤干燥、某些化学物质如酸碱等的刺激、化妆品选择不当等因素也会诱发皱纹的产生。

❷ 皱纹的分类

(1) 按照皱纹形成的原因分类

① 固有性皱纹 (orthostatic wrinkle)

大都是颈阔肌长期伸缩的结果，主要出现在颈部。固有性皱纹的出现并非都是皮肤老化，但随着年龄增长，横纹变得越来越深，而出现皮肤老化性皱纹。

② 重力性皱纹（gravitational wrinkle）

主要是由于皮下组织脂肪、肌肉和骨骼萎缩，皮肤老化后，加上地球引力及重力的长期作用逐渐产生的。

③ 光化性皱纹（actinic wrinkle）

主要出现在皮肤的暴露区域，如面部、手部等。

④ 动力性皱纹（hyperdynamic wrinkle）

是表情肌长期收缩的结果，主要表现在额肌的抬眉纹、皱眉肌的眉间纹、眼轮匝肌的鱼尾纹、口轮匝肌的口角纹和唇部竖纹、颧大肌和上唇方肌的颊部斜纹等。

（2）按照皱纹的性质分类

① 深皱纹

位于面、颈等曝光部位，持久型，绷紧皮肤并不能使之消失。显微镜下皱纹周围皮肤的弹力纤维的变性较皱纹部位的真皮上层明显。

② 浅皱纹

位于腹、臀等非曝光部位，暂时性，绷紧皮肤可使之消失。显微镜下可见真皮乳头弹力纤维减少，但真皮上部与周围皮肤相比并无差别。

（3）按照皱纹的形状分类

① 线状皱纹

外眼角皮肤像鸟的足迹形状。

② 图案形状

面颊和后颈部可看到的线状交叉呈三角、四角形。

③ 纤细皱纹

高龄者的衣服覆盖部可见到的纤细褶状的皱纹。

三、抗衰除皱的作用途径

抗皱护肤品多数是从现代医学的角度对皱纹产生的原因分析研发的，包括预防和祛除。抗老护肤品是女士们永远不会忽视的产品。分析师认为，保养品只能延缓衰老，改善已经发生的老化现象，使皮肤保持光滑细腻，但却无法让老去的容颜恢复年轻。目前抗衰除皱化妆品的作用途径主要包括以下几种。

❶ 作用于细胞及分子水平

遗传因素是皮肤和全身自然衰老的最主要的原因，故抗衰老（祛皱）在细胞、分子水平的作用机制主要包括用反义 RNA 核酸序列封闭 DNA 合成抑制基因，促进细胞分裂、增殖，促进胶原、弹性纤维的合成，保湿和修复皮肤屏障功能等。

自然衰老的实质是细胞的分裂、增殖与细胞的老化、死亡之间的平衡失调。因此，促进细胞分裂、增殖，使新生/老化细胞的平衡恢复到正常水平，是抗衰老（祛皱）的途径之一。目前，市场上的许多抗衰老药物和化妆品的作用是促进细胞分裂和增殖、加快表皮角质细胞脱落速度、刺激基底细胞分裂，在短期内改善皮肤外观。

② 清除自由基与抗氧化

衰老的原因之一在于活性自由基的作用。抗氧化酶类有多种，其中 SOD 是人体防御自由基损伤的第一道防线，也是抗氧化剂中最重要的酶。它可使体内超氧化物自由基经过歧化作用而被清除，从而达到解毒作用。随着年龄的增长，体内 SOD 水平下降，自由基增加。自由基和紫外线照射直接损伤血管，发生炎症可释放胶原酶，进一步加重真皮结缔组织破坏，使血管失去纤维支持，出现血管膨胀而扩张。由于血管炎症使小血管破坏而减少，炎症使血管壁增厚，通透性降低导致血液循环障碍，皮肤可出现苍白发黄、干燥，而血液循环差可导致代谢产物堆积，脂质过氧化物进一步伤害皮肤组织。因此，通过抗氧化剂等清除衰老过程中产生的自由基，可以在一定程度上达到抗衰老（祛皱）的目的。

③ 抵抗紫外线

在真皮内，由紫外线照射所产生的自由基会增加细胞膜中磷脂的过氧化作用，UVB 照射还可以在 DNA 结构中形成嘧啶二聚体，自由基也能产生弹性酶，从而改变弹性纤维性质。因此，紫外线促进皮肤老化，而且也增加了患皮肤癌的风险。这就是在抗老化美容制品中要加入遮光剂的原因。

④ 重塑皮肤结构

根据皮肤损伤的程度和皱纹深浅，将皮肤的老化损伤分为三度。Ⅰ度为皮肤的轻度损伤，面部肌肉活动时可见浅细皱纹，活动停止后皱纹也消失。原因是真皮乳突层的弹力纤维网减少，乳突层平坦，表皮层松弛所致。Ⅱ度为皮肤的中度损伤和老化，面部活动静止时仍可以见到皱纹，但是牵拉、伸展两侧皮肤时皱纹消失。Ⅲ度损伤表现为粗、深的皮肤皱纹，牵拉时也不会消失，真皮胶原纤维、弹力纤维断裂。

对于正常皮肤和Ⅰ度皮肤老化，延缓皮肤衰老和祛皱的方法多采用药物及生物活性物质进行皮肤细胞生物活性的调控。对于Ⅱ度、Ⅲ度皮肤损伤，由于皮肤组织已经发生不可逆损伤，保守的药物疗法效果不满意，只有通过其他方法才能取得较好的效果。常用的方法有冷冻、皮肤磨削、化学剥脱、皮下胶原注射、脂肪注射和种植体植入、面部皮肤上提手术、骨筋膜系统悬吊手术等。

四、抗衰除皱活性成分

衰老是生命进程的自然现象，虽然不可阻挡，但人们可通过一些手段来减缓衰老的步伐，抗衰老化妆品就是这样一类以延缓皮肤衰老为目的的化妆品。此类化妆品可通过以下几类功能性原料达到延缓皮肤衰老的目的。

❶ 具有保湿和修复皮肤屏障功能的原料

皮肤外观健康与否取决于角质层的含水量，同时保湿、滋润与皮肤角化代谢过程相互影响，皮肤的干燥与老化，与保湿因子 NMF 的保湿性下降有关；而皮肤干燥、老化反过来又使皮肤的代谢紊乱。大量研究证明，优质的保湿化妆品可以改善皮肤角化代谢过程，使残存于角质细胞中的细胞核消失，从而使角化过程恢复正常。具有保湿和修复皮肤屏障功能的原料主要有甘油、尿囊素、吡咯烷酮羧酸钠、乳酸和乳酸钠、神经酰胺及透明质酸等。

（1）神经酰胺

神经酰胺（ceramide）由表皮细胞制造生成，俗称分子钉，分布在角质细胞间，是细胞间脂质的主要成分，对皮肤保持水分和屏障功能起重要作用。当皮肤因老化或不当伤害而使细胞间脂质流失时，皮肤的防卫系统就无法正常运作，显现出来的表象就是干燥、易过敏的肤质。

由于神经酰胺可以有效地改善角质细胞的黏合力，使细胞紧密结合，减低水分散失，提升皮肤的防御力和改善保湿能力，对神经酰胺流失的老化皮肤而言，适当的补充，更有助于老化皮肤的改善。因此人工合成的类神经酰胺的物质常作为保湿抗衰成分添加于化妆品中。

与神经酰胺有异曲同工之效的成分，还有神经鞘脂质（sphingolipid）、糖鞘脂质（glycossphingolipid）等。

（2）透明质酸

透明质酸（hyaluronic acid，HA）是皮肤真皮层的黏液质，它充填各种组织的细胞之间的空间（如皮肤、软骨、肌肉和筋等细胞）。透明质酸最重要的生物学方面的功能是在细胞间基质中保持水分，其保持水分的能力比其他任何天然或合成聚合物都强。据实验显示，透明质酸可以吸收达本身重量数百倍重的水分，并且维持最佳状态达 3～4 个小时。对于老化缺水的皮肤，透明质酸是一个理想的保湿剂。

制造技术的差异使透明质酸的功效有很大的差异。从动物组织中提炼出的透明质酸，质优纯度也高，但是价格非常昂贵。目前是利用生化技术，取动物表皮层中的链锁状球菌发酵得到，但合成法所得的透明质酸较不精纯，使用效果有很大的差异。

（3）吡咯烷酮羧酸钠

吡咯烷酮羧酸钠（pyrrolidone carboxylic acid-Na，PCA-Na）是表皮的颗粒层丝质蛋白聚集体的分解产物。皮肤自然保湿因子中 PCA 的含量仅为 12%，其保湿功能远比甘油优异，而且没有甘油那样的黏腻感。角质层 PCA 含量减少，皮肤会变得干燥和粗糙，PCA 是真正的具生理作用的角质层柔润剂，可以人工合成，大批量生产。其在保湿性、安全性、水溶性和渗透性等各方面均具有优异的特性，在化妆品中的浓度为 2% 左右。

（4）乳酸和乳酸钠

① 乳酸

乳酸（lactic acid）是人体表皮自然保湿因子（NMF）中的主要水溶性酸类，含量为 12%。乳酸结构上属于 α-羟基酸，乳酸分子的羧基对头发和皮肤有较好的亲合作用。

乳酸具有良好的保湿功能，有修复表皮屏障的作用。因为它在表皮细胞间隙中结合水分，而且其保湿功能优于甘油。乳酸易溶于水，不会形成结晶，而且与其他成分配合时不会发生变化。其在化妆品中应用的浓度为5%。

② 乳酸钠

乳酸钠是很有效的保湿剂，其保湿性比甘油强。乳酸和乳酸钠组成缓冲溶液，可调节皮肤的pH值。在pH为4.0~4.5范围内，可达到乳酸分子和电离乳酸基的平衡，即达到最合适的吸附和润湿的平衡，构成具有亲合作用的皮肤柔润剂。

(5) 雌激素

雌激素可以刺激真皮组织产生酸性黏多糖和透明质酸，加上表皮增厚，从而使皮肤保持水分性能良好。但长期外用会引起血中催乳素（PRL）增加，故在化妆品中雌激素属于禁用物质。

❷ 促进细胞增殖和代谢能力的原料

这类原料能够促进细胞的分裂增殖，促进细胞新陈代谢，加速表皮细胞的更新速度，延缓皮肤衰老。如细胞生长因子（包括表皮生长因子、成纤维细胞生长因子、角质形成细胞生长因子等）、脱氧核糖核酸、维A酸酯、果酸、海洋肽、羊胚胎素、β-葡聚糖、尿苷及卡巴弹性蛋白、信号肽等。

(1) 细胞生长因子

细胞生长因子是生物活性多肽，包括表皮生长因子、成纤维细胞生长因子、上皮细胞修复因子等，它们都是与存在于靶细胞上的特异受体相结合而发挥作用。其主要生物学效应有趋化诱导炎症细胞、刺激靶细胞增殖和分化、促使靶细胞合成分泌细胞外基质如胶原等。可见，各种细胞生长因子对皮肤的各种生理表现具有非常重要的作用（见图8-3）。

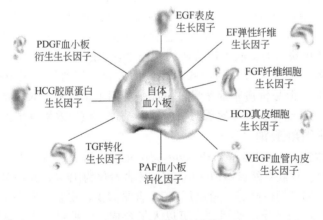

图 8-3　细胞生长因子

① 表皮生长因子（epidermal growth factor，EGF）

1986年美国科学家科恩（S. Cohen）博士因首次从动物的内脏和外分泌腺中发现表皮生长因子获得了诺贝尔生理医学奖。EGF作为一种有丝分裂源，能够促进细胞的生长、增殖与合成，增强皮肤细胞自我修复能力，以及激发胶原蛋白的合成。其结构为氨基酸的缩合物多肽类（polypeptides）。除此以外，EGF 还可促进 K^+、脱氧葡萄糖、α-氨基异丁酸等小分子物质的转运，增加细胞外基质的合成和分泌，促进 RNA、DNA 和蛋白质的合成。

目前 EGF 是从动物组织（如鼠、牛）中提取的，其结构与人体 EGF 有差别，长期使用后人体可能会产生抗体，应用基因工程方法基因重组（人）细胞生长因子，采用基因工程发酵法提取，可以克服这一问题。

② 成纤维细胞生长因子（fibroblast growth factor，FGF）

有酸性（α-FGF）和碱性（β-FGF）两种，是作用极强的有丝分裂原，可诱导微血管的形成、发育和分化，改善微循环；促进成纤维细胞及表皮细胞代谢、增殖、生长和分化；促进弹性纤维细胞的发育及增强其功能；促进神经细胞生长和神经纤维再生，为一种神经营养因子。与肝素结合后，FGF 的生物学活性增强 20～100 倍，使皮肤细嫩，富有光泽，增加弹性，消除皱纹等以至延缓皮肤的衰老。FGF 无毒、无刺激、无致突变作用，也是非致敏原，安全性高。

③ 角质形成细胞生长因子（keratinocyte growth factor，KGF）

是从成纤维细胞培养基中纯化得到的，是角质形成细胞生长分化和毛囊形成过程中最重要的影响因素。KGF 可刺激 DNA 的合成，促进和维持人类表皮细胞及上皮细胞的生长，且在调节表皮角化细胞增殖和创伤愈合过程中起重要作用。

（2）果酸类物质

果酸是一类小分子物质，可迅速被吸收，具有较强的保湿作用。同时，作为剥离剂通过渗透至皮肤角质层，使皮肤老化角质层中细胞间的键合力减弱，加速老化细胞剥落。果酸还可促进细胞分化、增殖，通过加速细胞更新速度和促进死亡细胞脱离等方式来达到改善皮肤状态的目的，从而使皮肤光滑、柔软、富有弹性，对皮肤具有除皱、抗衰老的作用。

果酸的抗皱作用与果酸的种类及添加的浓度均有关系。通常果酸分子质量越小，pH 值越低，浓度越高，祛皱效果越好，但刺激性也越大。浓度高者，可以去角质到皮肤的较里层，有近似换肤的效果，让肤质有焕然一新的肤触。但相对地，刺激性也较大。对于较干燥的老化肤质，并不适宜使用太高浓度的果酸，这反而会引起皮肤的伤害。酸度必须维持在 pH 3～4 之间，去角质的效果最佳。但偏酸性，会有刺痛感。

几种不同的果酸可以混合使用，渗入不同深度的皮肤以祛除皮肤外层的死细胞。但无论单独使用或者混合使用，均有副作用，故一般化妆品配方中的浓度为 2％～8％。通常在果酸类产品中加入消炎、抗刺激物质，以降低果酸引起的刺激。

常见果酸类物质以下两类。

① α-羟基酸（alpha hydroxyl acid，AHAs）

这是一类从柠檬、甘蔗、苹果、越橘等水果中提取的羟基酸，有羟基乙酸、L-乳酸、枸橼酸、苹果酸、甘醇酸、酒石酸等几十种物质，俗称果酸，以羟基乙酸和 L-乳酸最为常见。

羟基乙酸是分子量最小的果酸，渗入皮肤的程度最高，可使角质层变薄，同时促使表皮细胞的生长，其效果最明显，但对皮肤深层的刺激也最明显。L-乳酸作为天然保湿因子存在于人体皮肤中，其刺激性较羟基乙酸小，常用于性质温和的产品如眼霜等。

② β-羟基酸（beta hydroxyl acid，BHA）

可以从天然生长植物如柳树皮、冬青叶和桦树皮中萃取，是新一代的果酸。由于BHA是脂溶性的，所以比传统的水溶性果酸更容易与油脂丰富的皮肤表层相结合，对皮肤可进行缓释作用，保证皮肤表层细胞的自然脱落和新细胞的再生。它的这些作用都比传统果酸好，且更重要的是BHA可以深入油脂丰富的毛孔内部彻底清除老化角质，使毛孔缩小，皮肤光滑细致，浓度也只需传统果酸的20％，故能高效、持久、温和地促进皮肤细胞更新，使皮肤焕发健康活力。

(3) 胎盘素

胎盘素（placenta）抽取自动物胎盘，含有丰富的维生素、核酸、蛋白质、酶与矿物质等活性物质，能渗透皮肤深层组织，刺激人体组织细胞的分裂和活化，促进老化细胞的分解排出，从而延缓皮肤老化。皮肤过于粗糙或角质肥厚者不适宜使用胎盘素，因为胎盘素中的活性成分必须有效渗入皮肤才能发挥功效，若角质过厚，由于无法顺利渗入，抗衰效果就要打折了。

市面上的胎盘素的品质良莠不齐、劣质品充斥，在选购和使用时必须谨慎，尤其是其致敏性。目前化妆品原料界，标榜使用植物性胎盘素，其实与动物性胎盘素是不相同的。所谓植物性胎盘素，是抽取自豆类植物所得的成分。因这一类抽出液的组成与动物胎盘素相似，含有维生素、蛋白质、酶、核酸等成分，所以称之为植物性胎盘素。其安全性较动物胎盘素高，对皮肤无负面影响，适合长期使用。但由于动植物所含的维生素、酶等种类是不可能相同的，所以植物胎盘素的效果仍有待观察。

(4) 脱氧核糖核酸

脱氧核糖核酸（DNA）是细胞核的主要成分。其在细胞核内的功能为：复制DNA及蛋白质的合成。当形成DNA的功能衰退时，蛋白质的合成就会受到影响而缓慢下来。所以DNA缺乏时，皮肤无适当的新生细胞补给，就易老化。

从临床上观察，小分子DNA可以被皮肤吸收，作为合成新细胞的遗传构件，使细胞处于生命力旺盛状态，细胞更新速度快，从而起到抗皱和抗衰老作用。所以，称DNA为细胞的复活剂也不为过。但要注意的是，作为生化类的成分，其取源、保存与制造成产品的方法，都会影响其有效性，须格外注意。

(5) 胶原蛋白及弹性蛋白

胶原蛋白（collagen）及弹性蛋白（elastin）均是小纤维状蛋白质，由成纤维细胞合成，是构成动物和肌肉的基本蛋白质。可溶性胶原蛋白中含有丰富的脯氨酸、甘氨酸、谷氨酸、丙氨酸、苏氨酸、蛋氨酸等15种氨基酸营养物，将其应用于化妆品中易被皮肤吸收，能促进表皮细胞的活力，增加营养，有效消除皮肤细小皱纹。

取源动物体的胶原蛋白极少，是相当昂贵的保养成分。目前的胶原蛋白，有些是以生化技术，由人工培养的酵母菌中抽出的糖蛋白来替代使用，称之为伪胶原蛋白（pseudocollagen），功能类似胶原蛋白。另外，在化妆品中通过加入从动植物提取物得到的衍生物，如胶原蛋白氨基酸、水解（溶）胶原蛋白、水解乳蛋白、水解麦蛋白、水解大豆蛋白等，可起增加和改变皮肤内结缔组织的结构和生理功能的作用，用以改变皮肤的外观，达到防止皮肤衰老的目的。

在抗衰老化妆品中加入弹性蛋白，可补充老化皮肤中的弹性蛋白含量，增加皮肤的柔弹性，润滑角质层，减少皱纹。

（6）β-葡聚糖

β-葡聚糖（β-1,3-glucan）是葡萄糖组成的多糖体，由酵母细胞壁中取得，具有激活免疫和生物调节器作用。它通过活化巨噬细胞，可产生细胞分裂素及表皮生长因子，有效增进皮肤免疫系统的防御能力，并提升表皮伤口的修复功能；活化兰格罕氏细胞，可帮助皮肤建构自体防御功能，促进表皮细胞生长因子的增生，加速胶原蛋白及弹力蛋白的再造，高效修护皮肤，减少皮肤皱纹产生，延缓皮肤衰老。

要使 Glucan 发挥效果，还得看是否能顺利被皮肤吸收。而各化妆品公司所使用的 Glucan，结构基本上是不太相同的。原始形态的 Glucan 抽出物，并不易被皮肤吸收，必须再经实验室以合成的方法修饰后才能利用。所以选购以 Glucan 为抗老成分的保养品时，最好选择有临床实验数据，证实其效果的品牌。

（7）维生素 A 醇

维生素 A 醇（Retinol），又名视黄醇。与其结构、功能相似的成分，还有维生素 A 醛。由于在体内能转化为维 A 酸，它对局部的皱纹、点状色斑及皮肤的粗糙程度均有显著的改善。全反式维 A 酸能刺激角质形成细胞和成纤维细胞增生，使表皮恢复正常，在真皮上部却产生新的胶原，并抑制由紫外线引起的胶原裂解，还能形成新的血管，新的弹力纤维并使表皮色素重新分布。光老化多由基质金属蛋白酶的诱导引起，它使胶原降解。维 A 酸可以抑制金属蛋白酶诱导，防止胶原变形，从而预防光老化。外用的 0.05％全反式维 A 酸润肤霜是目前唯一被美国食品和药品管理局批准的可用于光老化治疗的产品。

（8）多肽类物质

多肽是 α-氨基酸以肽键连接在一起而形成的化合物，通常由三个或三个以上氨基酸分子脱水缩合而成的化合物都可以称为多肽。多肽能激活成纤维细胞活性，促进其分泌基质蛋白，补充皮肤流失的胶原蛋白、弹性蛋白和黏多糖。此外也有小分子肽能从不同的靶点作用于乙酰胆碱，影响神经信号传导，从而抑制表情肌收缩，淡化皱纹。

① 信号肽

在人皮肤成纤维细胞生长刺激的伤口愈合研究中首次报道了增加成纤维细胞产生胶原和降低胶原酶活性的信号肽。这些肽外用可改善皱纹和线条老化及光老化。信号肽包括：酪氨酸-酪氨酸-精氨酸-丙氨酸-阿斯巴甜-阿斯巴甜-丙氨酸七肽，缬氨酸-赖氨酸-缬氨酸-丙氨酸-脯氨酸-甘氨酸六肽。

② 载体肽

载体肽对伤口愈合很有效。铜是与载体肽有关的最重要的金属，是胶原刺激的重要辅助因子。此外，载体肽增加 MMP-2 和 MMP-2 的 RNA 及组织抑制剂金属蛋白酶（TIMP）1 和 2 的水平，由于这些原因，它们允许真皮组织重塑。三肽甘氨酰-L-组氨酰-L-赖氨酸（Glycyl-Histidyl-Lysine，GHL）用作铜载体的铜肽，作为一种功能化妆品化学成分，可改善皮肤质地和纹理，并减少细小皱纹和改善色素沉着。

③ 神经递质调节肽

目前用于功能化妆品的神经递质调节肽的代表物有：乙酰基六肽-3、五胜肽，它们可以抑制神经肌肉接头处的乙酰胆碱释放。在功能化妆品配方中，可以改善皮肤纤维化，促进胶原蛋白、弹力纤维和透明质酸增生，提高肌肤的含水量，增加皮肤厚度及减少细纹。

③ 抗氧化类原料

衰老与诸多氧化反应密切相关，抗氧化就能抗衰老，所以此类原料在抗衰老化妆品中具有无可取代的作用。常用的抗氧化原料主要有以下几种。

（1）维生素类

维生素应用于保养品已颇为普遍，主要作为营养理疗成分及抗氧化剂，其中又以脂溶性维生素 A、维生素 D、维生素 E 用得最多。

① 维生素 E

维生素 E 又称生育酚，是迄今为止发现的无毒的天然抗氧化剂之一，由包括 α-生育酚、β-生育酚、γ-生育酚、δ-生育酚及相应的生育三烯酚等八种物质组成。对热稳定，在碱性条件下特别容易氧化，而酸性条件下较稳定、紫外线促进氧化分解。四种生育酚的生理活性顺序为 α＞β＞γ＞δ，而抗氧化性正好相反。

研究证明维生素 E 能促进皮肤新陈代谢、防止色素沉淀、改善皮肤弹性，对皮肤免受自由基损害有决定性作用。由于细胞中只含有极少量的维生素 E，且人体无法自身合成，所以只能从外来补充物中获得。同时维生素 E 作为抗氧化剂可以延长化妆品使用时间。这主要源于维生素 E 的生物学功能主要是抗氧化作用，保护不饱和脂肪酸尤其是亚油酸免受自动氧化。

② 维生素 C

维生素 C 又名抗坏血酸，同维生素 E 一样具有抗氧化作用，它能够重建真皮表皮结合部，刺激胶原蛋白的合成，促进胶原纤维生成，同时又具有美白作用。维生素 C 与维生素 E 有协同清除自由基的作用，同时也是增强身体免疫力不可缺少的成分。由于维生素 E 和维生素 C 易氧化，在化妆品中使用时，常常将其包裹在微囊或一定的载体中，与氧、光线隔离，以防止过早氧化。

③ 维生素 A 和 B 族维生素

维生素 A 对皮肤的渗透能力强，能促进表皮角化的细胞分裂正常化。此外，B 族维生素作为水溶性维生素保养成分，主要的生物活性功能为载体辅酶，参与氨基酸、蛋白质、碳水化合物的代谢。化妆品最常用的是维生素 B_6，对脂溢性皮肤炎和湿疹具有疗效，且有活化皮肤细胞的功效。

（2）抗氧化酶系

抗氧化酶系是细胞膜和细胞器膜上存在的多种特异性的消除自由基的酶系，这些酶能够清除自由基，从而抑制了自由基的脂质过氧化。机体细胞内存在的小分子抗氧化剂，主要包括维生素 E、维生素 C 及 β-胡萝卜素等。其主要功能是消除有机自由基 R·、脂过氧自由基 ROO·。由于酶的高度专一性、安全性高，其在化妆品上的应用非常广泛。

酶的取源极为广泛，可以人工培植后再加以萃取，或直接取自天然菌种。酶的浓度直接影响其效果，浓度太低效果自然不佳。此外，酶的作用条件对酸碱度特别敏感，在不当的酸碱条件下，无法发挥作用，所以不要与其他产品混用。目前市面上声称含酶的产品，消费者要注意的是厂商的制作技术。因为酶加入配方中，所处的环境若不稳定，容易让酶的活性退化，降低了原有的效果。

① 超氧化物歧化酶（superoxide dismutase，SOD）

SOD 是一类广泛存在于生物体内的金属酶，自 1969 年 McCord 和 Fridovich 从牛红血细胞中发现 SOD 以来，SOD 就成为了衰老生物学的研究热点。根据活性中心结合的金属离子不同，SOD 主要分为下面几种。

a. Cu/Zn-SOD，主要存在于真核细胞的细胞质、线粒体和原核细胞中。

b. Mn-SOD，主要存在于真核细胞的线粒体基质中。

c. Fe-SOD，主要存在原核细胞及少数植物细胞中，动物组织中不含 Fe-SOD。

此外，在一些低等生物中还存在 Ni-SOD。

SOD 能够清除生物氧化过程中产生的超氧阴离子自由基，是生物体有效清除活性氧的重要酶类之一，被称为生物体抗氧化系统的第一道防线，在防辐射、抗衰老、消炎、抑制肿瘤和癌症、自身免疫治疗等方面显示出独特的功能。作为化妆品的添加剂，SOD 的作用主要有四个方面（见图 8-4）。

图 8-4　SOD 的功能

a. 有明显的防晒效果，SOD 可有效防止皮肤受电离辐射的损伤。

b. 有效防治皮肤衰老、祛斑、抗皱，起抗氧酶的作用。

c. 有明显的抗炎作用，对防治皮肤病有一定疗效。

d. 有一定的防治瘢痕形成的作用。

但由于 SOD 的具有分子量大，不宜被皮肤吸收和不稳定性等缺点，而且由于 SOD 具有生物活性，贮存或工艺条件不当均会导致 SOD 失活。目前正采用酶生物技术将 SOD 在分子水平上进行化学修饰，利用月桂酸等作为修饰剂，对 SOD 的酶分子表面赖氨酸进行共价修饰。经修饰过的 SOD 克服了 SOD 易失活的不足，使 SOD 在体内半衰期、稳定性、透皮吸收、抗衰老及消除免疫原等方面都高于未修饰的 SOD，从而提高了 SOD 的作用效果。

② 高海藻歧化酶（superphycodismutase，SPD）

SPD 与 SOD 同属于自由基捕捉剂，具有保护皮肤病变、减轻炎症、调节油脂分泌、美白、防老化等效用，对皮肤的作用类似于 SOD。两者的不同点主要是来源不同与分子量差异。SPD 提炼自海藻，分子量较小，对皮肤的穿透性较 SOD 佳，所以效果上不差于 SOD。

③ 谷胱甘肽过氧化酶（glutathione peroxides，GTP）

GTP 是以谷氨酸、甘氨酸和半胱氨酸为主的过氧化氢还原酶，主要存在于线粒体细胞中（如人、动物的胎盘和血红细胞）。GTP 可在过氧化氢生成的同时就催化分解它为水和氧气，从而保护皮肤的不饱和脂质膜。GTP 可治疗脂质过氧化物引起的皮炎，减轻色素沉着，有抗衰老作用。

④ 木瓜巯基酶

木瓜巯基酶来源于天然鲜嫩木瓜果中，它是一种具有高生物活性的活性因子。其分子链上存在大量的活性巯基基团，能有效地清除肌体内超氧自由基和羟基自由基，有效降低皮肤中过氧化脂质的含量，从而防止肌体细胞的衰老，使皮肤的衰老过程得以延缓。

⑤ 其他高科技研发的仿生抗自由基酶

a. 辅酶 Q10

它是组成细胞线粒体呼吸链的成分之一，其本身是细胞自身产生的天然抗氧化剂，类似于维生素 E，能抑制线粒体的过氧化。辅酶 Q10 外用能提高皮肤的生物利用率，调理皮肤，抑制皮肤老化。稳定的辅酶 Q10，合理利用活性氧，加强细胞的呼吸，提供能量。

b. 阿利斯丁

阿利斯丁（Alistin）是一种二肽，有高度抗氧化及抗发炎作用，并能对抗在抗糖化过程中所产生的毒性醛，如葡萄胺酮醛。具抗氧化及抗羰基化双重特性，两者交替作用后会降低氧化胶原的概率，保护肌肤蛋白质避免糖化现象，有效修复、逆转已氧化受损的细胞膜，避免引发因氧化造成的细胞老化，重整胶原结构，使之恢复健康正常状态。

c. m-氨甲环酸（m-tranexamic acid）

俗名叫传明酸，是一种蛋白酶抑制剂，能抑制蛋白酶对肽键水解的催化作用，从而阻止了如发炎性蛋白酶等酶的活性，进而抑制了黑斑部位的表皮细胞机能的混乱，并且抑制黑色素增强因子群，再彻底断绝由紫外线照射而形成的黑色素发生的途径。即让黑斑不再变浓、扩大及增加，从而能有效地防止和改善皮肤的色素沉积。

（3）黄酮类化合物

如原花青素、茶多酚、黄芩苷、β-胡萝卜素等。

例如，β-胡萝卜素的分子结构中含有较多的双键，容易被氧化，因此具有抗衰老作用。研究证明，服用胡萝卜素的动物体内 SOD 活性高，细胞中脂褐素含量低等。β-胡萝卜素对预防心血管疾病、癌症和老年白内障等疾病，以及提高免疫功能，都有一定作用。从这个意义上说，β-胡萝卜素也有抗衰老作用。

（4）蛋白类

如金属硫蛋白、木瓜硫蛋白及丝胶蛋白等。

① 金属硫蛋白（metallothioneie，MT）

金属硫蛋白是国际生物工程技术领域的最新产品，是从动物体中提出的具有生物活性及性能独特的低分子量蛋白质。它具有清除体内皮肤细胞致衰老超氧自由基和羟基自由基的特异功能，可高效率降低体内自由基水平，有效地防护细胞过氧化损伤，防止皮肤细胞衰老。

② 谷胱甘肽（还原型）

还原型谷胱甘肽是一种具有重要生理功能的活性三肽，它是由谷氨酸、半胱氨酸及甘氨酸组成的，其化学名为 γ-谷氨酰-L-半胱氨酰-甘氨酸。还原型谷胱甘肽的主要生物学功能是保护生物体内蛋白质的巯基，从而维护蛋白质的正常生物活性，同时它又是多种酶的辅酶和辅基。谷胱甘肽分子结构中的活性巯基具有重要的细胞生化作用，有很强的亲和力，能够与多种化学物质及人体代谢产物结合，清除体内的许多自由基（如烷基自由基、过氧自由基、半醌自由基等），保护细胞膜的完整性，具有抗脂质氧化作用，使细胞免受伤害，从而维持细胞的正常代谢。

此外，还原型谷胱甘肽还能抑制黑色素合成酶的活性，具有防止皮肤色素沉着，减少黑色素的形成，以及改善皮肤色泽的功效。

4 防晒原料

日光中的紫外线 UVB（280～320 纳米）和 UVA（320～400 纳米）能把皮肤晒出红斑、黑斑及产生过氧化脂质，促进皮肤老化，降低自身免疫力，严重者可引发皮肤癌。减少紫外线的暴露和采用紫外线散射剂或紫外线吸收剂，可减轻因日晒引起的皮肤老化和损伤，所以防晒原料是抗皮肤衰老产品中必不可少的一类（参见第六章）。

5 具有复合作用的天然提取物

许多天然动植物提取物均有很好的抗衰老作用，而且通常是多角度的复合性作用，具有作用温和且持久稳定、适用范围广、安全性高等优势，越来越受到消费者的青睐和认可。尤其是一些中药提取物已经被广泛地用于抗衰老产品中，如人参、黄芪、绞股蓝、鹿茸、灵芝、沙棘、茯苓、当归、珍珠、银杏及月见草等。

① 红景天

红景天是一种抗衰老作用很强的植物或中草药，红景天素是其中的主要药效成分。红景天对真皮成纤维细胞具有刺激作用，能促进成纤维细胞分裂及其合成和分泌胶原蛋白，同时也刺激细胞分泌胶原酶，使原有的胶原分解。胶原蛋白在细胞外组装成胶原纤维，所以红景天可以使胶原纤维的量增加。红景天与鹿血清或人参组成外用制剂，还可使皮肤中胶原含量增加，胶原间老化性架桥减少，使皮肤细腻、光滑、有弹性。

② 人参

现代研究证明，人参皂苷 Rb1 能增加人皮肤成纤维细胞中氨基葡聚糖的生成量，同时对皮肤细胞的再生有激活作用，能使皮肤细胞再生速度增加 20 多倍。此外，人参还有促进皮肤血液循环、抑制细菌繁殖、护肤等作用。

③ 多酚类

多酚类是从植物中提取而得的，是很好的抗氧化剂，它能够清除体内自由基，抑制氧化反应的进行，而且大多数具有抗过敏性，因而广泛应用于保养品中。多酚类的代表植物是葡萄及其提取物。前几年市场上大热的红酒面膜也是应用了这个概念。

④ 三七

三七有益气补血、和营止血、通脉行淤的功能，对因气虚淤滞引起的面部色素沉着有一定疗效。三七还可扩张血管，降低毛细血管的通透性，抑制血小板聚集，延缓皮肤衰老。

⑤ 杏仁

杏仁有止咳平喘、祛痰润肠、使皮肤润泽滑利的功能。其所含物质通过干扰结缔组织结构蛋白肽链的交联，从而起到延缓皮肤衰老的效果。

⑥ 珍珠

珍珠有润肤解毒的功能，对于改善皮肤的衰老状态有良效。除碳酸钙外，珍珠含有许多种微量元素和十几种氨基酸，制成乳剂被皮肤吸收后，可降低细胞内脂褐质含量，滋润并营养皮肤，促进其新陈代谢、延缓皮肤衰老。

⑦ 蜂王浆

蜂王浆有滋补强壮。益肝健脾的功能。其含有丰富的营养成分，可促进蛋白合成，加速机体的新陈代谢，增强组织细胞的再生能力。

⑧ 海洋肽

海洋肽是从栉孔扇贝中提取的多肽，对真皮中成纤维细胞有刺激作用，能促进成纤维细胞分裂及其合成、分泌胶原蛋白与弹性蛋白，从而使成纤维细胞和表皮平均厚度明显增加，促进恢复皮肤弹性活力和减少细小皱纹。

⑨ 其他

绿茶提取物，含有丰富的天然儿茶素抗氧化；山茶提取物，含有多种必需脂肪酸及儿茶素，抗氧化同时有效保护皮肤；葡萄籽提取物，含有多种葡萄多酚，抗自由基并能与维生素 E 协同增加；荷花提取物，含有多种植物黄酮，抗自由基的同时具皮肤解毒作用；地榆提取物，含有地榆苷，有效清除自由基并抑制弹性蛋白的降低。

鲟鱼子酱提取物则能够给皮肤中的胶原蛋白提供充足的养分，还兼具保湿抗氧化的功效，防止胶原蛋白质糖化，从而达到抗衰作用。

哺乳动物能制造一种遗传编码的转运体，将麦角硫因快速转入机体红细胞中，随后分布到全身，并且在氧化性应激最严重的组织中进行积累，从而发生抗氧化作用。麦角硫因能够有效地清除皮肤里的自由基，并防治外在环境（如紫外线）对皮肤的伤害从而达到抗衰老的目的。

⑥ 防蓝光成分

实验发现，410 纳米波长的高能短波蓝光的能量相当于 380 纳米波长 UVA 的 1/3，使用高亮度屏幕 3 小时相当于照射太阳 1 小时，蓝光能完全穿透肌肤的真皮和表皮，并且能激发产生一种叫麦拉宁的褐色色素，长期沉淀会形成黄斑、雀斑，加速皱纹的形成及松弛衰老，还是肌肤基底层胶原蛋白流失的最重要因素之一。

⑦ 微量元素

微量元素在抗衰老中的作用是近年国际上衰老生物学研究的热点。大量的研究表明，与抗衰老关系密切的微量元素主要有锌、硒、铜、锰。

(1) 锌（Zn）

人体中的锌以 Zn^{2+} 为中心离子，存在于许多酶或金属蛋白中。研究表明，锌的主要功能就是抗氧化，提高机体 200 多种酶的活力，增强机体清除自由基的能力，从而有效地保护生物膜的结构和功能，并参与细胞的复制过程。

(2) 铜（Cu）

铜在是人体中含量位居第二的必需微量元素。含铜的酶有酪氨酸酶、单胺氧化酶、超氧化物歧化酶、血铜蓝蛋白等。铜对血红蛋白的形成起活化作用，促进铁的吸收和利用，在传递电子、弹性蛋白的合成、结缔组织的代谢、嘌呤代谢、磷脂及神经组织形成方面有重要意义。

（3）锰（Mn）

锰是超氧化物歧化酶、精氨酸酶、脯氨酸酶等多种酶的组分，也是多种酶的激活剂。锰参与酶、蛋白质、激素、维生素的合成和糖的代谢，对中枢神经系统结构和功能有着重要的作用。研究表明，衰老与锰有关，体内锰含量减少，超氧化物歧化酶活性降低，从而导致抗氧化能力下降。

（4）硒（Se）

硒是谷胱甘肽过氧化物酶的重要成分，它的主要生理功能是通过谷胱甘肽过氧化物酶的形式，发挥抗氧化作用以防止脂质过氧化，从而延缓脂褐素的形成。硒还能提高人体的免疫功能，通过抑制自由基反应影响交联过程，从而发挥延缓衰老的作用。

⑧ 抗衰老生物制剂

（1）干细胞培养液

干细胞分泌的一些细胞因子如干细胞生长因子等，可促进细胞的增殖和分化，诱导细胞发挥功能。干细胞美容原理是通过输注特定的多种细胞（包括各种干细胞和免疫细胞），激活人体自身的"自愈功能"，对病变的细胞进行补充与调控，激活细胞功能，增加正常细胞的数量，提高细胞的活性，改善细胞的质量，减少和延缓细胞的病变，恢复细胞的正常生理功能，从而达到疾病康复、对抗衰老的目的。

（2）细胞溶胞产物提取物或细胞代谢产物

细胞溶胞产物提取物指的是细胞破壁被破坏，发生质壁分离，从而将活细胞中的各类营养成分分离出后经过过滤得到细胞溶胞物；细胞的代谢产物指的是通过选择不同的细胞种类及不同的营养及应激条件和营养，得到不同的细胞滤液提取物，例如半乳糖酵母样菌发酵产物滤液和二裂酵母细胞溶液提取物等。生物活性代谢物或者其提取产物都并非只是单一的成分，组成元素包括氨基酸、维生素、矿物元素及糖类黏液质，有滋润营养肌肤，调理皮肤新陈代谢等功能。细胞液等细胞提取物在多种活细胞中能增强氧的吸收，例如纤维原细胞和角化细胞，这种能力能帮助皮肤新生并抵抗衰老，此外还可淡化皱纹和修复皮肤。

（3）植物激素

外用激动素可以修复肌肤粗糙，紧致皮肤，改善肌肤质感，改变沉闷黯淡的肤色。如 Kinetin（N6-呋喃腺嘌呤）是植物来源的合成生长激素，具有抗氧化性和光保护作用。Kinetin 又称 6-糠基氨基嘌呤（6-furfurylaminopurine），是一种腺嘌呤类植物细胞分裂素，激动素通过一种未知机制调节内分泌细胞的分化，促使愈伤组织到植物组织的再生作用。

⑨ 抗炎症成分

衰老是应激、损伤、感染、免疫反应衰退及代谢障碍等综合作用积累的结果，人体内炎性因子不断增多，会加速皮肤细胞衰老。

⑩ 抗糖化成分

皮肤糖化指的是体内多余的糖附着在胶原蛋白上使胶原蛋白断裂或絮乱，使皮肤暗黄以及出现其他多种问题。随着科技的发展，植物黄酮（葛根、银杏等）、水飞蓟素、茶多酚、葡萄籽提取物、阿魏酸等抗糖化成分也越来越多地被使用到化妆品中。

五、抗衰除皱化妆品的评价方法

第一步，观察外观质地。

观察产品外包装和瓶身设计，空气中的温度和湿度保持恒定值下，将样品涂于黑色胶板，观察黑色胶板在水平放置和倾斜至 45°时，样品的黏稠度、细腻程度、延展性、颜色等，用皮肤感受其质地。

第二步，皮肤紧致测试。

在手背上涂产品，待其吸收后，前后对比皮肤的纹理是否有所紧实，皮肤是否更有弹性和光泽。

第三步，细胞活性测试。

使用美兰染色法，如果浸润过样品的竹叶细胞染色后 90％左右的区域褪色的程度很高，说明促进细胞活性的表现优异，可以高效促进细胞循环更新。

第四步，抗氧化能力的测定。

将被检样品加入聚维酮碘溶液，取上清液用紫外分光光度计检测其中活性碘的含量，样品中的抗氧化能力越强，则反应液中活性碘含量则越低。

第五步，自由基清除率测定。

衰老的原因之一在于活性自由基的作用，通过抗氧化剂等清除衰老过程中产生的自由基，可以在一定程度上达到抗衰老（祛皱）的目的。1,1-二苯基-2-苦肼基 [1,1-diphenyl-2-picryhydrazyl（DPPH）] 是一种稳定的以氮为中心的自由基，其乙醇溶液显紫色，最大吸收波长为 517 纳米。将样品与 DPPH 混合，利用紫外分光光度计检测 DPPH 自由基的清除率。清除率越大，表明该样品液对自由基的清除能力越强。

第六步，皮肤保湿。

使用皮肤水分测试仪，分别测试皮肤使用抗衰除皱化妆品前、后及使用 1 小时后的皮肤水分值。

第七步，肤质改善。

使用肤质改善测试仪，测试皮肤使用产品前、后的皮肤状况，分别从水润度、含油量及细嫩度进行考量。

六、抗衰除皱的其他途径

除使用含抗衰除皱活性成分的化妆品外，还有通过物理、化学、生理的因素减少皮肤皱纹，常见的方法有整形手术、注射祛皱、医学美容、护肤食疗等。

1 手术除皱

手术时医生将老化的皮肤、皮下组织分离，向上提紧，去除多余的皮肤，减少皱纹，消除皮肤松垂，俗称祛皱术。面部除皱术包括额部除皱术、颞部除皱术、全面部除皱术、面颈部除皱术、面部悬吊除皱术。

拉皮除皱手术应注意以下要点。

① 有严重器质性病变或心理障碍，有出血倾向及瘢痕体质者不宜做拉皮除皱手术。

② 拉皮手术会严重损失面部表情，每拉一次人的面部表情会损失15％。

③ 一般来讲，全面部拉皮除皱手术维持时间在5～10年，有人主张在40岁做一次，在60岁做第二次。但这并不是绝对的，也要因人而异。有的人皮肤条件好，皮纹细、年纪轻，自然维持时间就长久；而有些人皮肤粗糙、皮纹深，再加上年纪大，手术效果也不如前者，维持时间也就短。当然，除皱后维持时间长短与手术质量也有关系，皮肤切除不够，游离不够，手术效果差，术后维持时间也短；相反，就会好一些。

2 电波拉皮

电波拉皮是改进皮肤松弛最好的非手术无创治疗方式，是一种安全性高、不会造成伤口的治疗方式，已获医学临床证实能紧致与年轻化皮肤。它利用电波能量提高真皮层的温度，刺激真皮层收缩、拉紧皮肤并促进胶原质产生，是一种刺激皮下胶原再生修复的治疗方法，其作用在真皮层，二者都会刺激自身皮肤产生新的胶原蛋白，电波拉皮产生深层皮肤温度的变化，促进了血液循环，可促进胶原修复治疗的疗效。所以，电波拉皮可以取代手术拉皮，解决皮肤的各种问题，让皮肤完成彻底的更新。

3 生物除皱

（1）透明质酸除皱

现代医学研究发现，皱纹形成的一个根本原因是细胞间质的改变，即细胞之间的无形成分透明质酸减少，而细胞支架和弹力纤维仍然存在。透明质酸注射就是通过补充丢失的无形间质成分，进而改变细胞的代谢环境及水分和离子平衡，从而增加皮肤的黏弹性，达到整容效果。因此透明质酸注射除皱是一种新理念，其人群适应范围远远超过普通美容与外科整形美容，针对所有爱美人士。

（2）肉毒毒素注射除皱

面部皱纹（如眉间纹、鱼尾纹、额头纹、鼻背纹、鼻唇纹、口周纹甚至颈阔肌纹）的出现，除了自然老化外，更重要的是表情肌的过度收缩。A 型肉毒毒素对由表情肌收缩引起的各种皱纹比较有效。A 型肉毒毒素用于除皱的治疗机理在于它能作用于周围运动神经末梢及神经肌肉接头，抑制突触前膜释放乙酰胆碱，从而导致肌肉松弛性麻痹，治疗肌肉痉挛和肌张力障碍性疾病，适合 25～50 岁，皱纹明显，皮肤松弛不是很严重者，此种方法在去除抬头纹、川字纹、眼角鱼尾纹、鼻背纹，效果确切，见效快，立竿见影，并且无痛苦、无肿胀，不影响工作和学习，即做即走。不足之处主要是维持时间略短，大概在 6 个月～1 年。同时对皮肤松弛下垂的效果不好。维持效果的时间长短与药物来源、用量、用法、注射医师的技术、患者的个体素质均有关系。

（3）胶原蛋白充填除皱

胶原蛋白回填疗法主要解决面部皱纹，是一种已经由临床证实其安全性的疗法，可治疗脸部的皱纹、疤痕或脸部皮肤缺陷。胶原蛋白美容针剂对于人类脸部软性组织的皱褶、凹陷及疤痕的矫正有显而易见的效果，可使病人容颜焕然一新。适合 25～50 岁皱纹明显，无皮肤松弛下垂者。无需手术、单纯注射即可，痛苦少，恢复快、永久、快速。不足之处是不适合浅表性除皱。

④ **深层换肤术除皱**

深部皮肤换肤术是通过药物的方式在特定的环境下，利用涂在皮肤上的化学物质破坏表皮层，药物渗透到真皮深层的网状层，然后通过药物调节和自身的恢复机制，使真皮组织重建，生长出新的细胞和表皮组织，将原来的疤痕组织或老化衰老的皮肤替代，以达到换肤的效果。以不切不缝的非手术疗法达到治疗的效果，让皮肤柔嫩细腻、富有弹性。

⑤ **抗衰除皱食疗方法**

（1）水果

① 葡萄

葡萄堪称水果界的美容大王。葡萄中最具有护肤效果的是葡萄籽，葡萄籽具有超强抗氧化能力，是维生素 E 的 50 倍，能延缓衰老、维护皮肤健康、阻止紫外线对皮肤的侵袭、预防动脉硬化，也有皮肤维生素之称。葡萄中还含有类黄酮，类黄酮是一种强力抗氧化剂，可抗衰老，清除体内自由基。葡萄还含单宁酸、柠檬酸，有强烈的收敛效果及柔软保湿作用。另外，葡萄果肉蕴含维生素 B_3 及丰富矿物质，可深层滋润、抗衰老及促进皮肤细胞更生。

② 红石榴

红石榴是抗氧化美容的最佳水果，它含有一种叫鞣花酸的成分，可以使细胞免于环境中的污染、紫外线的危害，滋养细胞，减缓肌体的衰老。有研究表明，鞣花酸在防辐射方面比红酒和绿茶中含有的多酚更"厉害"。

③ 番茄

番茄有助于长寿，这主要得益于它富含的番茄红素。番茄红素有"植物黄金"之称，属类胡萝卜素的一种，是自然界中最强的抗氧化剂。它的抗氧化作用是胡萝卜素的两倍，具有极强的清除人体自由基的作用，还能促使细胞的生长和再生，起到延缓衰老的作用。

④ 桑葚

桑葚营养成分十分丰富，含有多种氨基酸、维生素及有机酸、胡萝卜素等营养物质，矿物质的含量也比其他水果高出许多，主要有钾、钙、镁、铁、锰、铜、锌。现代医学证明，桑葚具有增强免疫、促进造血红细胞生长、促进新陈代谢等功能。

⑤ 乌梅

乌梅含有丰富的维生素 B_2、钾、镁、锰、磷等。现代药理学研究认为，"血液碱性者长寿"。乌梅是碱性食品，因为它含有大量有机酸，经肠壁吸收后会很快转变成碱性物质。因此，乌梅是当之无愧的优秀抗衰老食品。此外，乌梅所含的有机酸还能杀死侵入胃肠道中的霉菌等病原菌。

⑥ 橄榄

早在古希腊时代，橄榄树就是生命与健康的象征，除了可以作为健康食品食用之外，更有突出的美容功效。由树叶到果实，橄榄树全身都能提炼出护肤精华。橄榄叶精华有助皮肤细胞对抗污染、紫外线与压力引致的氧化；而橄榄果实中则含有另一强效抗氧化成分——酚化合物，它与油橄榄苦素结合后，能提供双重抗氧化修护。

⑦ 猕猴桃

猕猴桃又名奇异果，平均每斤猕猴桃的维生素 C 含量高达 95.7 毫克，号称水果之王。其所含的维生素 C 和维生素 E 不仅能美丽皮肤，而且具有抗氧化作用，可阻止体内产生过多的过氧化物，在有效增白皮肤、消除雀斑和暗疮的同时增强皮肤的抗衰老能力，延缓人体衰老。

（2）食品

① 西兰花

西兰花富含抗氧化物维生素 C 及胡萝卜素，开十字花的蔬菜已被科学家们证实是最好的抗衰老和抗癌食物，因为此类蔬菜中有一种特有的抗氧化物质，令它几乎集所有抗氧化物于一身。因此，它的抗氧化性能比其他食物更优良，而且还是抗癌明星。

② 冬瓜

冬瓜富含丰富的维生素 C，对皮肤的胶原蛋白和弹力纤维都能起到良好的滋润效果。经常食用冬瓜，可以有效抵抗初期皱纹的生成，令皮肤柔嫩光滑。冬瓜子中有油酸、蛋白质和瓜氨酸，具有抑制体内黑色素沉积的活性，是良好的润肤美容成分。

③ 洋葱

洋葱可清血，降低胆固醇，抗衰老。洋葱中所含的微量元素硒是一种很强的抗氧化剂，能消除体内的自由基，增强细胞的活力和代谢能力，具有防癌抗衰老的功效。

④ 胡萝卜

胡萝卜被誉为"皮肤食品"，能润泽皮肤。胡萝卜含有丰富的果胶物质，可与汞结合，使人体里的有害成分得以排出，皮肤看起来更加细腻红润。它含 β 胡萝卜素，可以抗氧化和美白皮肤，预防黑色素沉淀，并可以清除皮肤的多余角质。它也含有抗氧化不能少的维生素 E。

⑤ 牛奶

牛奶中含有丰富的活性钙，是人类最好的钙源之一，并含有维生素 D，使人的骨骼和牙齿强健。牛奶营养丰富，含有高级的脂肪、各种蛋白质、维生素、矿物质，特别是含有较多B族维生素、铁、铜及维生素A，有美容作用，使皮肤保持光滑、丰满，并能滋润皮肤，保护表皮、防裂、防皱，使皮肤光滑、柔软、白嫩。

⑥ 鱼肉

鱼肉中含有大量蛋白质，对皮肤的弹力纤维能起到很好的强化作用。尤其对因压力、睡眠不足等因素导致的早期皱纹，有奇特的缓解功效。

⑦ 核桃

核桃中的蛋白质有对人体极为重要的赖氨酸，对大脑很有益。另外，核桃中含有锌、锰、铬等人体不可缺少的微量元素，有促进葡萄糖利用、胆固醇代谢和保护心血管的功能。因此，经常食用核桃，既能健身体，又能抗衰老。

⑧ 巧克力

巧克力的苯酚复合物不单能防止巧克力本身脂肪腐化变酸，更能在被食入人体后，迅速被血管吸收，在血液中抗氧化物成分明显增加，并很快积极作用为一种强有力的阻止 LDL 氧化及抑制血小板在血管中活动的抗氧化剂。这些苯酚物质对人体血管保持血液畅通起着重要作用。

⑨ 茶叶

茶叶含有丰富的化学成分，常饮茶能保持皮肤光洁白嫩，推迟面部皱纹的出现或减少皱纹，还可防止多种影响面部的皮肤病，是天然的健美饮料。

⑩ 鸡骨

皮肤真皮组织的绝大部分由弹力纤维所构成，皮肤缺少它就失去弹性，皱纹也就聚拢起来。鸡皮及鸡的软骨中含大量的硫酸软骨素，是弹性纤维中重要的成分。把吃剩的鸡骨头洗净，和鸡皮放在一起煲汤，不仅营养丰富，常喝还能消除皱纹，使皮肤细腻。

⑪ 猪蹄

取猪蹄 2 个，洗干净后用清水煮成膏状，晚上临睡前用消毒棉涂抹于面部，睡觉时要注意不要弄在被子上，第二天早晨再洗干净，坚持半个月会有明显的祛皱效果。

七、学习实践与调研实践

1 学习实践

根据防老抗皱产品成分，寻找现阶段适合你的刺激小、副作用小的护肤产品。以报告的形式汇报你选择的产品，并列出理由。

2 调研实践

请调研各地抗老除皱的食品特产或特色食疗方法。

第九章

面膜制品

一、敷面的目的和效果

皮肤的保养程序中，有一个较具深度的步骤就是使用面膜制品敷脸。

面膜，是护肤品中的一个类别，其最基本也是最重要的目的是弥补卸妆与洁面仍然不足的清洁工作，在此基础上配合其他精华成分实现其他的保养功能，例如补水保湿、美白、抗衰老、镇定安抚、平衡油脂等。就像家里的定期大扫除一样，应养成定期做清洁敷脸的护肤习惯，皮肤才会健康美丽。

面膜敷面的基本功效有清洁目的及保养目的两类。它的原理主要是利用覆盖在脸部的短暂时间，暂时隔离外界的空气与污染，提高皮肤温度，扩张皮肤毛孔，促进汗腺分泌与新陈代谢，使皮肤的含氧量上升，有利于皮肤排除表皮细胞新陈代谢的产物和累积的油脂类物质，达到深层清洁的效果。同时面膜中的水分和功效性成分渗入表皮的角质层，增强角质更生的能力，使皮肤变得柔软，皮肤自然光亮有弹性，达到滋润保养的效果。此外，还包含以其他护肤功效为目的的功效性敷面制品以及由特殊成分构成的特殊敷面制品。

二、以清洁为目的敷面制品

❶ 清洁面膜概述

敷脸是深层清洁皮肤最温和有效的方法，以清洁为主要目的的敷脸，不论产品性状如何，都必须将制品涂布在脸上，且厚度必须能达到阻隔皮肤与外界环境的效果。这么做的目的是要让皮肤表面温度提升、毛孔扩张、皮脂软化及使老化角质软化松动。为了改善清洁面膜必须让皮肤维持着"密不透气"的状态才能达到深层清洁效果的不良使用感官，有些面膜中加入含吸油能力的泥类成分、保湿或去角质成分，这样改善后的清洁面膜能在比较轻薄的使用感官下同时达到良好的清洁效果。整个敷面过程不可超过20分钟，然后洗去或撕去面膜，再用温水洗净即可。畅通的毛孔，有益皮肤的分泌代谢，也有利于随后保养品营养成分的渗入。

② 清洁面膜分类

以产品的外观性状来分类清洁用敷面制品，主要有泥膏型、撕剥型、T字贴、冻胶型四种（见表9-1）。

表9-1　面膜产品的主要类型及其特征

类型	主要成分	特征
剥离类	水溶性高分子、保湿剂、醇类	外观透明或半透明凝胶,可剥离皮膜,具有保湿、清洁、促进血液循环的作用
黏土类	粉体(陶土、滑石粉等)、油分、保湿剂、富脂剂、营养剂	粉体吸附皮肤的过剩油脂,经冲洗除去,脱脂力高,对粉刺有效
粉末类	粉末、皮膜剂、分散剂、油分	使用时用等量水使其均匀溶解,可达紧肤、洁净效果
膏霜类	油分、保湿剂	兼具按摩效果、高的血液循环效果,亦有保湿效果
泡沫类	油分、保湿剂、发泡剂	气雾(气溶)型,由细小泡沫达保温、保湿效果
成型类	片剂、保湿剂	使用无纺布或胶原等薄片,用时先浸含保湿剂水溶液,贴于面部,保湿性优良
浆泥类	果蔬汁、粉末	为自制型特色面膜,可达独特的功效和使用感

（1）泥膏型面膜

膏状面膜是常见的面膜种类，一般外观上多呈粉末状或泥膏状，粉末状的在使用时需再加水调配，泥膏状的则可以直接敷在皮肤上，使用较为方便。泥膏型面膜的清洁基质是粉剂，主要有高岭土（kaolin）、膨润土（bentonite）、淀粉质衍生物、天然泥（如海泥、河泥、矿泥）、碳酸镁（magnesium carbonate）、碳酸钙（calcium carbonate）等。而以吸脂力而言，高岭土的吸脂性最好。因此，油性皮肤专用的面膜会以高岭土为主要成分。另外，豆类研磨而成的粉末，特别是绿豆及黄豆，也有极佳的吸脂力，也可作为清洁泥的基质。但因植物成分有变质及滋生微生物的问题，所以很少加入面膜配方中。

泥膏型面膜配方中通常会使用多元醇类的保湿剂，一来可达到保湿的功效，所以面膜有极佳的保湿功效；二来面膜含有高浓度的防腐剂，多元醇类物质可以辅助防腐剂的防腐效果。敏感型肤质者，必须小心挑选泥膏类制品的品质，以免其中的防腐剂和保湿成分引发皮肤的不适。最安全的泥膏型面膜，是使用前再将敷面粉与调理水相混合的包装，可降低防腐剂的用量

泥膏型面膜一般可以敷10～15分钟，再用大量水洗净。这类产品能够发挥深层清洁、吸附油脂、软化阻塞在毛孔口的硬化皮脂、污垢及角质层的作用，适合干燥皮肤、

油性皮肤、角质肥厚皮肤或秋冬季节时使用。另外，由于泥膏型面膜有代谢角质、高度清洁作用，因此在使用上不宜过度频繁，油性皮肤约每周1～2次，中干性皮肤每2～3周1次即可，以免对皮肤造成刺激。

（2）撕剥型面膜

撕剥型面膜是指敷面剂干燥时可在脸上形成一层高分子胶薄膜的制品，它的清洁原理与泥膏型相同，是通过高分子胶薄膜让皮肤与外界环境隔绝，提升表皮温度，促进皮肤的血液循环与新陈代谢。在以撕剥的方式除去这层薄膜时，能脱落附着的角质和拔除粉刺。

撕剥型面膜的成分为高分子胶、水与酒精，其他成分如保湿剂、防腐剂等只有少量添加。高分子胶的成分为聚乙烯基吡啶（polyvinyl pyridine，PVP）、聚醋酸乙烯（polyvinyl acetate，PVA）、羧甲基纤维素（carboxymethylcellulose，CMC）等，对皮肤无任何刺激性。但若加入过多的保湿剂，水分不易蒸发，会延长面膜干燥的时间，甚至使面膜无法干燥固化，面膜无法撕剥下来。即便现在的撕剥型面膜会添加一些有镇静、安抚作用的水性护肤成分，例如小黄瓜萃取液、柠檬萃取液、果酸萃取液等，干性皮肤在选用此类产品的时候仍需谨慎。产品中酒精的浓度通常不低于10%，尽管酒精本身具有灭菌作用，产品的防腐剂添加量也很低，但其中的酒精会对使用者有刺激感，所以不适宜过敏性肤质或有化脓性伤口的皮肤使用。

撕剥顺序要自上而下，尤其要注意避开眼眶、眉部、发际及嘴唇周围的皮肤，防止撕剥时皮肤受到损伤。

（3）粉刺专用 T 字帖

现今流行的粉刺专用面膜，不论是鼻头专用的纸贴，或是像树脂般的胶状液，最后都是用撕剥的方式除去脸上的粉刺。在撕下来的面膜上，粘着大大小小的皮脂粉刺。

拔除式面膜的粘力，主要是因强力溶剂渗入毛孔中，对老化细胞先进行溶解，以促进固化皮脂的松动，再利用强附着力的树脂胶，附着在松动的粉刺上。当面膜干时，快速一撕，粉刺就被粘下来了。松动粉刺常使用的强力溶剂，主要为苯甲醇、碱剂、强渗透力的表面活性剂。要粘出粉刺，会使用强附着力的树脂胶，往往会将脸上未达代谢条件的角质层也一起吸附撕剥而下，造成皮肤伤害，尤其对化脓型面疱皮肤威胁最大，往往造成伤口破裂。就皮肤健康来考虑，粉刺专用面膜对皮肤的伤害力大，不宜经常使用。敏感型皮肤在使用时还需稍加留意这一类产品的主要成分，看是否添加了抗过敏的成分。

（4）清洁用敷面冻胶

敷面冻胶的基本成分是高分子胶、水及保湿剂，还会加入适量的碱剂、表面活性剂及抗炎镇静的植物萃取成分。它的清洁效果主要是借助敷面冻中的水分及保湿剂去膨润角质，并使固着的皮脂软化。选择使用敷面冻胶清洁皮肤，必须避免使用到碱性配方或添加高去脂力的表面活性剂配方。所谓的碱性配方，主要使用的碱为弱碱性的三乙醇胺（triethanolamine）及氨基甲基丙醇（aminomethylpropanol，AMP）。当然，氢氧化钠、氢氧化钾等强碱性制品，或含 SLS、SLES 等刺激性大的表面活性剂，则最好尽量避免。

敷面冻胶清洁力较弱，在敷脸10～15分钟拭去敷面冻胶后，往往必须再洗脸或用挤粉刺的工具，去清除毛孔口已被软化的皮脂。同时在使用敷面冻胶做清洁敷脸时，必须涂敷足够的厚度隔绝皮肤与外界才具实效。温和低刺激的冻胶却有益伤口性皮肤使用，尤其适合过敏型皮肤及已经化脓的面疱型皮肤。

③ 清洁面膜选择

不同的皮肤类型应该选择适合的清洁型敷面制品。以往的经验告诉我们，油性肤质者可以选择具有吸脂性的泥膏产品，成分例如高岭土。干性肤质者，则可选敷面剂中加入少量油性成分者，这可避免敷脸的过程让皮肤觉得紧绷不适，像是酪梨油、小麦胚芽油之类的油脂。

随着清洁面膜的改进，以及温和高效的保湿成分和具镇定安抚的植物油成分的添加，清洁敷脸并不需要用绝对的标准去划分油性肤质或干性肤质专用品。面膜干燥的过程或许会有紧绷的感觉，但绝不至于造成干性皮肤过度干燥的现象。

三、以保养为目的敷面制品的分类

① 保养面膜概述

以保养为目的的敷脸，大多指保湿性敷脸，其中的保湿剂尤其是亲水性保湿剂的选用是关键。亲水性保湿剂与皮肤接触时，可以有效地促进角质层的水合，角质层含水率高，即表现出水亮透明的肤质，肤触也变得柔软有弹性。

保养目的的敷脸，由于其保湿成分主要是作用在皮肤的表皮层，成分本身的附着力、渗透性与分子特性决定产品的品质，因此保湿面膜的厚度可以薄些，再以保鲜膜或棉纸巾覆盖，借以提升皮肤的温度及渗透效果即可。保湿面膜能迅速补充角质层的水分，但要使角质层水分不被除去，可以擦上一层含油脂的面霜，防止水分散失，维持皮肤的长期滋润。

保养性敷脸，是以保湿敷脸为基础，另外再添加适当的营养理疗成分，像美白去斑、治痘、消炎、镇定、抗老、除皱等。这些额外增加的效用，对敷脸来说，并无增加敷脸步骤或时间的麻烦。

② 保养面膜分类

市面上保养面膜种类，也像清洁面膜一样，有泥膏型、撕剥型、湿巾型、冻胶等不同剂型。

（1）泥膏型保养面膜

泥膏型保养面膜的优点是可以将清洁、保养同时进行。单纯以清洁为目的时，敷面泥的保养成分可以少些；纯保养的敷面泥，营养成分较高，通常所选用的泥膏基质，不用高岭土之类强吸脂性的粉体，而是用海泥、冰河泥、海藻等较为天然且高营养、低刺激性的泥膏。事实上，光是使用天然泥膏作为敷脸基质，无法得到合理的护肤效果。这些泥膏基质，都必须再选择性地加入保湿剂，才会有补充角质水分的功效。常用的保湿剂种类与保湿功效化妆品（第四章）中介绍的保湿剂类型形式，包括多元醇类、天然保湿因子、氨基酸类及高分子生化类。

（2）撕剥型保养面膜

撕剥型清洁面膜与保养面膜，其实并无太大差异，不同之处在于保养面膜在配方中不必添加溶剂或碱剂。此外，配合产品的功能目的，可以搭配各种理疗营养成分。由于保养面膜需要添加保湿剂成分，这与产品在合理时间内形成薄膜是矛盾的，有这样的先天限制，保湿效果自然不能特别期待。

（3）冻胶型保养面膜

把清洁敷面冻胶中的碱剂及表面活性剂去掉，就是冻胶保养面膜了。冻胶类面膜，可以简单地区分为外观透明与不透明两类。透明类冻胶，制作上可加入的保湿、营养成分受限较多，特别是无法加入油性护肤成分，可以用的保养成分都必须是水溶性的，例如亲水性的保湿剂、植物萃取液等。不透明冻胶，则可以采用乳化技术，制成像传统糨糊般的稠状外观，可加入各种保湿剂、营养理疗成分。

选择冻胶类保养面膜，其实不需拘泥于制品的透明度，因为高透明度的代价是低活性成分。而不论外观是否透明，冻胶面膜本身的水含量丰富，所以在保湿性敷脸的效果上，能表现极为出色。但冻胶型面膜也是细菌滋生的温床，故防腐剂的添加量较高。

（4）湿巾型保养面膜

湿巾保养面膜，就是将调配好的高浓度保湿美容液，吸附在湿棉纸上，使用者撕开包装即可使用。湿巾型面膜的膜，使用的材质种类众多，例如有纸浆、果冻、不织布、生物纤维等，这些湿巾型面膜所具有的保养效果好坏，关键在于所选用的保湿成分和营养成分的选择。湿巾型面膜因为包装材料的改进，可以单片处理成无菌包装，几乎不用添加防腐剂，但会增加使用成本。

这一类面膜在敷完后，通常不必再作任何清洗，所以可以直接将油脂成分一并混合到湿巾里，在敷完脸的同时，就像已经擦上面霜。这就是其他型面膜办不到的地方。但在使用湿巾型面膜的时候需注意，千万不要敷太长的时间，敷用过久的面膜容易造成皮肤敏感、刺激、干燥。

四、功效型敷面制品分类

下面对美白、镇定安抚和抗老除皱等几类功效性面膜做简单介绍。

① 美白功效面膜

在清洁功效化妆品单元中，曾提及过美白洗面乳的美白效果是不能期许的，这主要是因为洗面乳渗透皮肤的深度有限，以及接触的时间太短，让美白成分无法发挥有效作用。敷脸虽不及擦保养霜停留得久，但也算与皮肤有较长的时间接触，但美白面膜要能发挥功效，须具备以下两个条件。

一是，黑色素斑本身，必须是后天性斑或浅层色斑。

黑色素存在于皮肤过深处，在基底层之下，亦即真皮层者，是无法借由任何美白化妆品改善的。这一类型的黑色素，典型者如黑斑、雀斑或皮肤老化病变所生的老人斑等。所谓浅层斑，主要指因日晒引起的晒斑，或因日晒而加重色素的肝斑、雀斑。日晒斑即使不使用任何美白产品，都可以在自然生理代谢后，恢复原来的白皙。所以，只要躲着太阳，大约一个月的时间，就会自然白回来。肝斑及雀斑，则可以因使用美白制品而有效淡化。这种斑，只要防晒做得不不好，又会再度使淡化的色素加深。

二是，选择的美白成分要能有效渗入皮肤的基底层，且产品最好添加有促进细胞新陈代谢的成分。但并不是把所有的美白成分加到敷面剂里头，就会发挥美白效果，需要对各种美白成分的类型、特性和制作条件有基本的认识。各种有效的美白成分，在美白功效化妆品（第五章）已有详细介绍。

总而言之，可应用的美白成分有很多种，每一种又各具特色。健康肤质者，可以有较大的选择空间。例如，搭配果酸与曲酸、熊果素的产品，是典型的酸性产品，可以有效美白，且促进角质代谢，达到美白且去角质的功效。担心美白成分不安全者，可以选择维生素C，搭配口服，效果会较佳。过敏性皮肤者，则可以选择甘草、桑葚萃取物等成分，以减少皮肤对酸性制品的负担。老化缺水型的皮肤，就适合选择含胎盘素的敷脸制品，可以美白并增强细胞的再生功能，改善肤质。

② 镇定安抚功效面膜

以镇定安抚皮肤为目的的面膜，主要的使用对象是晒伤的皮肤。这一类皮肤由于有受伤或红肿的症状，需使用消炎、镇痛成分以防止皮肤过敏现象的发生。外用药膏常用类固醇类的药用成分，虽然效果明显，但这些成分会降低皮肤的通透性，使角质肥厚、肤质恶化，不适宜健康皮肤长期使用。化妆品用的镇定安抚成分主要分两部分：一是针对受伤发炎的皮肤，进行消炎镇痛，成分有甘菊蓝（azulene）、甜没药（bisabolol）、尿囊素（allantoin）、甘草萃取液（licorice extract）、甘草酸（glycyrrhetinic acid）等；另一部分则是以植物萃取液为主，具辅助护理的效果，选择从植物中提取的天然成分，降低可能引发的刺激性，例如芦荟、甘菊、金缕梅等。化妆品中常用的镇定安抚成分，罗列于附录3中。也有在化妆品中加入自由基捕捉剂，例如维生素E、SOD、SPD等，防止皮肤被过氧化自由基伤害。

镇定安抚性敷面制品，不论其产品外观为泥膏状或冻胶，都不能适用加入强渗透的物质或碱剂，以防皮肤刺激的发生。而皮肤保养的时机，是必须避开受伤期的，所以镇定安抚用敷脸制品，不适宜当作保养性敷脸来使用，健康皮肤不需做镇定安抚敷脸。

③ 抗老除皱功效面膜

随年龄增长而老化的皮肤，若又干燥粗糙，不但不容易吸收养分，也不易上妆修饰。分析师认为，保养品只能延缓衰老，改善已经发生的老化现象，使皮肤保持光滑细腻，但却无法让老去的容颜恢复年轻。所以，对付老化的皮肤，最主要的对策是改善干燥粗糙肤质、加强保湿、促进养分的吸收能力，以及皱纹的淡化。主要方法是先行去除老化角质，并可借助经常性的敷脸来提升皮肤表面的温度，促进血液循环及毛孔的通畅，使保养成分能有效渗入皮肤里层。

常用的去角质成分有各种果酸、各种酶、维生素 A 酸。而保湿营养成分则经常使用高保湿性的透明质酸、胎盘素、氨基酸类、维生素族等。抗老除皱面膜能给皮肤提供充分的营养成分，使用后皮肤状况必然有一定程度的改善，只是所费不菲，而效果却非一劳永逸。最好的方法是选择清洁性敷脸，再搭配抗老保湿面霜来使用。年轻人只要做好保湿、去角质的工作，不需使用抗老除皱面膜来保养。

五、特殊敷面制品

① 果酸

果酸作为一种去角质成分，其优缺点在第八章中已有详细介绍。但含果酸的敷面制品，推出的品牌较少，大部分人选用的果酸产品是洗面乳、化妆水、乳液、面霜类的制品。主要原因是果酸作为亲水性成分，在敷面膜中的浓度要求比较苛刻，浓度过高会刺激皮肤，浓度过低又不能发挥功效，且在配方上，比如说敷面泥的稳定性、添加的其他理疗成分的活性，甚至是防腐剂的使用等，都有可能与果酸的使用产生冲突。

果酸浓度对皮肤改善的效果影响很大，简单来说，低浓度果酸＜10％，可去除老化角质；中浓度果酸，可改善干燥粗糙肤质、改善面疱皮肤、淡化色斑及浅层皱纹；高浓度果酸＞20％，可做角质层换肤，加速淡斑、除皱效果。一般消费者购买到的果酸制品，不论是敷脸制品或保养品，其果酸浓度都在10％以下，此浓度的果酸敷面膜只能"保养"而非"换肤"，使用高浓度果酸，必须有专业人员的护理指导。所以果酸敷脸主要用于美容院，家庭自理敷脸难以普及。

果酸，具有优良的去角质效果，敷脸后，皮肤的角质会有相当程度的剥落。其角质代谢的效果，强于其他成分的清洁敷脸制品。不同种类的果酸效果类似，而小分子的果酸渗透速度最快，去角质效果也更佳。对于因粗糙而显干燥、缺水的肤质，使用果酸敷面制品，可以有明显的改善。对于面疱型皮肤，非发炎、化脓者，使用果酸面膜敷脸也可有改善。果酸敷面膜能使老化角质不堆积、皮脂代谢改善，毛孔中的痤疮杆菌不易增生。对于油性皮肤，果酸敷面制品较不会发生过敏现象。至于过敏性皮肤者，建议不要使用。但要特别注意，就算皮肤没有任何过敏现象发生，使用果酸制品，仍须在一段时间之后停用，让皮肤休息一下。

② 酶

酶应用在化妆品上，副作用少是其优点。因为酶具有高度的专一性，如脂肪分解酶，只执行协助脂肪分解的工作，所以在化妆品的应用上十分安全方便。

化妆品厂主要把酶应用在保养品上，例如清洁类制品、敷脸制品及营养霜。清洁类，主要是加入木瓜酶、凤梨酶、蛋白分解酶、脂肪分解酶等协助去角质。敷脸类，则除了使用清洁类角质分解酶之外，在保养型敷脸配方上，还会使用胎盘酶、过氧化物歧化酶、麦拉宁分解酶等。胎盘酶，可以活化皮肤，促进胶原蛋白及弹力蛋白的合成；过氧化物歧化酶则可抗自由基生成，防止皮肤老化；麦拉宁分解酶，则可直接利用酶防止黑色素形成（见表9-2）。

表9-2　敷面制品中酶的种类

类别	作用基团	类别	生成基团
氧化还原酶	$\rangle$CH—CH— $\rangle$C=O —CH=CH— $\rangle$CH—NH$_2$ $\rangle$CH—NH—等	解合酶（使底物开裂成两部分）	$\rangle$C=C$\langle$ $\rangle$C=O $\rangle$C=N—等
		异构酶	消旋和差向异构、顺反异构等
转移酶	含一个碳原子的醛或酮、酰基等	合成酶	$\rangle$C—O$\langle$ $\rangle$C—S$\langle$ $\rangle$C—N$\langle$ $\rangle$C—C$\langle$等
水解酶	酯 糖苷 醚 肽等		

酶在化妆品中的应用越来越普遍，一是因为酶温和安全、见效快，二是酶可通过生化技术培养微生物大量生产获得。对目前市面上声称含酶的产品，消费者应注意厂商的制作技术，若制作配方环境不稳定，容易使酶的活性退化，降低效果。再者，酶的浓度直接影响效果，而且酶对酸碱度特别敏感，所以不要将含酶化妆品与其他产品混用（见图9-1）。

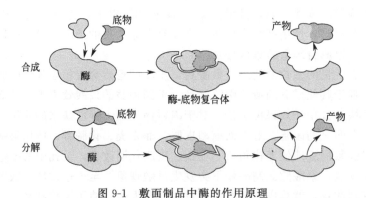

图9-1　敷面制品中酶的作用原理

③ 海藻

海藻是生长在海滩浅水水域的一种海洋植物，主要用于提炼具有凝胶作用的海藻胶。由于海藻含有多种生命活性物质，如多糖、高级不饱和脂肪酸、牛磺酸、类胡萝卜素、天然酶等，无论是作为日常食品还是作为药物，都具有极高的价值。

海藻敷脸制品是以海藻胶及海藻本身的粉碎物为基质，制作出特殊的海藻泥。海藻面膜中的矿物成分和营养成分能控油，清洁毛孔，提供足够水分，镇静疲劳，改善粗糙皮肤，使皮肤维持细腻、有光泽。纯天然植物海藻，成分温和无刺激，是一种多功能有效美容成分，适合大部分肤质使用。

海藻有绿藻、褐藻及红藻三类，不同的海藻萃取成分，其活性是不同的。在选择海藻敷面制品的时候，要注意区别不同的"海藻萃取物"。如褐藻的萃取物 algelex，有类似脂肪分解酶的活性，普遍运用在减肥塑身产品。绿藻萃取物称之为"绿藻生长因子"（chlorella growth factor，CGF），为含有硫原子的核苷酸生肽多糖体，可以提高细胞的活力，促进细胞新陈代谢，有效改善皮肤质感。在保湿的功效上，海藻萃取物 codium-algea，据称可以长效保湿。

做海藻面膜要选择比较好的海藻，好海藻出海藻胶多且快；好的海藻一加水，搅动两下，一分钟内就会出很多海藻胶。而且等海藻胶出完后，海藻干成一团的时候，再加水，还能再不停地出海藻胶。好的海藻颗粒饱满，色泽均匀，颜色呈暗红，有点像褐色。而差的海藻，有时会有三种颜色。

海藻面膜一般最佳的敷面时间是 15～20 分钟，注意不要等到海藻干了再洗掉，否则会造成脸部皮肤干燥受损。

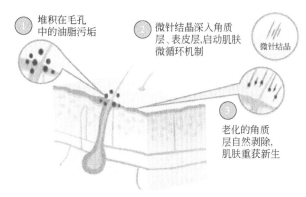

图 9-2　敷面制品中海藻的作用原理

六、清洁型膏状敷面制品评价方法

面膜被称为皮肤的"急救品"，对肤质的改善有着显著而快速的作用，膏状面膜对皮肤的改善作用更为持久深入。在这里，我们简单介绍清洁型膏状面膜的评价方法。

第一步，观察外观质地。

观察产品外瓶设计、瓶口设计，观察产品的颜色、气味等，并用手背感觉其质地和黏稠度。

第二步，延展性或面膜剪裁测试。

长期涂抹护肤品，越来越注重一款护肤品的延展性。延展性越好，在涂抹护肤品时更舒适自然。挤些许护肤品于刻度尺 0 刻度处，用棉签向后涂开，看涂的痕迹有多长，越长则代表延展性越好，用量就能越省，越容易涂抹。

第三步，温和型测试。

用 pH 试纸来验证产品的 pH 值。用试纸蘸少量产品，观察其颜色变化，再对比pH 值参数看其酸碱度，越接近人体天然酸碱度 pH 5.8 代表产品性能越温和。

第四步，易清洁力测试。

在柠檬表面涂抹一层膏状面膜，等待 2 分钟后用清水清洗，微距拍摄是否有面膜残留在柠檬表面，没有残留则表明面膜易清洁。

第五步，软化角质测试。

使用一种热带阔叶景天属植物（角质层较厚的植物之一）的叶片制成切片，然后使用显微镜观察，将叶片浸润在被检样品中静置 10 分钟，放在载玻片上用少量蒸馏水洗去多余样品，最后再进行显微观察，对比切片外表面的情况变化。到浸润样品的叶片切片叶肉透光度增大，而且内部结构变得清晰，角质层外层透光度提高，表面没有明显变化，证明角质层得到软化，通透性加大。

第六步，去黑头测试。

真人试用面膜，微距拍摄使用后的效果，观察鼻子上面的黑头与角质是否去掉。

第七步，皮肤保湿度测试。

试用者试用面膜，分别测试使用前、使用后及使用后 1 小时皮肤水分值，分析水分值的差值大小来评价产品的保湿性是否优秀。

第八步，肤质改善。

用肤质测试仪测试使用面膜前后皮肤的含水量、含油量及细嫩度的变化。

第九步，刺激性测试。

耳背是身上比较敏感脆弱的皮肤，使用化妆品之前进行耳背测试即可知道自己是否对此化妆品有过敏反应。取少量涂于耳背，看是否会对皮肤有刺激。如果有刺激性反应，建议消费者不要轻易使用；如果没有，就可以放心使用。过敏性皮肤的消费者应该多注意此测试。

七、自制面膜介绍

① 适合不同皮肤类型的自制面膜

皮肤主要分为油性、干性和中性，自制补水面膜需根据自己的皮肤类型，选择适合的面膜。

（1）适用于油性皮肤的面膜

① 酸奶面膜

把一匙酵母加一匙酸奶，调匀后在面部、颈部薄薄地涂上一层，保留 20 分钟后洗净。

② 蛋黄柠檬面膜

在搅匀的蛋黄里加一点苏打粉，再滴入 1～2 滴柠檬汁，拌匀后涂在脸上，保留 15 分钟后用温水洗掉。

③ 牛奶麦片面膜

用牛奶冲麦片粥，调匀成糊状，涂在脸上，保留 10～15 分钟后用温水洗净，再往脸部轻拍些凉水。

（2）适用于中性皮肤的面膜

① 蜂蜜柠檬面膜

在一匙稍温的蜂蜜里加约 1/3 匙的柠檬汁，调匀后涂在脸上，保留 20 分钟或更长一些时间再洗净。

② 蜂蜜酸奶面膜

把一匙蜂蜜和一匙酸奶混合后调匀，涂在抹湿的脸上，保留 15 分钟洗净。

③ 蛋清面膜

用一个鸡蛋的蛋清搅至发泡涂在脸上，20 分钟后用温水洗去，再用冷水洗净。

（3）适用于干性皮肤的面膜

① 蜂蜜鸡蛋面膜

把一匙蜂蜜、半匙藕粉和一个蛋清搅匀，取适量敷在脸上，待其干燥后再洗净。

② 香蕉面膜

把香蕉捣成糊状，在脸上厚厚地涂上一层，10 分钟后用温水洗净。

❷ 自制水果面膜

（1）葡萄面膜

将葡萄捣烂后直接涂于脸部。或将葡萄籽取出，留下葡萄肉与葡萄皮，然后用果汁机打成汁，可加入少许面粉，敷在面膜纸上敷脸。这种面膜不仅有洁肤作用，而且还有使皮肤保持柔软、光滑和细腻的效果。

（2）石榴面膜

将石榴果粒小心拨出来，放榨汁机里打汁，然后加蜂蜜和蛋清一起搅拌均匀。敷在脸上 15 分钟，之后用清水洗净。

（3）番茄面膜

将熟透的红番茄用汤匙捣烂，然后将奶粉和蜂蜜加入捣烂的番茄泥中，均匀搅拌成糊状；洗脸后，均匀涂于面部，然后于 T 字部位敷厚一点并稍加按摩，10 分钟后用温水清洗干净。番茄面膜有不错的美白效果，长痘痘者也可以试试以化妆棉蘸一些番茄汁擦脸，可以去油消炎、祛痘。

❸ 中药面膜

① 颠倒散：大黄、硫黄各等分研末，茶水调搽，晚上涂面，晨洗去。

② 鹅黄散：绿豆粉 30 克，滑石粉 15 克，黄柏 10 克，轻粉 10 克，共研细末，麻油调搽。

③ 轻粉：白附子、黄芩、白芷、防风各 3 克，共研细末炼蜜为丸，用以擦洗面部，1～2 次/日。

④ 人参、当归、黄柏各 20 克，乌梅 10 克，密陀僧 5 克，白蜂蜜、蛋清各 5 毫升，丝瓜汁 10 毫升，制成白玉膏外用。

⑤ 中药薄荷、苦参、黄芩、葛根、白癣皮、杏仁、白芷、白芨各 12 克，珍珠粉、冰片各 3 克，上述药先研细末，装袋备用。使用时，先进行皮肤清洁工作，然后将药末用温水调成糊状或搅拌于石膏粉中，均匀涂于面部，暴露口鼻及眼部，30 分钟后去膜，洗面紧肤。3 天治疗 1 次，10 次为 1 疗程。

⑥ 黄柏 100 克，黄芩、生地黄、蒲公英各 50 克，加羊毛脂、凡士林等制成霜剂1000 克。治疗时患者平卧于床上，清洗皮肤，将霜剂涂于面部，然后将石膏糊倒于面部，待石膏冷却后取下面膜。每周 1 次，3 周为 1 疗程。

⑦ 清痘面膜：氧化锌、高岭土、滑石粉、硼酸、大黄、丹参、硫黄、冰片等。
用法：离子喷雾 5 分钟，特制粉刺挤压器将痤疮内容物挤出，取适量清痘面膜粉加蒸馏水调成糊状均匀涂抹在面部，厚度约 2 毫米，保留 20 分钟，揭下面膜，用温水洗净皮肤。每周 1 次，4 周为 1 个疗程。

⑧ 七白散面膜：白芷 30 克，白蔹 30 克，白术 30 克，生白附子 9 克，白茯苓 9 克，白芨 15 克，细辛 9 克，药研成粉末（过 800 目筛），密封备用。

使用时，将七白散用蜂蜜或白醋（干性肌肤用蜂蜜，油性肌肤用白醋）调成糊状，涂于面部成膜，厚度约 0.5 厘米并加盖保鲜膜敷 30 分钟，除去保鲜膜，用温水洗净皮肤。

八、面膜制品的使用方法

面膜制品的使用方法，如图 9-3 所示。

① 敷面膜前，挑选适合自己肤质的洁面卸妆产品将肌肤彻底清洗干净。如果有必要，可以再进行去角质的工作，这样面膜的吸收效果会更佳。

② 敷面膜时应该避开眼、唇周围肌肤，因为深层清洁面膜快干时会造成脸部有紧绷感，如果过于接近眼唇周围，可能会造成眼、唇部肌肤提早老化。

③ 在敷深层清洁面膜的十多分钟之内，尽量避免脸部过大的表情，因为脸部的动作会与泥类面膜的力量牵扯而造成脸部皮肤松弛。

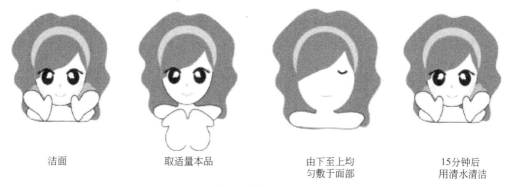

| 洁面 | 取适量本品 | 由下至上均
匀敷于面部 | 15分钟后
用清水清洁 |

图 9-3　敷面膜步骤

④ 在使用深层清洁面膜过程中，如果肌肤持续有刺痛烧灼的感觉，应立即停止使用，以避免产生肌肤过敏问题。有必要时，建议先做局部肌肤测试，以确定面膜的安全性。

⑤ 洗掉面膜时，应一边用水清洗，一边用指腹进行脸部按摩，有助于将面膜清洗干净。要特别注意脖子、鼻侧、发际这些易忽略的部位，因为一些深层清洁面膜的泥状成分比较细致，会吸附在角质层上，若不彻底清洗干净，反而会造成肌肤干燥问题。

⑥ 敷完面膜之后，由于皮肤经过浸泡，角质细胞的水分含量很高，此时角质层防御力最低，因此这个时候不能给皮肤太多外来物质，只需要精简护肤，适当涂点保湿化妆水、乳霜等即可。

九、破解面膜使用误区

误区1　"无防腐"面膜更安全？

不可否认的是，"不含防腐剂"对肌肤的确是有利无弊，这也难怪人们如今对以"不含防腐剂"为卖点的"无添加"护肤品趋之若鹜。不过面膜不可避免地要加入防腐剂，因为面膜材质多是棉质、无防布、蚕丝，易长霉菌；同时为了各种功能宣称，还需要加入美白成分、抗老化成分，甚至去角质成分等，这些成分的存放需要防腐抗菌处理。除此之外，生产工序中加工环节的无菌处理，从罐装的生化原料到罐装的成品要做到无菌很容易，但是从各种机械加工裁切的纺织品生产出无菌产品较难。而且，"无防腐剂"的产品，并不见得一定比有防腐剂的产品更安全，如果是技术不过关的"无防腐剂"，可能比有防腐剂的产品危险得多。

误区2　混合使用面膜，护肤更全面？

混合使用面膜，对皮肤并不是好事。不同功效的面膜其营养成分不同，混淆使用达不到理想的功效，而且用错面膜还会对肌肤造成强烈的刺激，损伤肌肤。

误区 3　敷完面膜后就不用涂护肤品了？

有的人以为面膜已经让皮肤吸收营养了，那敷脸后就不必再涂抹护肤品。其实不然，面膜的护理多是去除死皮和补充皮肤深层营养，若没有皮肤表面的锁水，营养还是容易很快流失，因此敷完面膜后也要涂抹护肤品。

误区 4　睡眠面膜可以代替晚霜？

睡眠面膜很适合懒人使用，晚上可涂着面膜过夜，深受爱美女性的喜爱。但睡眠面膜每天使用会造成营养过剩，形成脂肪粒。对于痘痘肌来说，整夜使用睡眠面膜会令痘痘爆发，建议每周使用 1~2 次。

十、学习实践、经验分享与调研实践

① 学习实践

　　① 不同面膜商品的效果体验。
　　② 不同自制面膜的效果体验。

② 经验分享

与朋友们分享一下面膜类化妆品的使用心得，如挑选方法、评价方法以及使用方法与使用频率等。

③ 调研实践

根据面膜产品种类及成分的不同，寻找适合自己的敷脸面膜产品。以报告的形式汇报自己选择的产品，并列出理由。

第十章

毛发用化妆品

一头亮泽、柔顺的头发和优美的发型，会使人显得年轻、漂亮，使人具有独特的魅力，给人们带来心理和精神上的愉悦，现在人们已越来越重视毛发用化妆品。

要正确选购和使用毛发类化妆品，首先要了解毛发的基本知识。

一、毛发的基础知识

毛发的分布与作用

毛发在人体上分布很广，几乎遍及全身。全身的毛发数目尚无精确统计，但有人曾测定过头发约有 10 万根左右。身体各部位毛发的密度不同，随性别、年龄、个体和种族等而异。一般头部最密，头顶部约为 300 根/cm^2，后顶部约为 200 根/cm^2，手背处则很少，只有 15～20 根/cm^2，在前额和颊部毛发密度为躯干和四肢的 4～6 倍。一般认为，毛囊的密度是先天性的，到成人期不能增添新的毛囊数。

毛发的粗细与性别、个体、部位和种族有关，男子毛发一般比女子毛发粗。毛发的长度也不等，汗毛最短，如睫毛、眉毛、鼻毛等，一般长度不超过 10mm。头发的长度最长，据文献记载最长的达 3.2m。

毛发是哺乳类动物的特征之一。对动物而言，毛发可起到保暖御寒、防暑、减缓摩擦等保护肌体的作用。毛发的保护作用对人类已经不重要，虽然头发作为一种隔离物，确实在一定程度上可以起到防外部伤害、防阳光直照头皮、保护大脑和头颅的作用，同时，头发会富集重金属元素，排泄体内有害金属，如铅、砷、汞等，但头发更多的却是美观作用，头发的多少、形状、颜色、光泽等都会给人们带来心理和精神上的影响，尤其对于女性和青年人。

2 毛发的颜色与分类

（1）毛发的颜色

毛发的颜色因种族不同而异，有金黄、棕、黑、红和灰白等颜色。毛发颜色由毛干中黑色素的含量与分布决定。黑色素存在于毛球中毛母细胞上部的树突状黑色素细胞中，由酪氨酸氧化和聚合而成。毛发中含有两种黑色素颗粒，一种为黑褐色的真黑素（eumelanin），另一种为红黄色的类黑素（pheomelanin），由两者之间的数量和大小的平衡程度来决定头发的颜色。黑人毛发中黑素小体较大，白人毛发中黑素小体较小，红发特征是球形黑素小体，白发是黑色素细胞减少，产生黑素小体变少的结果，与白癜风的原理类似。头发的颜色和黑色素组成关系，见表10-1。

表10-1　头发的颜色和黑色素的关系

头发的颜色	真黑素	类黑素
黑褐色发	数量多,形状大	微量
栗色发	数量稍多,形状也稍大	较少
金发	数量较少,形状也较小	稍多
红发	微量	较多
白发	微量	微量

（2）毛发的分类

① 按种族分

毛发的类型很大程度上受种族、生长的部位、年龄、性别和头发粗细等因素的影响。一般来说，亚洲人的头发圆而直，横截面为圆形；白种人的头发较细，横截面为椭圆形；而非洲人的头发是卷的，其横截面呈三角形（图10-1）。日本科学家调查发现，美国和德国女性的头发平均直径为 $50\sim55\mu m$，墨西哥为 $65\sim70\mu m$，泰国为 $70\sim75\mu m$，而日本和中国为 $80\mu m$ 左右。

(a) 圆而直,横　　　(b) 形似羊毛,横　　　(c) 弯曲,横截面
截面呈圆形　　　　截面为卵圆形　　　　介于前两种之间

图 10-1　毛发的外观

在图10-2中，我们可观察到高加索人、亚洲人和非洲人的头发的不同。注意这三个种族的头发结构组织中，差别最大的是直径和色素数量。

　　　　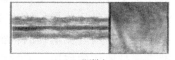

(a) 高加索人　　　　　(b) 亚洲人　　　　　(c) 非洲人
黑素小体较小　　　　黑素小体较大　　　　黑素小体居中

图 10-2　不同人种的头发黑素对比

② 按质地分

毛发按质地特点，可分为钢发、绵发、油发、沙发、卷发五种。

a. 钢发，比较粗硬，生长稠密，含水量也较多，有弹性，弹力也稳固。

b. 绵发，比较细软的头发，缺少硬度，弹性较差。

c. 油发，头发油脂较多，弹性较强，抵抗力强，弹性不稳定。

d. 沙发，缺乏油脂，含水量少。

e. 卷发，弯曲丛生，软如羊毛。

③ 按结构分

根据结构中毛髓质的有无、生长周期的长短，人类一共有三种类型的毛发，这三种毛发在不同时期可以起源于相同的毛囊。

a. 胎毛，在子宫内形成，较细，不含髓质，通常在妊娠第 36 周开始脱落，胎儿在子宫内于分娩前一个月所有胎毛脱落。

b. 毳毛（vellus hair），俗称"汗毛"，短而细，无髓质，无或只有少量黑色素，长度不超过 14mm，毛干直径小于 30μm，主要分布于面部、四肢躯干。

c. 终毛（terminal hair），粗而硬，有毛髓质，含黑色素，按长度可分为长毛和短毛。

④ 按毛发类型分

由于人体健康状态、分泌状态和保养状态的不同，又可将头发分为四种类型。

a. 健康发质。

b. 干性发质。

c. 油性发质。

d. 受损发质。

在选择发用化妆品时，不同类型的毛发需根据发质特点选择适合的发用产品。

3 毛发的结构

毛发生长于筒状的毛囊（hair follicle）中，露出皮面以上的部分称为毛干（hair shaft），毛囊内的部分称为毛根。

（1）毛干

毛干是露出皮肤之外的部分，即毛发的可见部分，由角化细胞构成。由外到内分别为毛表皮（cuticle）、毛皮质（cortex）和毛髓质（medulla）三层（见图 10-3）。

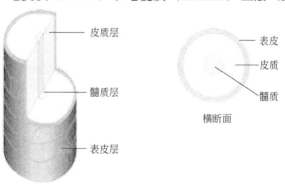

图 10-3　毛干的结构

① 毛表皮是毛发的外表层，一般由 6～10 层的鳞片状细胞重叠排列而成，从毛根排列到毛梢，包裹着内部的皮质。这一层保护膜虽然很薄，只占整个毛发的 10%～15%，但却具有重要的功能，可以保护毛发不受外界环境的影响，赋予毛发以光泽及弹性，并在一定程度上决定毛发的色调。

毛表皮膨胀力强，可有效地吸收化学成分，遇碱时关闭毛孔。表皮层有凝聚力，可以抵抗外界的一些物理作用与化学作用。毛表皮层变薄的话，毛发会失去凝聚力和抵抗力，发质变得脆弱，当阳光从表皮层的半透明细胞膜进入细胞内时，如果发质损伤或分叉，阳光射入时会发生不规则反射，给人一种发质粗糙的感觉。毛表皮由硬质角蛋白组成，有一定硬度但很脆，对摩擦的抵抗力差，在过分梳理和使用劣质洗发剂时很容易受伤脱落，使毛发变得干枯无光泽。

在扫描电镜下观察，可发现健康未受损的毛表皮平整光滑、排列有序（图 10-4）。

(a) 鳞片拱起的一般头发　　　　　　　(b) 鳞片平滑的柔顺头发

图 10-4　一般头发和柔顺头发

② 毛皮质由蛋白细胞和色素细胞组成，毛皮质部分的面积占毛发总截面的 80%，是毛发最主要的构成部分，它决定毛发的弹性、强度、色调与粗细。

③ 毛髓质是毛发的中心部分，由 2～3 层立方形细胞组成，被皮质层细胞所包围，面积只占毛发总截面的 3% 左右。成熟的毛发里才有毛髓质的结构。髓质层含硫量低，并且有一种特殊的物理结构，决定毛发硬度、强度，对化学反应的抵抗性特别强，含色素颗粒。

（2）毛根

毛根是毛发的根部，埋在皮肤内的部分，并且被毛囊包围。毛囊是上皮组织和结缔组织构成的鞘状囊，是由表皮向下生长而形成的囊状构造，外面包覆一层由表皮演化而来的纤维鞘。毛根和毛囊的末端膨大，称为毛球。毛球的细胞分裂活跃，是毛发的生长点。毛球下端内凹部分称为毛乳头，内含有毛细血管及神经末梢，能营养毛球，并有感觉功能。如果毛乳头萎缩或受到破坏，毛发停止生长并逐渐脱落。毛囊的一侧有一束斜行的平滑肌，称为立毛肌。立毛肌一端连于毛囊下部，另一端连于真皮浅层，当立毛肌收缩时，可使毛发竖立。有些小血管会经由真皮分布到毛球里，其作用是供给毛球毛发部分生长的营养。毛囊的上方接着皮脂腺，其分泌的皮脂对头发和头皮有着滋养的作用（见图 10-5）。

④ 毛发的化学成分

毛发的主要化学成分是角质蛋白（keratin），占毛发重量的 65%～95%。其中以胱氨酸的含量最高，可达 15.5%。烫发后，胱氨酸含量降低为 2%～3%，同时出现烫发前没有的半胱氨酸。这说明烫发有损发质。另外，头发中还含有脂质（1%～9%）、色素及一些微量元素，如硅、铁、铜、锰等。微量元素是与角蛋白的支链或脂肪酸结合的，不是游离态的。

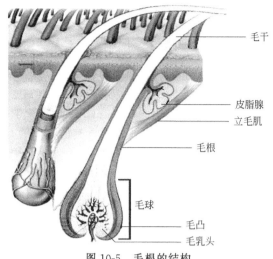

图 10-5　毛根的结构

毛发的另一重要成分就是水，水的含量受环境湿度的影响，通常占毛发总重量的6%～15%，最大时可达35%左右。水的存在可以起到降低角蛋白链间氢键形成程度的作用，从而使毛发变得柔软。

⑤ 毛发的生长

毛发并不是在人一生中持续生长，一根根的毛发都有独自的生长寿命。

(1) 毛发的生长周期

毛发从毛囊深部的毛球不断向外生长，每根毛发可生长若干年，直至最后其本身自然脱落，毛囊休止一段时间后再产生新的毛发，这个过程称为毛发生长周期。毛发生长周期一般分为生长期（anagen，约3年）、退化期（catagen，约2～3周）和休止期（telogen，约2～3个月）三个阶段，其中80%的毛发处于生长期（见图10-6）。

① 生长期

毛发仅在生长期产生，在此期间毛球内毛母质细胞分裂旺盛，增生活跃，毛发伸长，向真皮深处生长。且毛囊可深入到皮下组织，形成毛干与内毛根鞘；此时毛发外观色深，毛干粗，毛根柔软、湿润，周围有白色透明鞘包绕。一旦生长停止，毛囊则开始退化，黑色素细胞停止产生和输送黑色素，毛根部色素减淡。

② 退化期

生长期后紧接着就是一个较短的静止阶段，这就是退化期。退化期的最初特征是母质有丝分裂减少，随后常在数天内完全停止，毛球黑色素细胞消融其树突，毛发和内毛根鞘继续角化，变成杵状和丧失色素的头发末端部分。角化较明显的纤维在上皮细胞之间伸展，毛囊下部的有丝分裂最后停止，内毛根鞘分解和消失。随着毛囊的缩短，真皮乳头向上移动，杵状头发由部分角化的囊所包绕，退化期持续约2～6周。

③ 休止期

休止期是毛囊的静止期，持续时间约3～4个月，此期的杵状头发无色素，通过细胞间连接而约束在囊内，在下一个生长周期发生之前，此种头发仍隐藏在毛囊内。正常情况下，老的毛发随着毛囊底部向上推移而自然脱落，或很容易地被拔出而不感觉疼痛。梳头或洗发时脱落的头发，多是休止期的头发。正常情况下，头皮中始终有大约1/10毛囊处于休止期。

（2）毛发的生长速度

毛发的生长速度是不一致的，主要与下列因素有关。

① 部位

头发的生长速度最快，每天生长 0.27~0.4mm，腋毛和颏部毛发每天生长 0.21~0.38mm，按此计算，头发大约 1 个月长 1cm 左右，其他部位约 0.2mm。

② 性别

头发的生长速度：女＞男；腋毛生长速度：男＞女；眉毛生长速度：男＝女；全身毛发平均生长速度：男＞女。

③ 年龄

头发于 15~30 岁生长最为旺盛，老年人头发生长缓慢。

④ 季节

夏季生长快于冬季。

⑤ 昼夜

白天生长较夜间快。

⑥ 健康状况

与机体健康状况有平行关系。

⑦ 性激素

怀孕期间性激素分泌最旺盛，头发的寿命增加；而生产后，性激素恢复至原来的数量，头发又重新恢复正常的生长速度，此时头发会大量掉落。

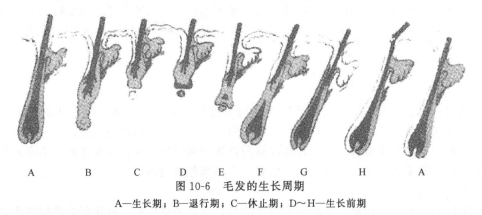

A　　B　　C　　D　　E　　F　　G　　H　　A

图 10-6　毛发的生长周期

A—生长期；B—退行期；C—休止期；D~H—生长前期

⑥ 毛发的损伤及原因

随着时间的推移，毛发不可避免地会受到外界因素造成的损伤，从而发生物理化学性质上的变化。毛发的拉伸强度（tensile strength）随着发龄而明显减弱。毛发损伤大致可分为以下几种类型。

（1）物理损伤

物理损伤是指外力对毛发造成的损伤。造成头发损伤的外力之一，是梳理头发时梳子带来的牵拉力和梳齿造成的摩擦力。过度的梳理或梳理不当，使用密齿金属梳子，逆向梳理都会损伤头发。造成物理损伤的外力还包括由刀物引起的削割力，如用剃刀刮发或用钝的剪刀剪发等，都会使毛小皮受损甚至剥落。这就是理发师一定要用质量极好的钢剪刀的原因。

（2）化学损伤

化学损伤是指由发生在头发中的化学反应引起组成头发的角蛋白的结构变化而造成的损伤。事实上，在日常的美发过程中，烫发、漂白和染发都在一定程度上损伤头发。而引起化学反应的物质包括烫发剂（permanent waving agent）、直发剂（hair straightener）、染发剂（hair dye）和漂白剂（hair bleacher）等。这些化学处理都不可避免地会改变毛发表面及内部的结构，从而损伤头发。

（3）热损伤

热损伤是指热吹风或电烫时温度过高而引起的头发损伤。头发所含水分的多少对头发健康状况是十分重要的。高温可使头发中的水分挥发，从而使头发干燥脆弱、易断裂。另外，电吹风和其他加热装置可使头发的角蛋白变软，而过高温度下的热处理还可使发内形成水蒸气，以至头发发生膨胀，甚至形成泡沫状头发（bubble hair）。这时的毛发是很脆弱的，很容易断裂。

（4）日光损伤及气候老化

日光中的紫外线辐射也可引起毛发结构的变化和光降解（photodegradation）。毛发暴露于紫外线辐射后，黑色素会因受到氧化而发生褪色现象，产生白发。另外，日光还可使角蛋白中的胱氨酸、酪氨酸和色氨酸等基团发生光降解，导致毛发逐渐脆弱变干。除日光外，其他一些环境因素，如雨和潮湿、海水及汗液中的盐类、游泳池中的化学物质、空气污染等，都可能对毛发造成一定程度的损伤。因这类因素而引起的毛发损伤统称为毛发的气候老化。

通常毛发损伤是一步步逐渐产生的，例如从头发变脆弱、毛小皮局部脱落、毛小皮完全脱落、毛皮质裸露，进一步发展为发干分叉、头发断裂、发梢分叉开裂等。受过损伤的头发摸上去感觉"发硬""粗糙""没有弹性""不易梳理、易断发"等，这些都是头发物理化学性质变化的表观现象。

发用化妆品是一大类用于美化毛发、改善毛发问题的重要的化学品，根据功能的不同，可分为洗发、护发、整发、防脱、烫发、染发、祛头屑止痒及脱毛类化妆品，对于不同功能的各类发用化妆品，我们将逐一介绍。

二、洗发用化妆品

❶ 洗发用化妆品概述

洗发用化妆品是为了将附着在头发上和头皮上的污垢除去，保持头发清洁的产品。

洗发用化妆品的发展很快，品种越来越多，功能也已经从单纯的清洁作用向兼具营养、护理等多功能方向发展。洗发用化妆品按产品形态分类，可分为洗发香皂、洗发粉、洗发膏、洗发液。其中洗发液已成为许多人日常生活的必需品。

洗发液也称洗发香波，英文 shampoo 的谐音译名，是一种以表面活性剂制成的液体状、乳化状、固体状的制品。使用时有助于去除头发及头皮上的灰尘、脏物和人体分泌的油脂、汗垢、脱落的细胞等，以保持头发正常的新陈代谢，对头发和人身健康无影响。人们之所以喜欢以香波取代肥皂洗发，是因为香波不单是一种洗涤剂，而且还具有良好的梳理效果，使头发光亮美观。

洗发香波具有各种各样的性质和功能，好的香波类产品有以下特点。

① 具有适当的洗净力和脱脂作用。

② 能形成丰富而持久的泡沫，泡沫呈奶油状。

③ 洗后具有良好的梳理性，而且具有光泽、滋润和柔顺。

④ 对头皮、头发和眼有高度安全性。

⑤ 在常温下，洗发效果应最好。

② 洗发产品的主要成分介绍

最初的香波是以单纯的甲皂制成，但甲皂在硬水中容易形成不溶性的钙而覆盖在头发上，导致头发失去光泽。现代的香波则以表面活性剂为主，一般要用两种以上的表面活性剂配伍使用，其中一种是主要的表面活性剂，另一种是辅助的表面活性剂。根据特定的需要，配方中还加入各种添加剂，使香波的组成和功效日益多样化。现代香波的配方由表面活性剂、辅助表面活性剂和添加剂三种成分组成。

(1) 表面活性剂

表面活性剂能为香波提供良好的去污力和丰富的泡沫，使香波具有极好的清洗作用。常用的是阴离子表面活性剂。

① 烷基硫酸盐（AS）和聚氧乙烯烷基醚硫酸盐（AES）

这类活性剂洗涤力优良，对硬水稳定，起泡力符合香波的要求，是香波中最常用的一种阴离子表面活性剂。包括它的钾盐、钠盐、乙醇胺盐等。

② α-烯基磺酸盐（AOS）

这种表面活性剂泡沫性能、生物降解性、对皮肤的温和性、在低 pH 中的稳定性等方面具有优越性。

(2) 辅助表面活性剂（泡沫稳定剂）

辅助表面活性剂的作用是增强主要表面活性剂的发泡性能和泡沫稳定性，改善香波的洗涤性和调理性，同时减轻主要表面活性剂的刺激性。主要为非离子型和两性离子型表面活性剂。

① 脂肪酸单甘油酯硫酸盐

一般采用月桂酸单甘油酯硫酸铵，洗涤性能类似月桂醇硫酸盐，但比脂肪醇硫酸盐更易溶解。在硬水中性能稳定，有良好的泡沫，使头发洗后柔软而富有光泽。缺点是能被水解成脂肪酸皂，故必须保持 pH 在弱酸性或中性。

② 烷基磺化琥珀酸盐

具有良好的发泡力，对皮肤和眼刺激性小，故用于柔性香波和婴儿香波中。

③ 甜菜碱类

这类表面活性剂可与阴离子表面活性剂配合，达到提高安全性和增加黏稠度的辅助目的，也可以单独使用。主要有烷基甜菜碱、咪唑啉甜菜碱等。

④ 环氧乙烷缩合物

这是非离子表面活性剂用于香波的最大一类，其中包括脂肪醇乙氧基化合物、脂肪酸乙氧基化合物、烷基酚乙氧基化合物等。这类产品发泡力差，尽管刺激小、去污力好，且耐硬水性好，但不能单独使用。

⑤ 长链烃替氨基酸同系列两性表面活性剂

这类活性剂在酸性溶液中生产阳离子盐，在碱性溶液中生产阴离子盐，它和阴离子和阳离子表面活性剂均能配合。

⑥ 烯基醇酰胺

常用作脂肪醇硫酸盐、醇醚硫酸盐的增泡剂和泡沫稳定剂，并可提高香波的黏稠度，增强去污力及具有轻微的调理作用。

⑦ 氧化脂肪胺类

是极性的非离子型洗涤剂，目前列入两性化合物，用作泡沫稳定剂和调理剂，特别用作抗静电剂。

⑧ 阳离子型表面活性剂

阳离子型表面活性剂的去污力和发泡力比阴离子型差很多，通常只作头发调理剂。

(3) 添加剂

添加剂指为赋予香波某种理化特性和效果的各种添加物，如增泡剂、增稠剂、增溶剂、珠光剂、调理剂（保湿剂、油脂剂）、防腐剂、香料、抗静电、去屑剂、维生素等，赋予香波各种功能。还包含一些植物性营养成分，如人参、首乌、田七、黑芝麻和芦荟等提取液。

① 增泡剂

少量即可提高表面活性剂的起泡性。主要有脂肪酸烷基醇酰胺、脂肪酸等。

② 增稠剂

水溶性高分子有聚乙二醇酯类的聚乙二醇（400）、单硬脂酸和聚乙二醇（400-600）、二硬脂酸酯等；亲水胶体包括天然和合成树胶；还有电解质如氯化钠或氯化铵等。

③ 增溶剂

为保持或提高透明液体香波或凝胶香波的透明度，一般均使用增溶剂，代表物有乙醇、丙二醇等。

④ 乳浊剂

香波经乳浊后赋予外观高雅感。代表物有聚苯乙烯、聚醋酸乙烯等。

⑤ 调理剂

调理剂有化学性、物理性和基于离子性的吸附调理剂，具有洗后头发容易梳理、使头发保持湿润柔软、头发外观富于光泽、能强化头发的功能特征。

⑥ 止痒剂

该种香波洗发后赋予清凉和舒适感，有薄荷醇、辣椒酊等。

⑦ 螯合剂

要提高透明液体香波的澄清度，需使用螯合剂，如乙二胺四醋酸衍生物、三聚磷酸盐等。

⑧ 紫外线吸收剂

为防止紫外线引起的香波褪色和变色，可以用紫外线吸收剂如羟甲氧苯酮等二苯甲酮衍生物。

③ 洗发产品的分类

香波的种类很多，其配方结构也多种多样。按形态分类有液状、膏状、粉状等；按功效分类有普通香波、调理香波、中性香波、油性香波、干性香波、去头皮屑香波、染发香波及儿童香波等；按产品外观的透明度可分为透明型和珠光型。

(1) 液状香波

液体香波又称洗发液，其使用方便、性能良好、制造简单，深受消费者欢迎，已成为香波中的主体产品。从产品的外观来分，可分为透明香波和珠光香波两种。

① 透明液状香波

透明液状香波具有外观清澈透明、泡沫丰富、易于清洗等特点，受到人们的喜爱，在整个香波市场占有很大的比例。但由于要保持香波的透明度，在原料的选择上受到很大的限制，通常使用浊点较低的原料，以确保产品在低温下透明澄清，不出现沉淀、分层等现象。配方中常用的洗涤剂是脂肪醇聚醚硫酸钠、脂肪醇硫酸钠、烷基醇酰胺，在脂肪醇聚醚硫酸钠体系中，可用无机盐来调节黏度。

② 珠光香波

珠光香波是在透明香波的配方中加入了十六醇、十八醇、硬脂酸镁、聚乙二醇硬脂酸酯等水不溶性物质，使其均匀悬浮在香波中，经反射得到珍珠般的光泽，给人以高档的感觉。珠光的产生是由于结晶的形成，珠光的效果和结晶大小有关，也和制备过程中搅拌速度、温度都有很大关系。

(2) 膏状香波

膏状香波即洗发膏，是国内较早开发的大众化洗发产品，具有携带和使用方便、泡沫适宜、清除头发污垢良好的特点。由于呈不透明膏体状，可加入多种对头发有益的滋润性成分。现代洗发膏也从单一成分向洗发、护法、养发及止痒去屑等多功能方向发展。

(3) 凝胶型香波

凝胶型香波呈透明冻状，是透明香波的变种，市场上常称其为洗发啫喱。由于外观清澈透明，可配成各种浅淡色泽，使制品外观晶莹夺目，因此很受消费者的喜爱。

(4) 调理香波

洗发香波的作用是去除头发或头皮上的污垢，使头发或头皮清洁。由于香波同时具有去脂性，会使洗后的头发干燥、易打结，造成头发的机械性损伤；此外，头发经染或烫等化学处理后，易脆裂甚至脱落，为此市场上用于减少对头发损伤的调理香波应运而生。调理香波除体现清洁头发的功能外，还强调头发梳理性的改善、头发的手感和外观，防止毛发的静电产生，使毛发易梳理和有光泽，这类产品已成为香波发展的主流。

(5) 专用香波

在香波中还有一类具有特殊功效的香波，通过在基本香波配方中添加具有特殊功能的添加剂，形成专用香波。如婴儿香波，添加各种营养成分的养发香波，以及去头屑止痒香波、杀菌香波等。

（6）新型免洗干发喷雾

免洗干发喷雾的原理主要是运用具有能有效吸收头皮上多余油脂的粉末如淀粉、二氧化硅、氧化钙或滑石等，清洁头发上的油垢及尘垢，用后头发感觉清爽自然，洁净清新，并且有的配方采用最新技术，无酒精喷雾，不刺激头皮。深色头发可以选用棕色粉末，如可可粉或角豆粉。

④ 洗发注意事项

① 用软水来洗头发，软水含有较少可溶性钙、镁化合物，水中的钙、镁离子容易和洗发成分产生化学反应，形成不溶性的沉积物，覆盖在头皮和头发上，从而影响头发生长，导致掉发增多。

② 头发洗得太勤不好，把油脂都洗没了。不同皮肤类型的人群，在秋冬天正常洗发的频率，应该是：干性皮肤 7 天/次；中性皮肤 5 天/次；油性皮肤 3 天/次，而夏天适当增加频率。有一个情况要注意，对于油性皮肤，如果出油多、头皮屑多，而且头皮有小红痘等，可能是脂溢性皮炎，建议去医院检查。

③ 洗发后温柔地对待秀发，头发冲洗干净后，要先用毛巾吸干水分，避免大力揉搓，按照头发的生长方向擦干，随意胡乱擦拭会造成发丝表面受伤。

④ 洗发后自然晾干，或用吹风机低温吹干，不可把头发完全吹干。

⑤ 使用成分更少、不会或更少残留的洗发产品。

⑤ 洗发产品的使用误区

误区 1 硅油导致掉发？

硅油广泛运用于化妆品中，具有较高的安全性，而且硅油的化学性质特别稳定，不会导致一些皮肤问题的产生。硅油导致掉发是不正确的，甚至在某些植物性护发产品中，还有硅油的成分，更是说明了硅油的安全性。

误区 2 油性头发更需要频繁洗头？

有消费者反映：头发越来越油，每天都要洗，问如何选择洗发水？其实这个原因和频繁洗脸导致脸也越洗越油的道理是一样的。头皮出油一来是让头皮不干燥，二来让头发顺滑不干燥。频繁洗头会破坏头皮油脂分泌，给头皮干燥的错误信号，加紧出油，最终导致头发越来越油。

三、护发用化妆品

① 护发用化妆品概述

护发类化妆品是指能使头发保持天然、健康和美观的外表，赋予头发光泽、柔软和生气，起修饰和固定发型作用的产品。由于头发的主要成分是角蛋白，通过护发类化妆品，在洗发时可补充营养，补充头发的油分和水分，保持头发的光泽、柔软和自然。

② 护发产品的作用原理

护发的基本原理是将护发成分附着在头发表面，润滑发表层、减小摩擦力，从而减少发生因梳理不当等引起的头发损伤的概率。而对于干枯的、受损的头发或经烫发和染发等化学处理过的头发来说，使用护发产品可以防止头发损伤的进一步加剧，不使发质继续变坏（见表 10-2）。

表 10-2　护发化妆品的主要组成及其功效

组成	主要功能	代表性原料
主要表面活性剂	乳化作用、抗静电作用、抑菌作用	季铵盐类阳离子表面活性剂
辅助表面活性剂	乳化作用	非离子表面活性剂
阳离子聚合物	调理作用，抗静电作用，流变性调节，头发定型	季铵化的羟乙基纤维素、水解蛋白、二甲基硅氧烷、壳多糖等
基质制剂	形成稠厚基质，过脂剂	脂肪醇、蜡类、硬脂酸酯类
油分	调理剂、过脂剂	各种植物油、乙氧基化植物油、三甘油酯、支链脂肪醇类、支链脂肪酸酯
增稠剂	调节黏度，改善流变性能	某些盐类、羟乙基纤维素、聚丙烯酸树脂
香精	赋香	酸性稳定的香精
防腐剂	抑制微生物生长	对羟基苯甲酸酯类
螯合剂	防止钙和镁离子沉淀，对防腐剂有增效作用	EDTA 盐类
抗氧化剂	防止油脂类化合物氧化酸败	BHT、BHA、生育酚
着色剂和珠光剂	赋色，改善外观	酸性稳定的水溶性或水分散性着色剂
酸度调节剂、稀释剂	控制和调节 pH 值，调节黏度和流变性	柠檬酸、乳酸、水、乙醇
其他活性成分	赋予各种功能，如去头屑、定型、润湿等	ZPT、PCA-Na、泛醇等

③ 护发产品的分类

护发产品按油脂的含量可分为非油性、轻油性和重油性三种类型；按产品类型可分为发油、发蜡、发乳、发膏、护发水和发浆等。

（1）发油

发油为浅黄色或黄绿色的透明油状液体，只有护发作用，并无生发功能。发油中不含乙醇和水，含油量较高，可以在头发上留下一层薄且均匀的黏性油，防止头发过分干燥，能恢复头发的光泽和柔软，可以滋润和保养头发。

油料组分主要有天然动植物油、矿物油、合成脂肪酸酯类、抗氧化剂和防腐剂，配方中加入少量防晒剂，可以减轻日光对头发的损伤。但由于发油产品不容易被吸收，使用后有油腻感，已很少有人用。

（2）发蜡

发蜡的外观为透明或半透明的软膏状，是重油性护发品，可以滋润头发，使头发具有光泽并保持一定的发型，适合于扭结不顺的头发。发蜡的润滑性是较差的，仅仅是足够使它分布均匀，而它对头发修饰的效果却很好。发蜡的主要原料是油脂和蜡，有植物型发蜡和矿物型发蜡两种，植物型发蜡的主要原料是蓖麻油和日本蜡，容易从头发上清洗掉，为东方人所喜爱；矿物型发蜡的主要原料是凡士林及少量白油，使用时无异味，在头发上的光泽性良好。合成蜡类和某些高分子的聚氧乙烯衍生物可用于发蜡中取得优良的效果。

（3）发乳

发乳是油和水的乳化体系，延展性好，为轻油性护发产品，主要成分有油类、水分、乳化剂和其他添加剂。发乳不仅能滋润头发、赋予头发光泽，还能促进头发的生长和减少头发的断裂，使用时容易均匀分布，能在头发上留下一层很薄的油膜。由于含有乳化剂，使用后不会感觉太油腻，并且容易清洗，携带和使用都很方便，目前已取代了大部分的发油和发蜡市场。

（4）发膏

发膏是一种高级护发产品，可以给头发补充油脂，修复受损头发。主要成分有合成酯类油料、植物油、多元醇类及表面活性剂等。

发膏的使用方法是先将产品均匀涂在头发上，通过加热套或毛巾包覆头发，使发膏中的营养成分渗透到头发内部（若配方中含有渗透剂，也可以不用加热），最后充分冲洗干净。与其他几种护发产品相比，发膏虽然使用时比较麻烦，但效果却是最好的，而且使用后无油腻感，非常自然，深受消费者的欢迎。

近年出现多种透明膏体发膏，分无水透明发膏和乳化型透明发膏两种类型。

（5）护发水

护发水是在乙醇、水等溶剂中，加入脂溶或水溶性营养剂、保湿剂和治疗性药物，可润泽头发、防止脱发和去除头皮屑。为了达到这一目的，配方中必须含有具备这些特性的原料，主要包括乙醇、奎宁及其盐类、芸香碱及其盐酸盐、水杨酸和间苯二酚、辣椒酊、生姜酊等中药、雌激素、甘油、丙二醇、山梨醇等。

（6）发浆

敷用发浆主要为梳理后的头发能较好地保持整洁，这类产品不像油类能使头发光亮，也不会给头发带来油腻的感觉，还能带来舒适的香气。许多天然或合成的胶质可用于发浆。

此外，护发产品还可以根据使用方法分为冲洗型护发素、发油发膜、免洗型护发素及喷雾免洗型护发素等几类。

④ 护发产品的选择

人的头发有油性和干性之分，护发产品中油脂成分的含量也不同，在护发产品的选择上，需根据发质进行选择。油性头发适宜选用非油性的护发水或轻油性的油/水型发乳，干性头发则可选用水/油型发乳、发油、发蜡或发膏。

⑤ 护发产品的发展趋势

护发产品今后的发展趋势可以简单地归纳为如下几点。

① 更高效，追求产品的速效性与持久性。

② 更多地着眼于保养和护理，而不是受损后再修补。

③ 为了满足消费者的不同需要，产品更趋于多样化、细分化、系列化，将更加接近于美容护肤化妆品的发展方向。

四、整发用化妆品

① 整发用化妆品概述

整发用化妆品是以美化发型为目的的化妆品，也称为固发剂，有整理发式、保持发型的作用。整发剂除了提供整理发式、保持定型的整发产品外，还包括给予头发光泽和阻延湿度丧失为目的的产品。它们的功能各不相同，其物理形态也不相同。目前常用的品种有发胶、喷雾发胶、摩丝、定型发膏及发用凝胶等。

一种好的整发产品应具备以下性能：

① 用后能保持好的发型，且不受温度、湿度等变化的影响。
② 良好的使用性能，在头发上铺展性好，没有黏滞感。
③ 用后头发具有光泽，易于梳理，没有油腻的感觉，对头发的修饰自然。
④ 具有一定的护发、养发效果。
⑤ 具有令人愉快、舒适的香气。
⑥ 对皮肤和眼睛的刺激性低，使用安全。
⑦ 使用后应易于被水或香波洗掉。

② 整发产品的主要成分

（1）成膜剂

在定型类化妆品中，起固定发型作用的主要是成膜剂，可用作成膜剂的有天然高分子化合物和合成高分子化合物两种，后者由于品种多，性能优越，应用越来越广泛。常用的有聚乙烯酯（PVA）、聚乙烯吡咯烷酮（PVP）、聚乙烯甲基醚及其衍生物、乙烯基乙酸酯/马来酸丁酯/丙烯酸异丙酯共聚物、辛基丙烯酰胺/丙烯酸酯共聚物和聚季胺盐类等。

（2）溶剂

溶剂的主要作用是溶解成膜聚合物，常用的有去离子水和乙醇。乙醇是一种很好的溶剂，对高分子化合物有良好的溶解性，当涂抹在头发上后，由于乙醇的挥发，高分子可以在头发上很快成膜。大部分的定型化妆品中都含有乙醇，但大量乙醇的存在会引起头发和皮肤脱脂，使头发干枯，而且乙醇容易燃烧，给化妆品的储存和携带也带来困难，因此用水来部分或全部代替乙醇是头发定型化妆品的发展方向。

（3）增塑剂

聚合物在头发上所成膜的感觉，是定型化妆品性质好坏最直接的表现，一般要求定型膜柔软、光滑、富有弹性，给人的感觉不要太生硬。为了增加定型膜的弹性，常在配方中添加增塑剂，常用的有二甲基硅氧烷、月桂基吡咯烷酮、高级醋乳酸酯、乙二酸二异丙酯、乳酸鲸蜡酯等。

（4）中和剂

中和剂为碱性化合物，作用是将酸性聚合物的游离基变成酸盐，以提高聚合物在水中的溶解性。中和度太小，则聚合物的溶解度不好，难以配制，且不容易用水从头发上洗去；中和度太大，则定型膜的抗湿性差，容易因为下雨或流汗而失去固定发型的作用，而且水溶性大的聚合物与液化石油类喷射剂的相容性差，也会影响配制，因此中和度应该适当。常用的中和剂有氨甲基丙醇（AMP）、三乙醇胺、三异丙醇胺，二甲基硬脂酸胺（DMA）等。

（5）发泡剂

在摩丝等泡沫型气溶胶制品中，需要添加发泡剂使产品泡沫丰富、细腻，常用的发泡剂一般选用脂肪醇聚氧乙烯醚类、山梨醇聚氧乙烯醚类非离子表面活性剂，它们除了具有发泡作用外，与高分子化合物也有良好的相容性。

（6）喷射剂

在气溶胶型产品中，除了化妆品原液外，还有一个很重要的组分就是喷射剂，它可以给原液以推动力，帮助有效物质喷洒均匀，常用的有液化气体和压缩气体两类。

（7）护发剂

在定型类产品中也常添加各种润发、亮发、调理头发的添加剂，使头发更加柔软、光亮，在固定发型的同时，还可以护理头发。常用的添加剂有硅油及其衍生物、羊毛脂衍生物、水解蛋白等。

❸ 整发产品的分类及作用特点

（1）气压式整发制品

气压式整发产品的配制原理是将化妆品原液和喷射剂（气体）一同封入耐压密闭容器中，依靠喷射剂的压力将原液均匀地以泡沫（如摩丝）或雾状（喷发胶）喷射出来。它具有使用方便、成膜均匀、无二次污染、整发效果好等特点，深受广大消费者欢迎，已成为当今市场上整发定型产品的主流。常见的气压式整发制品有喷雾发胶、摩丝等。

① 喷雾发胶

喷雾发胶是用于喷在头发上，干燥后在头发表面形成一层韧性薄膜，从而保持整个头发的形状的整发产品。配方中包括原液和喷射剂两大部分，原液的主要成分是成膜剂，以前用虫胶或松香等天然胶质，现在多选用合成高分子化合物。此外，配方中还添加脂肪酸酯、高级醇、羊毛脂衍生物等以改良喷发剂聚合物膜在头发上的效果，使其柔软、自然，添加硅油、蓖麻油等，增强头发光泽。

一款好的喷雾发胶应具有喷雾细小，喷射力温和，在短时间内能分散于较大面积，干燥快，成膜有韧性和光泽，不积聚，易清洗去除的特点。

② 摩丝

"摩丝"源于法语，是泡沫的意思，是一种泡沫状的气溶胶产品，喷出的乳白色泡沫很容易涂在头发上，使头发光滑、润湿，容易梳理和定型。摩丝的组成有高聚物、溶剂、表面活性剂、香精、喷射剂及其他添加剂。

摩丝的种类很多，不仅有基本的固定发型作用，还有各种护发、调理作用，按照功能的不同，可分为防晒摩丝、护发造型摩丝，焗油护发摩丝等。

（2）非气压式整发制品

由于气压式整发制品均采用乙醇溶液作为溶剂，喷射剂采用氟氯烃和易燃溶剂二甲醚、丙烷、丁烷等，产品携带具有危险性，因此，不用任何喷射剂，且以水为主要溶剂的非气压式整发制品则具有很大的优越性。常见的非气压式整发用品有啫喱和发胶。

① 啫喱

啫喱是英文jelly（凝胶）的音译，是在水溶性高分子体系中加入头发定型成分而得到的凝胶状透明制品，外观为透明或半透明的胶冻状物质，其性质介于液体与固体之间。配方中加入了高分子成膜剂，涂抹在头发上以后，会形成一层透明的胶膜，不仅能固定发型，而且能使头发更加富有光泽和弹性。主要成分包括成膜剂、凝胶剂、中和剂和添加剂等。

② 发胶

发胶也称啫喱水，是含有天然或合成成膜物质的液状整发制品。啫喱水不含酒精成分，不损害头发，尤其适用于干性发质，以及电烫、漂染后的发质，极容易为头发所吸收，用后头发柔润、光泽且无油腻感。

五、防脱发用化妆品

脱发（alopecia）是每个人都会经历的，每天脱落几根乃至几十根头发完全是正常的生理现象。每根头发都有它生长、发展至衰退的过程，正常情况下，旧发脱落和新发生长保持一定的平衡，若脱落的多于新生的就会产生脱发。

1 脱发的分类及产生原因

（1）脱发的分类

从预期结果划分，脱发可分为永久性脱发和暂时性脱发两种类型，主要区分的条件是毛囊受损的程度及时效性。临床上脱发更常用的分类是按其发病机理及症状分类。

① 脂溢性脱发

脂溢性脱发又称雄激素性脱发，是由于遗传、荷尔蒙及年龄导致某些头皮的发囊进行性萎缩或微型化所引起的病症，常伴有头屑增多、头皮油腻、痛痒明显，多发于皮脂腺分泌旺盛的青壮年，头发细软，有的伴有头皮脂溢性皮炎，自头顶逐渐开始脱发，蔓延及额部，是最常见的脱发症，女性症状较轻。因影响美观，本病常给患者造成很大的心理压力。

② 斑秃

俗称"鬼剃头"，是一种突然发生的斑片状脱发，可累及所有毛发生长部位，无自觉症状，可自行康复。头发全部脱落称全秃，全身毛发均脱落称普秃。可发生于任何年龄，病因可能由精神因素引起毛发生长的暂时性抑制、内分泌障碍、免疫功能失调。

③ 儿童脱发

儿童脱发多以斑秃为主，绝大多数是因为孩子学习负担过重、压力过大或微量元素

（缺锌、缺铁）缺乏造成的。对于儿童脱发，及时进行常规治疗，治疗容易，治愈后效果极好。

④ 产后脱发

产后脱发并非个别现象，相当一部分青年妇女在分娩后会出现脱发，只是轻重不一。产后脱发的主要原因是身体内激素分泌变化所致。在怀孕期间，体内激素大量分泌，头发处于新生期的时间较长，随着分娩结束后，体内激素骤降，对头发的支持作用大大降低，头发就进入了歇息期，导致大量脱发。产后脱发不会成为弥漫性脱发，脱发现象往往在 6 个月左右会自行停止，是正常的生理现象。

⑤ 感染性脱发

由于真菌感染、寄生虫、病毒及化脓性皮肤病等因素而造成的脱发称为感染性脱发，症状与脂溢性脱发类似。

⑥ 化学性脱发

化学性脱发常见于肿瘤病人接受抗癌药物治疗，长期使用某些化学制剂，如常用的庆大霉素、别嘌醇、卡比马唑、硫尿嘧啶、三甲双酮、普萘洛尔（心得安）、苯妥英钠、阿司匹林、吲哚美辛、避孕药等化学物品常引起脱发。此外，烫发剂、洁发剂、染发剂等美发化妆品也是引起脱发的常见原因。

⑦ 物理性脱发

包括发型性脱发、局部摩擦刺激性脱发等机械性脱发、灼伤脱发和放射性损伤脱发等。机械性脱发是指头发由于不断拉扯或扭转而引起的头发脱落，如女性的辫子、发髻等发式，男性的分头发式，都会造成机械性物理性脱发。此外，由于空气污染、阳光暴晒、高温、放射性辐射等物理原因而导致的脱发也称为物理性脱发。

⑧ 营养代谢性脱发

食糖或食盐过量、蛋白质缺乏、缺铁、缺锌、过量的硒等，以及某些代谢性疾病如精氨基琥珀酸尿症、高胱氨酸尿症、遗传性乳清酸尿症、甲硫氨酸代谢紊乱等，也是头发脱落的原因。

⑨ 季节性脱发

一般夏季容易脱发，因为夏天温度高，毛孔扩张导致脱发，秋冬之际不易脱发，因为这时期温度下降，毛孔闭合。

(2) 脱发的原因

毛发生长的调节的确切基因与调控机制仍未完全清楚。造成脱发的原因很多，多数人认为遗传、营养、激素及一些细胞因子和相应的受体等都与毛发的生长与调控有关。

① 遗传

约 70％以上的脂溢性脱发患者有明显的家族病史，其染色体作为显性遗传，决定雄性激素敏感性毛囊分布出现异常，具有遗传易感性的人易脱发。

② 激素

人体内分泌的各种如垂体激素、甲状腺素、雌激素和雄性激素等都影响着毛发的生长。如雄性激素刺激皮脂腺增生，分泌增多，再加上毛囊皮脂腺管失调导致皮脂排泄不畅，易引发感染而造成雄性激素脂溢性脱发。

③ 头发生长细胞因子

毛囊及其周围组织通过自分泌和旁分泌途径产生一些特异性可溶性因子，如角质形成细胞生长因子（KGF）、胰岛素样生长因子、神经内分泌肽、肝细胞生长因子（HGF）等对毛囊的生长发育及生长周期发挥作用。

④ 酶

毛囊和皮脂腺中存在的数量不一的雄激素合成酶，以及毛囊的外毛根鞘中的芳香酶，对毛发的生长也产生影响。

归纳起来，遗传因素、男性荷尔蒙水平增高、皮脂分泌异常和细菌增殖感染、有关酶活性过高、毛囊周围毛细血管血液循环障碍和营养不良、毛囊口角化过度形成栓塞等多种因素，会造成头发生长周期缩短，毛囊萎缩，毛囊小型化，脱发直至停止生长。

❷ 防脱发成分介绍

针对各种脱发的病因，可以选用一些生发有效的活性成分研制多种防脱类毛发产品。脱发化妆品多采用天然活性成分，主要改善血液循环、促进毛囊生长、抑制微生物生长、消除炎症、抑制皮脂、抑制雄性激素、提供头发生长养分等活性成分，以达到防脱、助生长的目的。目前，随着科学技术的进步，应用细胞生物学、分子生物学的方法与知识，深入研究脱发的理论，并指导育发新原料的研究，从而使生发剂的研究步入了一个新阶段。防脱发剂的功效目前主要着眼于以下几个方面。

(1) 生物学反应调节剂

① 米诺地尔

米诺地尔是治疗脱发的第一个安全有效的药物。它诱导毛发生长的作用环节不是血管平滑肌，也不具有抗雄性激素的原发作用或免疫抑制作用，它促进毛发生长是直接刺激毛囊，促进毛囊上皮生长；对于雄性激素依赖和非依赖的秃发都能诱导毛发生长。最新研究，米诺地尔还能通过对毛乳头细胞中的血管内皮生长因子的向上调节作用，促进毛发生长。含有2%～5%米诺地尔的发用化妆品具有防脱功效。

② 维A酸类

已证实维A酸类可通过影响细胞膜的流动性和脂质组成增加米诺地尔的透皮吸收，还可以增加在毛囊生长的发生、分化和抑制中起关键作用的生长因子的含量，具有明显的治疗脱发作用。

(2) 5α-还原酶抑制剂

5α-还原酶在雄性激素的合成中具有关键作用，5α-还原酶抑制剂选择性作用于头皮局部毛囊，能抑制雄性激素受体的活性，促进毛发生长，副作用较小，如RU58841等。

(3) 改善毛囊能量代谢剂

正常的毛囊中主要的能源是来自血流的葡萄糖和毛囊中的糖原。脱发症患者的毛囊中这种能量代谢系统受到抑制，因此，改善毛囊能量代谢就有可能促使脱发症患者的头发生长。十五酸单甘油酯（PDG）是含15个碳原子的脂肪酸单甘油酯，能使脱发症患者能量代谢降低的毛囊产生能量，促进皮毛生长。

(4) 促进毛发生长剂

毛发生长周期包括生长期、退化期和休止期，延长生长期或增加毛母质体积能促进毛发生长。近年来通过控制细胞周期及周期转换，开发出许多有效促进毛发生长的药物。

① 辣椒素

辣椒素的化学名称为8-甲基-*N*-香草基-6-壬烯酰胺，呈单斜长方形片状无色结晶，熔点 65%，沸点 210～220℃，易溶于乙醇、乙醚、苯及氯仿，微溶于二硫化碳。在生发剂中，辣椒素有极强的刺激性，微量使用即可刺激头皮，促进血液循环，起到促进头发生长的作用。

② 生姜素

生姜中含有姜辣素、姜烯油等成分，可以使头部皮肤血液循环正常化，促进头皮新陈代谢，活化毛囊组织，有效防止脱发、白发，刺激新发生长，并可抑制头皮瘙痒，强化发根。有人用生姜直接涂抹头部斑秃患处，连续几天，秃发处可生出新发。

（5）改善毛囊周围血液循环

① 人参

人参中含有人参皂苷（ginsenoside）和多糖，人参皂苷是其主要成分，比较容易透过皮肤表层为真皮吸收，对皮肤和毛发有保护功能；能限制皮肤血管中胆固醇增高，防止微循环障碍和皮肤老化；可促进皮肤组织再生及增强免疫作用。人参皂苷用量＞1.5%，可用于生发与护发。

② 当归

当归中的当药素、异当药素等成分可使皮肤微血管扩张，血液循环旺盛，供给毛母细胞能量，有效治疗脱发。

③ 维生素 E 及其衍生物

维生素 E 可直接作用于皮肤血管，使毛发根部的微细血流受到促进而改善毛囊细胞的营养。大量的临床试验证明，维生素 E 具有显著的生发、养发效果。

（6）激素

雄性激素、赤霉素、褪黑激素等也会通过吸收，影响人体内激素平衡，进而改善脱发现象。

（7）营养剂

毛发的主要组成为蛋白质，所以毛发的营养成分多为蛋白类、氨基酸、糖类及多肽类。如糖蛋白类、粘连蛋白、弹性蛋白、角蛋白、人参皂苷、芦荟宁、氨基酸、水解胶原等能增加头发营养供给，改善和减少脱发。

此外，一些天然植物成分，如银杏黄素、银杏二聚黄酮（磷脂复合物）、果芸香碱、辣椒素、银杏、甘草、当归、川芎、人参、紫苏、蜂乳、何首乌、丹参、大蒜酊、生姜酊等，其中的有效成分也能有效防脱发。

六、烫发用化妆品

① 烫发用化妆品概述

头发被视为重要的装饰品，烫发是改变头发形态的一种手段，应用机械能、热能、化学能使头发的结构发生变化后达到相对持久的卷曲，能使头发更丰富，还能改变头发的形状、走向，使发型更美观。烫发时所使用的化学药剂称为烫发用化妆品，烫发用品的推动引领了烫发的发展。

早在公元前 3000 年的古埃及时代，人们就尝试将潮湿的头发卷在木棒上用黏土固定，然后在日光下晒干，称为黏土烫或水烫。

以后又出现了一种半圆形金属钳子的烫发工具，这种金属钳子必须先在火上烤热后才可以烫发，所以称为火烫。

1872 年，法国的马尔塞尔哥拉德发现把硼砂涂在头发上，用电热夹子来加热，可以使头发卷曲，这就是电烫。

1936 年，英国化学家斯皮克曼教授发现了用亚硫酸钠，不需要加热就可以使头发卷曲，称为冷烫，又叫化学烫，这是目前美发院最流行的一种烫发方式。

② 烫发的原理

人的头发是角蛋白构成的，角蛋白中的主要成分为胱氨酸。在胱氨酸的多肽链之间，含有氢键、离子键、二硫键。

头发在水中可被软化、拉伸或弯曲，这主要是由于水破坏了头发中的氢键。因此，当头发由于某种物理作用而短暂变形时，可通过浸润使之恢复原状；强酸或碱可以破坏头发中的离子键，使头发变得柔软易于弯曲，但当头发被冲洗恢复原有 pH 值（pH＝4～7）后，头发又恢复原状。因此，水和改变 pH 值并不能长久改变头发形态。

由胱氨酸形成的二硫键比较稳定，常温下不受水或 pH 值（常用碱剂）的影响，是形成耐久性卷发的关键。这些胱氨酸极似一节节小弹簧，使头发具有一定的形状和弹性。烫头发时，烫发水第一剂（还原剂或碱剂）进入头发，将胱氨酸的硫-硫桥键切断，使之变成单硫键，这些单硫键受到卷芯形状、直径、拉力等因素的影响发生挤压、变形、移动，这些单硫键在新位置与另一个单硫键组成一组新的二硫化键，使头发卷曲产生波浪。

$$角蛋白—S—S—角蛋白 \underset{氧化剂}{\overset{还原剂}{\rightleftharpoons}} 角蛋白—SH＋HS—角蛋白$$

电烫和火烫相仿，也是先用碱剂浸润头发，再用电热卷使头发卷曲成型。这种受热变形，很像拉伸、扭曲的弹簧，慢慢又会恢复原状。因此，电烫、火烫的发型不易持久。

冷烫也叫化学烫，是先用还原性的化学药剂来拆散胱氨酸的小弹簧，使胱氨酸的硫-硫桥键断开，通过外力作用将头发盘卷成一定的波形后，使用定型剂进行修复，就可将已断裂的二硫键重新再接上，形成新的弹簧，使设计好的发型固定下来。化学烫发以化学结合力做出发型，比电烫的热变形物理力强劲有力，因而发型经久、不易变形。

③ 电烫液

电烫液是在电烫发时使用的烫发剂。烫发时先将头发洗净，在卷曲成型时将电烫液均匀涂在发上，然后利用烫发工具加热至 100℃左右，维持 20～40 分钟。加热完毕后，以水或稀酸冲洗残留在头发上的碱和还原剂，使头发恢复到原来的 pH 值，待干燥后即能保持卷曲的形状。

电烫液的主要成分是亚硫酸钠，另外还有一定的碱使药液维持适当的碱性，可以采用的碱有硼砂、碳酸钾、碳酸钠、一乙醇胺、二乙醇胺、三乙醇胺、碳酸铵、氨水等。早期产品采用碳酸钾和硼砂控制碱性，但这类碱在头发已受热变形时，仍会继续发生作用，对头发造成损伤。较新的产品均采用挥发性碱如氨水、碳酸铵等，这类挥发性碱既能保持头发卷曲过程中有一定碱性，又能在头发软化变弱后受热挥发，减少对头发的过度作用。但其缺点是挥发性氨的不良气味和在溶液内过早地逸失，往往还会在其中加一种以上的乙醇胺类，以保持适宜的碱性。

电烫液根据其形态不同，可分为水剂、粉剂和浆剂三种。水剂型配制操作简单，使用方便，但药液容易滴流而污染衣服和皮肤，烫发后头发缺少滋润性。粉剂配制简单，易于储存携带，但在烫发时需先加水调制成液状后才能使用，使用上具有水剂的缺点。浆状克服了水剂和粉剂的不足，是较为理想的制品，由于其中可加入较多的滋润物质，对头发有较好的滋润性，同时使用方便。

热烫的优点是能通过加热缩短烫发时间，但在烫发时需要加热，给人以限制和不舒服的感觉。随着生活水平的提高和冷烫技术的发展，电烫法必将被方便、快速的冷烫法所代替。

④ 冷烫液

冷烫液是冷烫发时使用的烫发剂。使用时先将头发洗净，然后在卷曲成型时同时涂冷烫液，之后维持一定时间（20～40分钟）。为了缩短卷发操作时间，期间可用热敷保温，热敷温度一般为50～70℃，在此温度下下只需10分钟即可。最后用水冲洗干净，以氧化剂或曝于空气中使之氧化，干燥后即能保持卷曲的发型。

冷烫法常用的烫发剂为二液剂，第一液为烫发液（还原剂），第二液为定型剂（中和氧化剂），这两种烫发用液是配套使用的。烫发液的作用是使头发膨胀软化具有可塑性，加上卷发杠的物理作用，头发便形成卷曲形状。定型剂的作用是使烫发液停止作用，从而使卷曲形状固定下来，维持一个时期不变直。其主要原料构成如下。

（1）烫发液

① 还原剂

还原剂是卷发产品中的主要原料，在日本主要用半胱氨酸、巯基乙酸及其盐类，欧美国家使用巯代甘油等巯基乙酸酯类，我国一般是以巯基乙酸及其盐类为主要原料。

巯基乙酸及其盐类是化妆品中的限用成分，进入人体会刺激皮肤使之过敏，并可引起代谢过程亢进，经常接触此溶液的专业美发人员常出现皮肤发红、搔痒、过敏及皮炎，还会出现红细胞减少、头疼等症状，所以规定冷烫精中巯基乙酸的最大允许浓度为8%。

② 碱

还原剂在碱性条件下，还原作用效力增强，当还原剂的种类和用量一定时，随pH值增大，毛发的膨润度增大，容易卷曲成型，但pH值过高则会卷曲过强和损伤头发，通常卷发剂的pH值为8.5～9.2。

配方中常用的碱类物质有氨水和三乙醇胺，因氨水具有挥发性，在烫发过程中不断挥发，可以减少对头发的损伤，另外它本身作用温和、容易渗透、烫发效果好，不足之处是其稳定性差和有氨水气味，可用三乙醇胺来弥补。

③ 软化剂

其作用是促进头发软化膨胀，促进卷发剂渗透到发质内部，加速卷发过程，常用的有烷基硫酸钠、三乙醇胺等。

④ 螯合剂

配方中的还原剂在碱性条件下，遇到残留的金属离子会加速氧化，影响到卷发的效果，常在卷发剂中添加乙二胺四乙酸盐、焦磷酸四钠等金属离子螯合剂，用于防止还原剂的氧化。

⑤ 滋润剂

为了使烫过的头发柔韧，有光泽，使头发不致卷曲过度而受到损伤，常在配方中添加一些滋润剂，如羊毛脂及其衍生物、油醇、蓖麻油、肉豆蔻酸异丙酯、水解胶原、硅油。

⑥ 增稠剂

在卷发剂中添加增稠剂可以增加产品的稠度，使在烫发过程中有效成分不会流失，常用的有羧甲基纤维素、聚乙二醇、汉生胶等。

⑦ 乳化剂

当冷烫产品是乳液或膏霜时，配方中需加入乳化剂，常选用非离子表面活性剂，如羊毛脂聚氧乙烯醚。

⑧ 调理剂

在配方中加入阳离子表面活性剂和阳离子纤维素聚合物，可以改善头发的梳理性，增加头发光泽。

（2）定型剂原料

① 氧化剂

氧化剂是定型的主要成分，作用是重排和链合被还原剂打断的二硫键，使卷曲的头发定型，常用的氧化剂有过氧化氢、溴酸钠（钾）、过硫酸钠（钾）和硼酸钠（钾）等。

② pH 调节剂

由于氧化反应需要在酸性条件下进行，可在配方中加入柠檬酸、乙酸、乳酸、磷酸、酒石酸和乙二胺四乙酸等调节 pH 值。

③ 其他

为了提高定型剂的性能，还可在配方中加入保湿剂、调理剂、着色剂和香精等。

（3）冷烫液的分类及特点

冷烫液的品种很多，按照产品外观的不同，可分为以下几种。

① 粉剂型

化学卷发粉是一种粉状卷发剂，包装体积小，运输便利，但使用时要加入一定量的水调制，取溶解后的澄清液使用，不太方便。

② 水剂型

水剂型烫发品又称为冷烫精，是目前国内生产最多的一种剂型，配方中原料都是水溶性物质，配制时只要将这些原料溶解在水中即可，生产工艺简单，成本较低，是美发院中的主流产品。

由于产品黏度较低，容易从头发上流下，既使操作不便，又使有效成分在头发上停留时间过短。为了增加产品的黏度，往往在配方中添加一些水溶性高分子物质。

③ 膏霜型

冷烫膏霜与其他膏霜类产品相似，用油、水和乳化剂配成基质，在基质中加入卷发的有效成分（如巯基乙酸盐）。产品呈半固态，使用时不会滴到衣服上沾污衣领，油性原料中的羊毛脂等成分可以保护头发，增加头发的调理性。但冷烫膏霜生产难度大，成本较高，由于其中含有大量的油性原料，容易在微生物的作用下腐败变质，对产品的生产、包装都有较高要求。

④ 乳液型

冷烫乳液与膏霜相似，是由油、脂、醇类物质与含有巯基乙酸盐的水相经乳化而成，但乳液中固体油相成分较少，产品的流动性比膏霜好。冷烫乳液介于冷烫液和冷烫膏霜之间，除具有卷发功能外，配方中的油脂和乳化剂还能调理头发，也是目前市场上很受欢迎的一种剂型。

⑤ 气溶胶型

气溶胶型烫发品是由卷发剂、泡沫剂和抛射剂一起装入密闭压力容器内，使用时呈雾状（或泡沫状），容易分布均匀，具有使用方便、迅速、卫生的优点，但价格较贵，对包装容器的要求高，目前在国内使用不多。

冷烫液在使用时可以不加热或仅以热毛巾热敷，温度低，使用时比较方便且令人舒适，是当前市场上最为流行的烫发制品。

5 头发拉直剂

头发拉直剂是使卷曲绞结的头发处理成直形或稍带波浪形而使用的化学制剂。这类用品有热压油和化学拉直剂。

热压油拉直头发的操作方法复杂，其原理是通过高温裂解头发中的某些化学键，从而使卷曲的头发在热梳的张力下拉直。这种处理对发质和头皮都会有损伤，通常只能由美发师来操作。

目前，化学拉直剂被越来越多的人采用，它的剂型有浓稠液态的、凝胶状的或膏状的。常见的头发拉直剂有苛性碱型制品和角蛋白还原型制品两种。苛性碱型拉直剂是用苛性碱（氢氧化钠或氢氧化钾）使发丝松弛；还原型拉直剂一般常用巯基乙酸盐作为发丝松弛剂。卷发被松弛伸直处理后，多用过硼酸钠或过氧化氢来氧化固定被松弛伸直的头发。

6 烫发后的护理

护理新烫的卷发并延长其寿命的方法如下。

① 当头发还潮湿时，用发刷或粗齿梳梳理发丝，但不要拉。

② 千万不要用发刷刷干发，否则发卷容易拉直，发丝容易拉断。

③ 不要用高温吹风机，并且不能离头发太近。

④ 最好用大风筒，使烫发蓬松而不弄乱发卷。

⑤ 洗头后或早晨整理发型时，要用护发和整发产品，以增加发卷的力度。

⑥ 卷曲的头发光泽度差，要用亮发剂为发丝增加光泽。

七、染发用化妆品

① 染发用化妆品概述

染发用化妆品主要是指改变头发颜色的发用化妆品，通常称其为染发剂。染发剂可将灰白色、黄色、红褐色头发染成黑色，或将黑色头发漂白脱色，然后染成所需要的色调。

人类最早使用的染发剂是天然植物性染料，有久远的使用历史，其中某些品种现在仍在使用。现代染发化妆品始于19世纪末，是在有机染料（苯胺）的应用基础上发展起来的，直到今天，以苯胺染料为主体的合成氧化染料仍是染发化妆品的主要原料。

② 染发制品的分类及性能要求

染发剂依据其所采用的染料不同，分为合成有机染料染发剂、天然有机染料染发剂、无机染料染发剂及头发漂白剂等。依据染色原理和染色牢固程度，又可分为漂白剂、附着于头发表面染色的暂时性染发剂和半耐久性染发剂，以及能深入发质内部染色的耐久性染发剂。染发剂可以制成各种剂型，如乳膏型、凝胶型、摩丝、粉剂、喷雾剂、染发香波等，以满足各类消费者的需求。

对染发剂的性能要求主要体现在下面几个方面。

① 制品的安全性，主要指不损伤头发和皮肤。

② 较好的稳定性，主要指在头发上不发生明显的变色或褪色现象，不受其他发用化妆品的影响。

③ 较长的储存稳定性。

④ 易于涂抹，方便使用。

③ 合成有机染料染发剂

所谓合成有机染料染发剂，是指采用化学合成法制得的有机染料或染料中间体作为染发成分的一类染发剂。

（1）氧化染发剂

氧化染发剂也叫持久性染发剂，是目前使用最广的染发剂。这类染发剂使用小分子染料中间体（对苯二胺、氨基苯酚等），不仅能使头发表面染色，而且染料分子还能渗入到头发组织内层，在氧化剂（过氧化氢等）作用下产生不溶性的大分子色素残留在头发组织中，起到持久的染发作用。由于其对头发着色牢固，染色持久不褪，色调广泛，使用方便，不损伤头发等特点，在染发剂市场上占据很大的比重。

氧化染发剂通常是由含染料中间体的基质（或载体）和氧化显色剂两部分组成，下面就氧化染发剂的作用原理、染料中间体、基质、氧化剂及使用方法等分别介绍。

① 作用原理

染发在碱性条件下进行，这时头发角蛋白变得膨胀，低分子量的染料中间体（邻苯二胺、对苯二胺、对氨基苯酚及其衍生物）渗入到头发纤维中，与氧化剂（过氧化氢、过硼酸钠、过氧化脲等）发生氧化反应，生成亚胺，亚胺再在偶合剂（间位苯二胺、氨基酚、多元酚类）的作用下，发生偶合反应，并进一步缩合生成有颜色的大分子的茚达染料，留滞在头发内部，达到满意的染发效果。这种氧化染发剂，在头发上发生氧化漂白和氧化染料显色两种作用。过氧化氢对头发的色素具有良好的脱色作用，可使头发天然颜色淡化；而茚达染料可渗透到头发纤维内层，对头发产生染色效果。有关化学反应方程式如下：

② 染料中间体

染料中间体是一些小分子化合物，以苯二胺、氨基酚或此类化合物的衍生物为主体。

对苯二胺是目前最广泛使用的染料，能将头发染成黑色，染发后的头发具有良好的光泽和自然的光彩。为提高对苯二胺的染色效果，可在染发剂配方中添加间苯二酚、邻苯二酚、连苯二酚等多元酚，可使着色牢固，染色光亮。

对氨基酚也是使用广泛的染料之一，能将头发染成褐色，同时使用对甲苯二胺和2,4-二氨基甲氧基苯能将头发染成金色、暗红色。

实际上，单独使用某种染料中间体是不够的，通常是采用几种染料中间体混合使用，再加入修正剂，使之显现出所喜爱的颜色。如在对苯二胺中加入修正剂，其色调变化为：加入间苯二酚显绿褐色；加入邻苯二酚显灰褐色；加入对苯二酚显淡灰褐色。因此染料中间体的选择至关重要，选用不同的染料中间体配伍，就能得到不同的色泽（见表10-3）。

表 10-3　常用染料中间体及染发后的颜色

染料中间体	染发后的颜色	染料中间体	染发后的颜色
对苯二胺	棕至黑色	间苯二胺	紫色
氯代对苯二胺	红棕色	对氨基酚	淡茶褐色
2-甲氧基对苯二胺	灰黄色	4-氨基-2-甲基酚	金带棕色
邻苯二胺	黄带金黄色	4-氨基-3-甲基酚	淡灰棕色
4-氯代邻苯二胺	棕色带金黄	2,4-二氨基酚	淡红棕色
对甲苯二胺	红棕色	对甲胺酚	灰黄色
3,4-甲苯二胺	亚麻色	邻氨基酚	金黄色
邻甲苯二胺	金色带棕	2,5-二氨基茴香醚	棕色
对氨基联苯胺	棕黑色	4-氯-2-氨基酚	灰黄色
2,4′-二氨基联苯胺	紫棕色	2,5-二氨基酚	红棕色
4,4′-二氨基联苯胺	红棕色	间氨基苯酚	深灰色

③ 基质

氧化染发剂的基质由表面活性剂、增稠剂、溶剂和保湿剂、抗氧化剂、氧化减缓剂、螯合剂、调理剂、碱剂、香精等组成。除主染剂外，染发剂中一般还添加适量的色调修正剂、碱剂和其他助剂，如碳酸钠、碳酸氢钠、三聚磷酸钠、焦磷酸钾等。

④ 氧化剂

氧化剂是氧化染发剂的另一重要组成，要求使用时氧化反应完全、无毒性、无副作用等。氧化剂中活性物的浓度，直接影响染料中间体在氧化过程中氧化反应的完全程度。如果氧化剂中活性物含量偏低，则氧化反应进行不完全，影响染发色泽；反之，如果活性物浓度过高，虽然氧化反应完全，但氧化剂本身既有氧化作用，又有漂白作用，也会影响染发的色泽；同时还会对头发角蛋白产生破坏作用，影响染后头发的强度。

氧化剂要求氧化反应完全、无毒、无副作用等，通常使用 6% 过氧化氢（pH3～4），还需加入稳定剂，常用的稳定剂是非那西丁、磷酸氢钠等，加入量为 0.05%。其他氧化剂还有过硼酸钠、过硫酸钠、重铬酸盐等。

⑤ 氧化染发剂分类及使用方法

市场上销售的氧化型染发剂形态多种多样，有粉状、液状、膏状及染发香波等。氧化染发剂一般是将含氧化染料的主染剂和氧化剂分别盛装，染发时把二者混合之后，充分涂抹在头发上，接触 15～20 分钟，使天然头发色素变淡而欲染的颜色强度逐渐增强，染色达到要求的程度后将残留的染色剂洗掉。

液状染发剂一般以溶剂做染料载体，与氧化剂混合后呈水状。因为是液体制品，染发时不易黏附在头发表面，且易流失沾污皮肤和衣服，使用不太方便。

膏状染发剂是在基质中添加一些增稠剂、表面活性剂等添加剂，使之与氧化剂结合后呈黏稠状或半流动状胶体。其特点是易黏附在头发表面，有利于染料分子渗透到头发内部，且不易沾污皮肤和衣服。

香波型染发剂是在香波基体中溶入染料中间体，其中的表面活性剂宜选用非离子型或两性离子型，也可使用阴离子表面活性剂。染发香波的使用比较简单，将染发香波均匀分布在头发上，待显色 20 分钟左右，用水冲洗干净即可，很适合家庭使用。

(2) 直接染料染发剂

直接染料染发剂是指不使用氧化剂或发色剂而直接对头发进行染发的染发剂。与织物染料相比，直接染料在染发时温度不能太高，所以大分子染料很难渗入，且酸性的染料会和头发表面的碱性基团结合而阻碍染料的渗入，故直接染料所用的必须是小分子且无酸基团。小分子染料虽然在常温下可渗入发髓，但也容易被溶出，因而采用此类染发的保留时间较短。采用直接染料配制的染发剂，根据其染色的牢固度，可分为暂时性染发剂和半持久性染发剂两类。

① 暂时性染发剂

暂时性染发剂是使头发暂时着色，染色的牢固度差，持续时间短，不耐洗涤，只能暂时附在头发表面作为临时性的修饰，一次洗涤就会完全除去，常用于演员化妆或特殊情况下需要短时间改变头发的颜色。

这种染发剂采用大分子色素染料，主要是通过染料与头发表面接触，利用界面间的吸附、润湿作用，沉积在头发表面使头发改变颜色。由于染料不会渗透到发质内部，一经洗发，染料就会被完全冲去，不会影响头发的组织和结构，比较安全。

暂时性染发化妆品的染料常采用碱性染料、酸性染料、分散染料等，如偶氮类、蒽醌类、三苯甲烷等。将染料与水或乙醇-水溶液混合在一起可制成液状产品，为了提高染色效果，可配入有机酸如酒石酸、柠檬酸等；将染料和油脂或蜡配制成棒状、条状或膏状，使用时直接用毛刷涂到湿润的头发上或像唇膏那样直接涂在头发上，也可以将染料溶于含透明聚合物的液体介质中，通过喷雾容器喷到头发上，这种剂型因使用方便而受到欢迎。

② 半持久性染发剂

半持久性染发剂能耐洗发剂数次洗涤（5～6 次），并可保持色泽 3～4 周，这类染发品中的染料能通过毛发的表层，以扩散的方式到达毛发的上皮和毛发髓，由于离子健的作用，染料沉淀在毛发中，将头发染成各种不同的颜色。

半持久性染发剂一般使用对毛发具有亲和力的低分子量染料，主要是偶氮系酸性染料，在酸性条件下，不需氧化就可以将头发染成各种不同的颜色，产品剂型有液状、乳液状、凝胶状和膏霜状（见表 10-4）。

表 10-4   染发剂的分类

分类	染发机理	主要原料	留色时间	市场占有率/%	备注
暂时性	表面黏附或吸附	天然植物染料 法定合成染料	7～10 天	23	洗 1 次脱色
半持久性	内透染发,透入层较浅	碱性染料 酸性染料 金属盐染料	15～30 天	4	洗数次脱色
永久性	内透至髓质 半透型 反应性染发	氧化染料 金属型色素 植物型色素 活性染料	1～3 个月	73	洗多次脱色

4 植物性染发剂

植物性染发剂是最早使用的染发剂，是从植物中提炼出来的精华，相对温和，不伤害身体。但是植物染发颜色单一，黑发护理后是褐色，白发护理后是酒红色。

如指甲花的干叶磨成粉，加水活化，可制成植物性染发剂，它的有效成分是 2-羟基-1,4-萘醌，可溶于热水，在酸性溶液中生成酸性萘醌染料，把它调成糊状涂抹在头发上，40～60 分钟后洗掉，能将头发染成红色，可以经受 4～6 次漂洗。但单独使用时，只能将头发染成蓝黑色。

指甲花叶与其他物质如甘菊花、靛类叶粉、金属盐混用时，可以扩大色调范围。国外已有合成指甲花型制品，以取代天然指甲花染料。

5 矿物性染发剂

矿物性染发剂也是较早被采用的染发剂，古时候人们就用醋中浸过的铅梳发而使头发的色泽变深。矿物性染发剂不是染料，而是固体金属盐本身的颜色螯合于头发角蛋白质的表面，一般是不能渗入发髓的，所以经过摩擦、梳洗后均会脱色，属于半持久性染发剂，而且经金属盐染发后头发变硬、变脆。

金属盐类染发剂大多是铅盐或银盐，少数用铋盐、镍盐、铜盐、锰盐、钴盐或铁盐，如醋酸铅、硝酸银和柠檬酸铋等，再辅加其他碱类使头发角蛋白质膨胀，以利于螯合。如硫黄与醋酸铅变成黑色的硫化铅，或由高价锰变成低价锰，螯合于头发的表面，而显出各种金属化合物的颜色。在使用矿物性染发剂染发前，先用巯基乙酸铵或巯基酰胺等预处理头发，可使染发剂稳定，同时使染发色泽加深。

⑥ 头发漂白剂

头发漂白剂又被叫作头发脱色剂。使头发脱色的目的在于使头发颜色比天然的稍淡些，增加头发的光亮度，但更多情况下则是为头发染色做准备。所有脱色漂白的方法都是氧化过程。头发经过反复漂白脱色，发质会受损。最普通的氧化剂是过氧化氢，一般用其 6％或 9％溶液，有时使用 12％的溶液。这些溶液通常加入磷酸、硫酸奎宁、焦磷酸盐、乙二胺四乙酸及某些锡酸盐等保存。过氧化氢可以单独用于漂白头发，但是为了促进氧化过程，常和某种碱性溶液如氨水制成混合液。

⑦ 脱染剂

脱染剂常被用来除掉染出来的不满意的发色，以便更改头发的色调。由于原用染发剂的染料类型不同，着色的机理及其牢固程度也各有差异，所以没有能够去除所有染料且安全方便的头发脱染剂。使用暂时性或半持久性染发剂染过的头发，一般用香波洗一次或洗几次即可除掉。氧化型染发剂着染的发色很难完全去除，目前多使用硫代硫酸钠或甲醛或亚硫酸氢钠之类的还原剂把染料还原，以达到部分脱色效果，但对头发会产生一定的损害。

⑧ 影响染发效果的因素

氧化型染发中影响染发效果的因素很多，其中头发的损伤程度和染料的分子量大小是最直接的影响。研究发现，完整无损的头发染色较难，最容易染色的是经电烫或漂色过的头发，其次是被碱损伤过的头发。这是因为正常无损的头发结构比较紧密，而被损伤过的头发结构比较疏松，头发孔隙增多，有利于染料分子的渗入。

染料中间体分子直径的大小也关系到染色效果的好坏，分子小则分散性好，渗透力强，容易进入头发内部，染色效果好。相反染料中间体的分子过大，染色效果不好，用于染发剂的染料一般选用分子直径为 0.6～0.8 纳米。

头发毛孔的分布是不均匀的，这必然会导致染料中间体不能均匀地渗透到发质中去，可能会使头发染色不均匀，所以染发剂中往往添加氨类的膨胀剂，使头发疏松，染色均匀。

染色的深度与氧化反应的速度有密切的关系，一般来说，氧化反应快染色浅、氧化反应慢染色深，但如果氧化反应的速度过慢，会使氧化反应不完全，导致染色深度不够。

⑨ 染发的危害

其一，氧化剂是染发剂的重要组成部分，它对头发角质蛋白的破坏力相当大，易对头发造成损伤，经常使用会使头发枯燥、发脆、开叉、易脱落。

其二，永久性染发剂多数使用苯胺类的染料中间体，其刺激性和毒性在化妆品原料中属较高者，在使用后会造成皮肤过敏，甚至头晕、恶心等一些症状。

其三，染发剂由两种成分组成，使用时先将它们混匀再涂抹在头发上，但这个混匀的过程中会产生高浓度的有害气体二噁英。二噁英是被世界卫生组织公认的一种强烈的致癌物质，它通过呼吸道进入体内，并在肌肉中长期滞留难以分解，干扰人体内分泌，雌性激素和甲状腺激素均受到干扰，长期接触将导致人体基因变异畸形，诱发癌症等疾病。所以，孕期和准备怀孕的妇女不让染发是有科学道理的。

第四，染发剂中还含有重金属盐，一旦进入人体，很难排出体外，时间长了蓄积在体内，会引起中毒，使人出现头昏、头痛、倦怠乏力、四肢麻木等中毒症状，并可能进入肝肾和大脑，破坏这些器官的功能。

专家建议最好不要染头发。如果必需染，两次染发至少要间隔 3 个月，并且最好到专业理发店染。染发前一周不要焗油，染发当天不要洗头，因头皮分泌的油脂有保护作用；若头皮有伤口、溃烂，不宜染发；染发前 48 小时应做皮肤敏感测试；染前可以先在发际、耳后涂抹乳液或凡士林，以防染发剂沾到皮肤造成伤害；如果染发时头皮出现轻微的不良反应，应立即停用。

八、祛头屑、止痒用化妆品

头皮屑至今在教科书和文献上尚无明确的定义，一般认为头皮正常代谢，形成角质层而脱落，不可见。而头皮屑是不正常的脱屑过程，是头皮的角质层细胞相互黏着后共同脱落的，当直径大于 0.2 毫米时则肉眼可见，称为头皮屑，也是新陈代谢的结果。头皮屑过多，毛孔被堵塞，就造成毛发衰弱状态，容易细菌增殖，而刺激皮肤产生头痒问题。

❶ 头屑产生的原因及分类

头皮屑分为生理性头皮屑及病理性头皮屑。病理性头皮屑是头皮因细菌感染、真菌感染，或其他物理、化学性伤害造成头皮的发炎而产生。生理性头皮屑分干性皮屑和油性皮屑，干性皮屑呈糠状、灰白色的小鳞屑散在毛发间；油性皮屑的头皮及头发含有油腻黏滑的感觉，上面附有厚薄不一的痂皮，此情况以乳幼儿特别常见。

头皮屑从美容学角度给人们带来了烦恼，导致祛头皮屑产品的大量消费。头皮屑主要是不卫生造成的，所以经常洗头，用好一点的洗发露能有效祛除头皮屑。而头屑也与年龄、季节有关，青春期前很少有头皮屑，一般从青春期开始，20 多岁时达到最高峰，中年和老年时下降。头皮屑冬天较多，夏天较少。男女没有很大的差别。除此以外，当紧张、疲劳或受到微生物、细菌作用或皮脂分泌过多，会使头皮细胞代谢异常，细胞变大、增厚、聚集，脱落成可见皮屑。

轻微的头皮屑不需特殊治疗，有的甚至只是些来自喷发胶的剩余物或洗发剂积累下来的片状物，注意调整饮食结构，经常保持头部的清洁、使用具有祛头屑功能的洗发水，可起到抑制作用。

❷ 祛头屑成分介绍

以前使用的祛头屑药物主要有硫黄精粉、水杨酸、十一烯酸锌、煤焦油、硫化黄、吡啶硫酮锌（ZPT）、吡啶酮乙醇胺盐（OCT）和甘宝素等。

20世纪90年代以来，国外又相继开发出多种新型祛头屑药物制剂原料，其中包括三氯生、α-羟酸及β-羟酸和酮康唑等，然而被多数生产厂商认可的祛屑剂只有甘宝素和ZPT。酮康唑被发现有强大的抑制头皮真菌的效果，但其抗生素的本质决定了其只能用于特殊产品中，而不适用于普通洗发水。

天然植物祛屑成分的原料来源是从黄芩、黄连、蛇床子、白藓皮、百部、蒲公英、仙鹤草和苦参等天然植物经萃取、提纯和复配而成。这些植物提取物主要功效是抑制和杀灭马拉色菌，因为这是引起头屑的主要原因，它们具有很强的杀菌能力。实验证实效果明显，无刺激性、无过敏性和无毒性，是一种天然绿色的新型祛屑止痒剂，在祛屑产品应用中越来越广泛。

九、脱毛类化妆品

脱毛用化妆品是用来脱除不需要的毛发如腋毛、过分浓重的汗毛等，达到干净美观的效果。优质的脱毛类化妆品应在5分钟内即显示效果，且由于毛发的组成和皮肤的组成类似，所用脱毛剂不应对皮肤有刺激性和损伤。这类产品分物理脱毛剂和化学脱毛剂两种类型。

❶ 物理脱毛剂

物理脱毛剂也称拔毛剂，是利用松香等树脂将需要拔除的毛发黏住，然后自皮肤上拔除，其作用相当于用镊子拔除毛发。通常为蜡状制品，使用时先将蜡融化，然后涂在需要拔除毛发的部位，待蜡凝固后，即从皮肤上揭去，被黏着于凝固蜡中的毛发即随之从皮肤里拔出来。由于这种方式使用时很不舒适，而且若使用不当会使皮肤受到损伤，仅较使用镊子拔除方便一些，所以目前无多大发展。

❷ 化学脱毛剂

化学脱毛剂是利用化学作用使毛发在短时间内软化而能被轻易擦除。其作用机理亦基于毛发角质中含有大量结合胱氨酸这一特点，所用原料大体上与烫发剂相同，只是在作用程度上有所差异。烫发时只要求部分二硫键发生变化以达到卷曲的目的，而脱毛时则要求彻底的破坏，以使毛发完全被脱除。

化学脱毛剂分为无机脱毛剂和有机脱毛剂两大类。

（1）无机脱毛剂

常用的无机脱毛剂是钠、钾、钙、钡、锶等金属的碱性硫化物，其中钠盐和钾盐较钡盐和锶盐的刺激性大，因此不及后者受欢迎。但由于此类脱毛剂作用的pH值较高，因此刺激性较大；另外硫化物不稳定，易分解产生硫化氢逸去而降低其活性，同时还具有不愉快的气味，所以必须在这些物质中加入稳定剂。

（2）有机脱毛剂

常用的有机脱毛剂是巯基乙酸钙（$HSCH_2COO)_2Ca$，是稍有硫化物臭味的白色粉末，水溶液的 pH 值约为 11，与无机脱毛剂相比，其作用较慢，但对皮肤的刺激作用较缓和，几乎无臭味，加香容易。除钙盐外，巯基乙酸的锂、钠、镁、锶等盐也具有同样作用。采用两种以上的巯基乙酸盐对乳化型膏状制品的稳定性有利。

有机脱毛剂可以制成粉状、液状、乳膏状和摩丝等不同形式，但脱毛剂容易氧化，使用时需要在脱毛部位涂得厚一些，因此液状制品不适宜。为了使用后水洗容易，乳膏状较好。脱毛剂中除上述主成分外，还需加入其他助剂，如碱类、表面活性剂、香精等。

脱毛剂碱性很强，易损伤皮肤，脱毛后要用肥皂清洗，再擦酸性化妆水中和，或待完全干燥后擦滑石粉。脱毛后的皮肤如有干燥、粗糙等现象时，应擦适量乳液或乳膏以补充油分。

十、对头发有利的食品

含半胱氨酸与甲硫氨酸的食品有助头发生长，这两种氨基酸多存于动物性食品中，如蛋就是最佳的来源，此外还有豆类与包心菜。

维生素 B_6 和维生素 E 有预防白发和促进头发生长的作用，包心菜、麦片、花生、葵花子、豆类、香蕉、蜂蜜、蛋类、猪肝、酸乳酪等食品中含量较多。

海产食物可助生发，如紫菜、小鱼干、蚬等，有助于保持血液酸碱度的平衡，尤其是海鲜中的碘、硫、铜和蛋白质，是生发及养发的必要物质。

蔬果如菠菜、芹菜、豆类、柠檬、橘子等为碱性食品，不仅有抑制酸性作用，还含有许多构成发质所必需的微量元素，对头发的营养帮助很大。

十一、学习实践、经验分享与调研实践

❶ 学习实践

① 请体验不同类型发用化妆品使用感官感受及效果之间的区别。

② 请体验感受物理脱毛与化学脱毛的使用感官感受差异。

② 经验分享

请与朋友们分享自己发用化妆品的使用心得，如挑选方法、评价方法以及使用方法与使用频率等。

③ 调研实践

① 近年来市场上流行"无硅油"发用产品，请调研此类产品的性能与优势。
② 调研市场上染发产品的产品质量与使用效果。

第十一章

口腔类化妆品

口腔是人体重要的组成部分，健康的口腔能影响和反映人们的身体状况和精神面貌，口腔类化妆品因而在化妆品产品中占据着非常重要的位置。

一、口腔与牙齿的基础知识

① 口腔

口腔位于面颜的下部，是消化系统的起端。前壁以口唇为界，两侧被双颊包围，上界的前 2/3 为硬腭，后 1/3 为软腭，下界由口腔底部的肌肉组成，后界借咽峡与咽相通。在闭口时，口腔可分为前庭和固有口腔两个部分，口唇以内、牙齿以外叫口腔前庭，牙齿以内到咽部叫固有口腔。口腔的结构如图 11-1 所示。

（1）口唇

口唇外面覆盖皮肤，里面衬以黏膜，中间由肌肉、血管、神经等组成。口唇分上唇和下唇，唇两端为口角。上唇正中有一纵行的浅凹，称为人中，在上 1/3 正中处，为人中穴，常用作治疗人事不省病人的急救穴位。唇皮肤与黏膜交界处，叫做唇缘。唇红部的血管比较接近

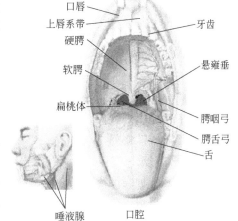

图 11-1　口腔的结构

黏膜表面，正常呈樱红色。唇红的变化常可识别某些疾病。如患贫血的病人，因血液内血色素减少，唇红部就变苍白；患肺心病而伴发循环衰竭的病人，因血液内缺少氧气，唇红部就变为青紫色。唇黏膜紧贴着牙齿，有保护牙齿的作用，"唇亡齿寒"就是这个道理。

（2）颊

颊位于口腔的两侧，由肌肉组成。外面覆盖脸部皮肤，内侧为口腔黏膜。颊部肌肉间有脂肪组织，脂肪存积得多，人的面部就显得丰满；脂肪存积得少，面部就显得干瘪瘦小。

（3）舌

舌是口腔底部向口腔内突起的器官，以平滑肌为基础，表面覆以黏膜而构成，具有搅拌食物、协助吞咽、感受味觉和辅助发音等功能。人类全身上下最强韧有力的肌肉就是舌头。

（4）腭

腭俗称天花板，前部 2/3 在黏膜下的是骨板，所以叫做硬腭；后部 1/3 是黏膜和肌肉，可以活动，叫做软腭。软腭后部中央有一向下突起，叫悬雍垂，俗称小舌头。

（5）涎腺

涎腺又称唾液腺，也叫唾腺，位于口咽咽部鼻腔和上颌窦黏膜下层，是口腔内分泌唾液的腺体。人或哺乳动物有三对较大的唾液腺，即腮腺、颌下腺和舌下腺，另外还有许多小的唾液腺。

（6）牙齿

牙齿是口腔内的重要器官，其主要功能是咀嚼食物和辅助发音，并对保持面部正常形态有重要作用。它是钙化了的硬固性物质，所有牙齿都被结实地固定在上下牙槽骨中。露在口腔里的部分叫牙冠；嵌入牙槽看不见的部分称为牙根；中间部分称为牙颈；牙根的尖端叫根尖。

② 牙体组织

牙齿的本身叫牙体，其主要成分是羟基磷灰石 $Ca(OH)_2(PO_4)_6$。牙体包括牙釉质、牙骨质、牙本质和牙髓 4 个部分（见图 11-2）。

（1）牙釉质

牙釉质是牙冠外层的白色半透明坚硬组织，亦称珐琅质。天然牙釉质呈暗白色或轻微米色，有一定的透明度。薄而透明度高的釉质，能透出牙本质的浅黄色，使牙冠呈黄白色；牙髓已死的牙齿，透明度和色泽都有改变。釉质内没有血管和神经，是没有感觉的活组织。牙釉质也是人体中最硬的组织，能保护牙齿不受外界的冷、热、酸及其他机械性刺激。

（2）牙骨质

牙骨质是覆盖在牙根表面的一种很薄的钙化组织，呈浅黄色。其硬度类似于骨组织，具有不断新生的特点。由于硬度不高且较薄，当牙骨质外露时，容易受到机械性的损伤，引起过敏性疼痛。

（3）牙本质

牙本质是一种高度矿化的特殊组织，是牙齿的主体，呈淡黄色。其硬度不如牙釉质。牙本质内有很多小管，是牙齿营养的通道，其中有不少极微细的神经末梢。因此，牙本质是有感觉的，一旦牙釉质被破坏，牙本质暴露时，外界的机械、温度和化学性刺激就会引起牙齿疼痛，这就是牙本质过敏症。

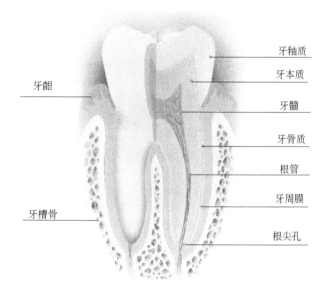

图 11-2　牙齿的组织

（4）牙髓

牙髓位于牙齿内部的牙髓腔内及根管内，主要包含神经、血管、淋巴和结缔组织，还有排列在牙髓外周的造牙本质细胞，其作用是造牙本质。当牙冠某一部位有龋或其他病损时，可在相应的髓腔内壁形成一层牙本质，称为修复性牙本质，以补偿该部的牙冠厚度，即为牙髓的保护性反应。牙髓组织的功能是形成牙本质，具有营养、感觉、防御的能力。牙髓神经对外界的刺激特别敏感，可产生难以忍受的剧烈疼痛。

❸ 牙周组织

牙齿周围的组织称为牙周组织，包括牙周膜、牙槽骨和牙龈。

（1）牙周膜

牙周膜（牙周韧带、牙周间隙）由致密结缔组织所构成。多数纤维排列成束，纤维的一端埋于牙骨质内，另一端则埋于牙槽窝骨壁里，使牙齿固位于牙槽窝内。牙周膜内有神经、血管、淋巴和上皮细胞。牙周膜一旦受到损害，无论牙体如何完整，也无法维持其正常功能。

（2）牙槽骨

牙槽骨是颌骨包绕牙根的部分，借牙周膜与牙根紧密相连。牙根所在的骨窝称牙槽窝。牙槽骨和牙周膜都有支持和固定牙齿的作用。

（3）牙龈

通称牙床，有的地区叫牙花儿，是附着在牙颈和牙槽突部分的黏膜组织，呈粉红色，有光泽，质坚韧。牙龈的作用是保护基础组织，牢固地附着在牙齿上，它对细菌感染构成一个重要屏障。突出于相邻两牙之间的牙龈叫"龈乳头"。

❹ 常见牙病

（1）龋齿

龋齿表现为无机质的脱矿和有机质的分解，随着病程的发展而有一色泽变化到形成实质性病损的演变过程（见图 11-3）。

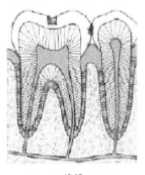
浅龋

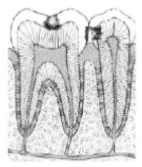
中龋

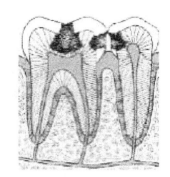
深龋

图 11-3　龋齿恶化的演变过程

（2）牙本质过敏

牙本质过敏是牙齿在受到外界刺激，如温度（冷、热）、化学物质（酸、甜）及机械作用（摩擦或咬硬物）等所引起的酸痛症状，其特点为发作迅速、疼痛尖锐、时间短暂。牙齿感觉过敏不是一种独立的疾病，而是各种牙体疾病共有的症状。

（3）牙髓病

牙髓病指牙髓组织的疾病，包括牙髓炎症、牙髓坏死和牙髓退变（见图 11-4）。牙髓急性炎症时，血管充血、渗出物积聚，导致髓腔内压力增高，使神经受压，加以炎性渗出物的刺激而使疼痛极为剧烈。

（4）牙周炎

牙周炎是由口腔内的细菌如菌斑、细菌和它的产物、抗原等对牙龈组织的刺激，引起牙周组织破坏的一种疾病。

另外还有牙渍、牙斑、牙结石、口腔异味和牙齿畸形的问题。

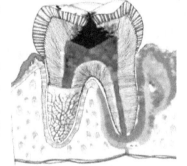

❺ 常用口腔卫生用品

图 11-4　牙髓病图

（1）牙膏

牙膏是和牙刷一起用于清洁牙齿，保护口腔卫生，对人体安全的一种日用必需品。随着科学技术的不断发展，工艺装备的不断改进和完善，各种类型的牙膏相继问世，产品的质量和档次不断提高，现在牙膏品种已由单一的清洁型牙膏，发展成为品种齐全的多功能型牙膏，满足了不同层次消费水平的需要。

（2）牙粉

在牙膏出现前，牙粉是最常用的牙齿清洁剂。古代为了保持口腔的清洁卫生，在使用各种工具揩齿刷牙的同时，还配以各种洁牙剂，最常见的是盐，即牙粉的前身。宋代，出现了"牙粉行"，专门出售中药配制的牙粉，牙粉已经成为社会商品。牙膏与牙粉的区别，主要是形态上的区别，一个是粉状，一个是膏状，其主要的起效成分基本相同。

（3）漱口水

漱口水又称为口腔漱洗液，漱口水在欧盟属于化妆品，我国目前仍没把漱口水纳入化妆品的监管范围，属于口腔卫生用品。但在最新修订的化妆品定义中，有可能将其纳入。其主要组分为香精、表面活性剂、氟化物、氯化锶、酒精和水等，具有杀除微生物牙垢的功能，并防止由其引起的龋齿、齿龈炎和口臭。漱口水有浓、淡两种，浓的以水稀释后用，淡的可直接漱口。

二、口腔清洁产品的历史

我们每天都要清洁牙齿，一天通常两次或更多。它是我们日常生活的一部分，可是在现代化的牙刷和牙膏发明及普遍使用以前，人类是怎么进行口腔清洁的呢？

最早诞生的口腔清洁用品是牙粉，牙膏是在牙粉的基础上改进形成的。早在公元前5000年，埃及人就制作了牙粉，其成分包含牛蹄粉灰、没药（一种植物）、粉状和烧焦了的蛋壳及浮石，记录中说明了混合成分的数量。随后希腊人，然后是罗马人，将牙粉的配方加以改进，如通过添加一些磨料如碎骨和牡蛎壳，用来清除牙齿上的污垢；罗马人添加炭粉、树皮粉及更多的调味剂来改善气味等。到约公元1000年，波斯人的书籍记载对牙粉配方又提出改进建议，他们指出用硬磨料做牙粉可能有磨损牙齿的危险，建议使用烧过的鹿角、烧过的蜗牛壳和烧过的石膏。其他的波斯配方涉及干燥的动物身体上的某些部分、草药、蜂蜜和矿物质。坚固牙齿的配方包括铅、铜绿、熏香、蜂蜜和燧石粉。

到了十八世纪，英国首先开始工业化生产牙粉，这时牙粉才成为了一种商品。1840年法国人发明了金属软管，为一些日常用品提供了合适的包装，这导致了一些商品形态的改革。1893年维也纳人塞格发明了牙膏并将牙膏装入软管中，从此牙膏开始大量发展并逐渐取代牙粉。

漱口是最简单的口腔清洁方法，古代漱口普遍采用含漱法，以盐水、浓茶、酒为漱口剂。公元前460～377年，希波克拉底建议用羊毛蘸蜂蜜清洁牙齿，然后用莳萝、八角、没药和白酒的混合液漱口，但由于其清洁能力较弱，漱口不能代替刷牙，刷牙才是最好的去除菌斑的机械方法，漱口只能作为刷牙之外的辅助手段。

三、牙膏的配方与成分

牙膏可分为普通牙膏和药物牙膏（特殊牙膏）两大类，主要由摩擦剂、保湿剂、发泡剂、增稠剂、甜味剂、芳香剂、赋色剂和具有特定功能的活性成分组成。

① 基本组成

（1）摩擦剂

摩擦剂是提供牙膏洁齿能力的主要原料，也是组成牙膏的主要原料，约占膏体总量的 $40\%\sim50\%$。其主要功能是加强对牙菌斑的机械性移除。一般认为摩擦剂的硬度在小于 4 时是比较适宜的。牙膏中常用的摩擦剂有以下几种。

① 碳酸钙（$CaCO_3$）

碳酸钙有沉淀碳酸钙和天然碳酸钙两种，也称为重质碳酸钙和轻质碳酸钙，重质碳酸钙是将岩石中的石灰岩和方解石粉碎、研磨、精制而成。轻质碳酸钙是将钙盐溶于盐酸中，再通入二氧化碳，得到碳酸钙沉淀。轻质碳酸钙颗粒细，密度小，可用于牙膏。

② 磷酸氢钙（磷酸氢钙二水盐 $CaHPO_4\cdot2H_2O$ 和磷酸氢钙无水盐 $CaHPO_4$）

磷酸氢钙分为二分子水的二水盐和无水盐两种。二水合磷酸氢钙的硬度适中，pH值适中，口感良好，是一种优良的摩擦剂，而且与牙釉有亲和力，有利于牙质的再矿化。无水盐硬度高，摩擦力强。由于水盐和其他成分有良好的混合性，因此在特制除烟渍的牙膏中，可在二水盐中混入 $5\%\sim10\%$ 无水盐。

③ 焦磷酸钙（$Ca_2P_2O_7$）

焦磷酸钙是将磷酸氢钙高温处理而得到的。由于它不和含氟化合物发生反应，故可用作含氟牙膏的基料。焦磷酸钙有 α-、β-、γ-几种结晶相，其中 β-、γ-相均属软性磨料，α-相较硬，摩擦剂中以含 β-、γ-相 80% 为宜。

④ 水合硅酸（$SiO_2\cdot nH_2O$）

水合硅酸是非常细的白色微粒，可用于透明牙膏中。另外，由于其比容大，可作牙膏的增量剂和增黏剂使用。

⑤ 氢氧化铝［$Al(OH)_3$］

氢氧化铝的颗粒较粗，但不会损伤珐琅质，且能增加牙膏的光亮度，并具有优良的洁齿力。质量稳定，摩擦值适中，外观洁白，pH值接近中性，是一种两性化合物，在膏体中能平衡酸碱度，具有良好的配伍性能，对氟化物有较好的相容性，也是一种较好的摩擦剂。

（2）保湿剂

保湿剂的主要作用有三个方面。

① 保持膏体的水分，当牙膏暴露在空气中时，能防止水分的蒸发，使管口处的牙膏不易干结，易于挤出。

② 保持膏体的流变性，便于机械加工。

③ 降低牙膏的冰点，提高牙膏的共沸点，牙膏冰冻后再融化时，不会导致膏体中水分分离，即使在高温（一般 50℃）下膏体仍然稳定。

常用的保湿剂有甘油、山梨醇、丙二醇、木糖醇、聚乙二醇（分子量在 $200\sim600$）等，现在最经常使用的是山梨醇，或甘油和山梨醇的混合物。一般占配方的 $15\%\sim65\%$。

（3）表面活性剂（发泡剂）

随着表面活性工业的发展，牙膏中作为洗涤、发泡剂的脂肪酸钠基本被合成的洗涤剂、发泡剂所代替。牙膏中使用的表面活性剂均有较好的发泡能力，其中使用最为广泛的是十二醇硫酸钠，其用量一般为 $1\% \sim 3\%$。其次为十二酰甲胺乙酸钠，后者的水溶性远超过前者，结晶析出温度也较低，10% 的溶液在 $0 \sim 5℃$ 时仍能保持液状，故在有黏结条件的膏体中用作稳定剂，可减轻凝聚结粒，保证牙膏膏体细腻。另外它所产生的丰富泡沫极易漱清，并且有一定的防龋能力。

（4）增稠剂

增稠剂是主导牙膏稳定性的关键原料，其主要作用是使牙膏具有适当的黏度和稠度，又不感到黏腻，有良好的流动性能；使牙膏具有骨架，挤出的牙膏能停留在牙刷上不会塌下，有良好的成条性能；在刷牙时牙膏容易分散，有良好的扩散性能；自身稳定性好，不易发生生物降解，贮存期间膏体稳定不分层，不分离出水，不影响牙膏的气味和色泽，有良好的稳定性能；使膏体细腻光泽，磨料分散均匀，不结黏返粗；与牙膏中其他组分，特别是活性物质的相容性好，有良好的配伍性能。但在牙膏中所占的比例不大，一般在 $1\% \sim 2\%$ 之间。常用的牙膏增稠剂有三类：一类是有机合成胶，如羧甲基纤维素钠、羟乙基纤维素、卡波树脂等；一类是天然植物胶，如黄原胶（汉生胶）、改性瓜尔胶、卡拉胶等；还有一类是无机胶，如增稠型二氧化硅、胶性硅酸镁铝等。

（5）甜味剂

甜味剂包括糖精、木糖醇、甘油、橘皮油等，其中以糖精为主。糖精是由甲苯等化工原料合成的，甜味大于蔗糖 500 倍，在口腔内不会变酸，是现代牙膏主要使用的甜味剂。其用量一般在 0.35%，不宜过量。

（6）防腐剂

防腐剂用于防止牙膏贮存期变质。常用的防腐剂有：山梨酸及其钾盐、苯甲酸及其钠盐、对羟基苯甲酸酯、溴氯苯酚。

（7）香精与染料

牙膏中香精和染料的添加，能使牙膏有清爽、舒适的口感，可遮盖药物的气味和颜色。

国内外牙膏中常用的香型大致有薄荷香型、留兰香型、冬青香型（沙士香型）、水果香型、肉桂香型及茴香香型。常用的染料是叶绿素。

❷ 特殊添加剂

（1）氟化物防龋剂及含氟牙膏

含氟牙膏是目前最常见的药物牙膏，统计表明含氟牙膏可减少 $20\% \sim 35\%$ 的龋齿病发率，是目前国内外公认的防龋齿最有效的制剂。它的主要功效是增强牙齿的耐酸性，促进再矿化，消除菌斑或抑制菌斑中细菌的生长。牙膏中常用的氟化物包括氟化钠、氟化亚锡、单氟磷酸钠、氟化锌等。它的防龋机理是：氟化物能降低牙齿表层釉质的溶解度并促进釉质再矿化。相同酸度，如果存在氟化物，牙齿的溶解度降低，不容易发生龋坏。微小龋坏发生后，暴露在氟化物中，可以在一定程度上使龋坏逆转。其次，氟化物能抑制口腔中致龋菌的生长、抑制细菌产酸。致龋菌分解代谢食物残渣产生酸，酸溶解牙齿中的矿物质形成龋坏，氟化物对该过程有抑制作用。在牙齿发育期间摄入适量氟化物，可以使得牙尖圆钝、沟裂变浅。这种形态改变可以使牙齿易于自洁，抵抗力增强。

含氟牙膏最适宜于牙齿尚在生长期的儿童和青少年使用。但缺点是牙膏中的氟会通过口腔黏膜进入人体，对人体产生伤害。

(2) 脱敏镇痛药剂及脱敏牙膏

在牙膏配方加入脱敏药物，可减少牙本质过敏，其有效成分被牙釉、牙本质吸收。这些药物减小了牙本质小管的管径，封闭了牙本质小管开口，从而阻断牙本质小管液体的流动，降低牙体硬组织的渗透性，提高牙组织的缓冲作用；同时改变感觉神经的兴奋性，阻断牙髓神经的活动性，达到治疗牙本质过敏的效果。牙膏中常用的脱敏镇痛药剂有下面几种。

① 氯化锶：氯化锶能提高牙本质抗酸能力而起脱敏镇痛作用。

② 羟基磷酸锶：脱敏效果比氯化锶显著。

③ 尿素：尿素能抑制乳酸杆菌的滋生，能溶解牙面斑膜而起抗酸脱敏镇痛作用。

④ 丹皮酚及柠檬酸盐等化合物和中草药提取物丹皮酚、蜂胶等。

(3) 消炎止血药剂及抗菌消炎牙膏

牙周组织的炎症（如牙龈炎和龈缘炎）是常见病多发病。牙龈出血与口臭是牙周炎的初期症状，发病后严重者发生肿胀、瘀脓、牙齿松动，导致牙齿脱落或被迫拔除。抗菌消炎牙膏是牙膏中加入某些化学药物，以达到抗菌斑、抑菌消炎的作用。这类牙膏对局部原因引起的口臭、牙龈出血、牙周炎等确有一定效果。但这类牙膏的味道往往不理想，长期使用可能有使口腔内菌群相互制约关系紊乱的副作用，可酌情选用并与其他药物牙膏轮换使用。常用抗菌剂有季铵盐（在牙膏中加 0.25%～1% 的季铵硅氧烷，对抑制牙菌斑有较长久的效果）、叶绿素铜钠盐、冰片、过硼酸钠、氨甲环酸（在牙膏中的用量为 0.05～1.0%）。

(4) 除渍剂及防牙结石牙膏

人的口腔中都有很多细菌，它易与唾液中蛋白粉液形成菌斑，使钙化了的菌斑变成结石。烟、茶、咖啡和食品色素易与口中的粉液形成色渍。防牙结石牙膏是添加药剂可溶解结石或消除色渍，有效防止牙齿结石，达到防病美容的目的。常用的牙菌斑、牙结石抑制剂有柠檬酸锌、植酸钠及其衍生物、聚磷酸盐、氨甲环酸及 EDTA 络合剂等。

(5) 酶制剂及含酶牙膏

含酶牙膏既没有保健作用，也没有医疗作用，但它能促进口腔进一步清洁，更进一步地杀菌抑菌，所以含酶牙膏列入功能性牙膏中。它通过酶溶解有害细菌的细胞壁影响细菌的代谢起到抑菌的作用，从而保护牙齿，增加口腔自身的预防体系。常用的酶有蛋白酶、葡聚糖酶、溶菌酶、纤维素酶。而加酶牙膏配方的关键是酶的保活和配伍问题。例如，十二醇硫酸钠能降低酶的活性；香料中的茴香脑、氯化钠、氯化镁对酶有保活作用，而高温、强酸、强碱都会使酶破坏。含酶牙膏是否能普遍采用有待进一步研究。

(6) 中草药成分及药物牙膏

药物牙膏是指在普通牙膏中加入某些药物，使牙膏具有药物的治病作用，也称为功效牙膏。常加入草珊瑚、千里光、两面针、田七、连翘、丹皮酚、金银花、野菊花等，这些中草药具有抗菌、消炎、活血等效果，在市场中大约占 40%～60% 的市场份额。

③ 其他助剂

牙膏使用的助剂有缓冲剂、缓蚀剂等。pH 值是牙膏膏基的重要指标之一，它关系到牙膏的口腔卫生、膏基的稳定性及对包装材料的缓蚀性能，常用的缓冲剂主要有磷酸氢钙、磷酸氢二钠及焦磷酸钠。缓蚀剂的作用是减小膏基对包装材料的腐蚀性，常用的缓蚀剂主要有硅酸钠、硝酸钾等。

④ 净化水

牙膏中一般占 20％～30％的水分。目前最常采用的是通过离子交换法制成的去离子水。

四、牙膏的评价方法

明眸皓齿从古至今一直为人们所追求。如今，牙齿美白已成为一种时尚，牙齿健康更是人们的追求，对于每天都要刷牙的我们，选择适合的牙膏非常重要。以下我们介绍一些牙膏品质的简单测评方法。

第一步，外观包装。

评测方法：观察牙膏外包装、牙膏管、封口设计。

第二步，产品质地。

评测方法：拧开牙膏挤出膏体后观察质地，对其颜色、香味进行观测。

第三步，口感温和度。

评测方法：用牙刷在纸板上推开牙膏，观察膏体的延展性。将膏体溶解在清水中，用 pH 试纸测试溶液的酸碱度，弱碱性为佳，结合亲自试用的感受，如入口是否有"辣口感"进行综合描述。

第四步，磨损程度测试。

评测方法：将少量牙膏涂抹于崭新的光碟表面，用手反复涂抹 30 次，观察光碟表面的磨损情况。如果光盘表面并没有明显的擦痕，说明产品不会对牙齿造成磨损。

第五步，发泡力测试。

测评方法：将少量牙膏挤入清水中，并适量搅拌，观察泡沫产生情况。泡沫产生情况说明表面活性剂的添加量，产生的泡沫利于清洁。

第六步，去污亮白能力测试。

评测方法：利用鸭蛋模拟牙齿表面的环境，将有污渍的鸭蛋浸泡在充分溶解了牙膏的溶液中，15 分钟后观察鸭蛋壳亮白程度的变化。

第七步，真人试用。

评测方法：对使用者的牙齿进行拍照，一周一次，持续 3 周，从牙齿光洁、牙缝无垢和牙龈出血三方面进行牙膏效果查看。

五、牙膏的选择与使用

目前市场上牙膏种类繁多，抛开品牌不谈，消费者最注重的是牙膏本身的功效。

对于牙齿健康人群，选用普通牙膏即可；有口腔疾病的患者，需选用特殊功能牙膏辅助治疗。使用药物牙膏时注意牙膏量要稍多一些，若能先用牙刷将牙膏涂布在全口牙龈上，稍候3~5分钟后再刷牙，药物吸收的效果会更好一些。但药物牙膏只是普通的日化产品，并不是药品，指望牙膏能治疗口腔疾病是不现实的。

牙膏最好用小管，有调查显示，超过八成的家庭使用大管（125克以上）牙膏。人们普遍认为，大管牙膏在价钱上更划算，而且能用很长时间。其实，用小管牙膏反而更好，原因主要有以下三点。

① 开管后牙膏不能用太久。因为牙膏使用时间越久，暴露在空气中的机会就越多，与牙刷的接触频率就越高，接触细菌的机会也就大大增加。

② 一家人不要合用一管牙膏。因为每个人的口腔细菌种群均不相同，在牙刷毛间隙中的细菌会在管口聚集，随后又被别人的牙刷带走，导致细菌传播。

③ 牙膏最好换着用。每个人要根据自己口腔特点和需要来选择，应该尽量换着使用不同的牙膏，发挥不同牙膏多方面的功效，从而维护口腔健康。

现在市场上的牙膏不单在成分及使用感官上精益求精，在包装上的不断创新追求也推动着牙膏产品的不断进步，如按压式牙膏等的出现，使得牙膏的使用更加便利，其产品的安全性也得以提升。

六、牙膏的妙用

① 夏天人们出汗多，衣领、袖口等处的汗渍不易洗净，只要搓少许牙膏，汗渍即除。衣服染上动植物油垢，挤些牙膏涂在上面，轻擦几次，再用清水洗，油垢可清除干净。

② 擦皮鞋时，将少许牙膏混合在鞋油中擦拭，皮鞋更光亮。

③ 洗鱼后，手上总会留下难以去除的腥味儿，先用肥皂将手洗净，再抹上牙膏反复搓擦，用清水洗净后腥味儿就容易去除了。

④ 牙膏可用来擦拭玻璃，玻璃上的积垢，用布蘸牙膏擦拭可擦得干净明亮。

⑤ 牙膏还可以去除瓷器污垢、搪瓷品的陈年积垢、茶垢和咖啡渍，用刷子蘸少许牙膏擦拭，一会儿就可以光亮如初。

⑥ 电熨斗用久了，其底部会积一层煳锈。可在电熨斗断电冷却的情况下，抹上少许牙膏，用软布擦拭，即可除去煳锈。

⑦ 水龙头下方容易留下水锈和水垢，涂上牙膏进行擦洗，很快就能清理干净。银器久置不用，表面会出现一层黑色的氧化层，只要用牙膏进行擦拭，即可变得银白光亮。

⑧ 牙膏可去除墙面字迹。写钢笔字时，如写错了字抹点牙膏，一擦就净。

⑨ 手表戴久了，表面会有一道道的轻微划纹，使得表盘看起来浑浊不清，用少许牙膏涂于手表的蒙面，用软布反复擦拭，即可将其细小的划纹除去。

⑩ 白球鞋穿久了会泛黄，先用专用清洗剂处理，用牙刷蘸点儿牙膏一刷，再用清水冲洗，球鞋便可洁白如新。

⑪ 去衣橱镜上污迹，可用绒布抹点牙膏擦拭，污迹即除。

⑫ 衣服上的墨迹如果不大，可用牙膏反复揉搓，清水冲洗，即可除去。

⑬ 用牙膏贴画，既牢靠又不损坏墙壁。如要取下，只要用水湿润张贴部位，就可以很容易地取下来。

⑭ 有腋臭的人，用牙膏擦腋窝部，可减轻臭味。

七、其他口腔卫生用品

随着人们对口腔问题的重视，口腔类化妆品除常见的牙膏、牙粉外，也不断发展产生了许多其他的口腔用品和用具。由此可见，口腔类化妆品及用品市场的内在潜力。

八、保护牙齿的误区

牙防专家提醒公众，保护牙齿要走出口腔保健的误区。

误区 1 牙齿要不了命，大不了拔了就行？

误区 2 人老了就要掉牙，这是自然规律？

误区 3 嚼了口香糖就不用刷牙了？

误区 4 泡沫多的牙膏就是好牙膏？

误区 5 毛多、毛密、毛硬的牙刷好？

误区 6 牙齿好坏是天生的，我无能为力？

误区 7 吸烟能杀灭口腔细菌？

误区 8 洗牙破坏牙齿？

误区 9 拔牙是一劳永逸治疗牙痛的方法？

误区 10 乳牙迟早要掉，不用管它？

九、学习实践、经验分享与调研实践

① 学习实践

① 牙膏中加入缓蚀剂的目的是什么？如果用塑料管作为牙膏容器，还有必要加缓蚀剂吗？

② 含氟牙膏中常用哪些氟化物？这些氟化物使用时应注意哪些问题？

③ 在确定牙膏配方时应注意哪些方面？

④ 可用于牙膏的酶制剂有哪些？分别有什么作用？

⑤ 牙膏中常用的脱敏剂有哪些？分别有什么作用？

⑥ 牙膏中使用的消炎杀菌剂有哪些？

② 经验分享

① 请与朋友分享一下自己口腔类化妆品的使用心得、挑选方法和评价方法，以及使用方法与使用频率等。

② 试讨论一下，牙膏与牙刷是否要经常更换？

③ 调研实践

① 调研屈臣氏和万宁的特殊功能口腔产品，并罗列产品特性与使用方法。

② 调研三甲医院及专业口腔医院在拔牙、补牙、种牙等不同口腔治疗的费用，探讨牙齿保护的必要性及迫切性。

第十二章
抑汗除臭功效化妆品

抑汗除臭化妆品是用来抑制汗腺分泌，去除或减轻汗分泌物的臭味，清除体臭或腋臭的化妆品类型。

一、 体臭的概述

狐臭是一种体臭，又称为腋臭，人皮肤的气味和体臭主要来自于分布在腋下、阴部、乳头、口角等部位的大汗腺（又叫顶浆腺）排泄的分泌物，当其与皮肤上的细菌相互作用，会发生变化，形成具有特殊气味的产物，通常为挥发性有机酸小分子，由于与狐狸肛门排出的气味相似，所以常称为狐臭。闻到这种的气味的人大多掩鼻远离，这样就给体臭的人造成很大的心理负担并有自卑感，从而影响工作和学习及交际。

二、 体臭产生的原因

汗腺是皮肤附属器的一种，是由腺体及导管两部分组成的，人类皮肤中约有200万～300万条汗腺，负责排出分泌物。一般而言，汗腺有两种，一种是小汗腺，又名外分泌腺，小汗腺遍布全身，通过汗液的排泄可起到散热降温、湿润皮肤、排泄代谢产物、代谢部分肾脏功能等作用。小汗腺分泌汗液的成分几乎都是水，固体含量仅为 0.3%～0.8%，固体中主要含有氯化钠、微量的乳酸和尿素。另一种为大汗腺，又名顶泌汗腺，在人体上只见于少数部位，如腋窝、乳晕、脐窝、肛门生殖器、外耳道内等。大汗腺分泌物的脂肪酸含量较高，是含有油脂、蛋白质及铁成分的较浓稠淡黄色液体，本身并无臭味。当分泌物中脂肪酸达到一定浓度，经皮肤表面的细菌，主要是葡萄球菌的分解后，即可产生具有异味的不饱和脂肪酸有机小分子，发出特异性的臭味（见图 12-1）。

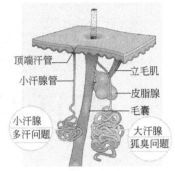

图 12-1　大小汗腺对体臭的影响

体臭的发生具有明显的遗传因素，而种族、生活环境、饮食、性别、健康情况及卫生习惯等因素也影响狐臭的产生。

体臭是一种显性遗传，临床上所见病例几乎都有家族史，若父母只有一方有体臭，那么遗传的概率则为 50%；双亲皆有体臭的人会有 80% 概率遗传到。患者即便通过手术去除了本身的异味，但并未改变患者的遗传性，因此仍可遗传给下一代。

一般来说，白种人和黑种人患有体臭的多于黄种人；白色人种、黑色人种、棕色人种患有腋臭的占绝大多数，而黄色人种的体味极轻。据统计，欧美人士有腋臭者高达 80%，而东方人较少，约 10%。不过西方人认为此乃普通生理现象，并不在意。东方人社会虽体臭体质较少，但一旦谁的体味较重，周围的人就感觉特别刺鼻，普遍认为是一种疾病。在我国，南方人和新疆、内蒙古人患有体臭的概率较高。

青春期男女受情绪和荷尔蒙影响，体表腺体分泌物较其他人群高，尤其是油性皮肤者，因此生长迅速、内分泌旺盛的青年男女是体臭的易发对象。随着年龄的增长，大汗腺逐渐退化，体臭症状会减轻或消失。

体臭与性别有关，女性的体表分泌腺比男子多 50% 以上，体臭现象女性多于男性。

此外，食用某些食物和服用某些药物也可造成独特的气味。例如，抗癌药他莫昔芬（tamoxifen），就可产生独特的气味；食物中的蛋白和油脂如洋葱和某些香料，可导致呼出特殊性气味。某些营养缺乏，如缺锌，也可造成体臭。

三、体臭的程度

根据异味大小可判断体臭的轻重程度。

强：进屋一会儿就能闻到味。

中：脱下衣服，就能闻到味。

轻：腋下夹上纱布，取下来的纱布有味。

弱：腋下夹上纱布，5～10 分钟取下纱布有味。

异味在三年以上可能属于遗传因素，不会传染，可通过治疗减轻症状。

四、体臭的治疗方法

体内大汗腺分泌物与细菌是引起体臭的主要原因，体臭轻症患者为了消除或减轻臭味，应从几方面采取措施：一是抑制出汗，减少大汗腺分泌物；二是杀菌，防止分泌物被细菌分解、变臭，即消除产生臭味的来源；三是使用芳香剂进行掩盖；四是合理家庭治疗，养成良好卫生习惯和饮食习惯。重症患者可通过手术切除腋下大汗腺或其他物理手段抑制大汗腺的分泌功能等。

1 手术法

体臭的产生与大汗腺分泌物和皮肤细菌相关。对于体臭严重患者，多采用选择性大汗腺剥除法减轻症状。传统的手术方法是将腋部有腋毛部位的皮肤连同大汗腺一起切除，该手术方法疗效可靠，可彻底去除体臭影响，但手术切口较大，出血多，会造成局部皮肤缺损，引起伤口感染，形成手术疤痕，手术后上肢活动会受到一些限制，使许多患者不能接受。外科技术的进步诞生了体臭的刮除法手术，是在腋部外侧切一小口，约3mm，将腋臭刮匙伸入皮下，刮除腋部的汗腺，让皮肤上的汗腺开口闭锁，从而达到治疗的目的。而刮吸法于20世纪80年代在日本开始应用，手术效果较好。该法是在刮除法的基础上改进，应用吸脂机将腋部的汗腺和部分皮下组织吸出，手术时间短，痛苦小，术后无明显疤痕，对工作影响小，患者易接受。

由于手术治疗都会造成皮肤破损和带来疤痕，因此这种治疗方法只适用于严重的，经其他方法治疗效果不佳的病人，临床医生都非常慎重选用此方法。

2 物理抑制法

物理抑制法分为激光法、冷冻法和打针法。

① 激光法是以激光束打在皮肤表面，破坏毛囊和大汗腺，切断汗腺排泄途径，祛除体臭。这种方法可同时完成脱毛和体臭祛除，但有可能因漏掉少数毛孔及破坏深度不够，需两次以上治疗，它只适合有体臭但不算很严重的患者选择。

② 冷冻法是通过局部冷冻的方式，用低温的液氮来冷冻破坏大汗腺。它基本是以物理方法去除体臭，相对安全，还可同时去一些小的血管瘤、疣、色素等。但是对正常皮肤有一定的损害，且有可能会复发，适合怕手术、怕注射，对安全性要求高、效果持续时间要求不高者。

③ 打针法是以酒精、肉毒杆菌毒素或消痔灵注射腋下，让大汗腺萎缩，抑制汗腺的分泌来抑制体臭的。它相比手术更方便，不留疤痕，一般术后即可开始正常工作和生活。但是一般起码两针才起全效，严重者可能需要更多，效果维持一年左右。一般不主张此法，比较适合不愿手术却又想效果相对持久的患者。

③ **药物外搽法**

用于药物外搽法的药物主要有两种，止汗剂和抗菌药物。

① 止汗剂是通过外搽止汗剂堵塞汗腺，减少汗水与细菌接触，降低体臭。它使用方便，但效果短暂，需每天多次使用。而且以铝化物为主要成分的止汗剂可引起腋下皮肤变黑或过敏，含氯化铁成分的止汗剂可导致皮肤刺激，须谨慎使用。止汗剂使用者在夏天由于不能正常排汗散热，令体温上升，运动能力下降，有中暑风险。它适合狐臭腋臭，有恒心毅力者使用。但不适合运动员和户外工作者。

② 外搽抗菌药物是把细菌消减（如酒精）或抑制细菌与汗水产生化学作用，达到去除异味的作用。它使用方便，产品在市面上很容易购买，并且不用每天使用，使用一次，有效期长达 7～14 天，身体可正常散热。但是需要注意抗菌药物不能完全根治体臭，一般适合汗味、狐臭腋臭，特别是运动员、户外工作者使用。

④ **香辟驱臭法**

香辟驱臭法是用带有香气的香水或香粉，喷或撒于腋窝来实现驱臭效果的。这种方法简单易行。但只能起暂时遮掩的作用，并且有可能使混合了腋臭后的香味更难闻。一般只有图方便者，或者偶尔有些许腋臭者才会使用。

⑤ **家庭治疗**

家庭治疗一般为多注意个人卫生、少吃辛辣、大蒜等食品，多吃蔬菜、水果等生活习惯的培养，逐渐让人步入健康的状态中。可每日洗浴、淋浴或清洗全身。经常清洗、晾干自己的衣服，尤其是内衣、短裤或长筒袜及所有穿在身上贴到皮肤的东西。在炎热的天气，避免穿紧身衣，可穿凉鞋，或不穿短袜；多穿易于排汗的棉衣和皮鞋；而过长的体毛使汗液和细菌存留，所以减轻体臭的一个方法就是刮掉腋下的毛发。其次，则是饮食习惯改变，例如少吃肉、油腻的食物。过度出汗可能与锌缺乏相关，每日服用 30～60 毫克的锌剂可帮助解决体臭问题。

五、抑汗除臭化妆品概述

① **作用机制**

抑汗除臭化妆品中的主要原料是收敛剂、杀菌剂和除臭剂，这些大多为化妆品限用物质，因此在配方中的使用浓度应符合《化妆品卫生标准》的规定。抑汗除臭化妆品的作用机制是通过抑制汗液分泌，去除汗臭和抑菌灭菌来达到除臭目的。

（1）收敛剂

收敛剂具有抑制人体汗液过量分泌和排出的作用。这类化合物对蛋白质有凝聚作用，接触皮肤后，能使汗腺口肿胀而堵塞汗液的流通，从而抑制或减少汗液分泌量。其作用机制如图 12-2 所示。

止汗剂使用在皮肤表面　　活性成分溶解在皮肤表面的汗液或水分中　　溶解的止汗剂形成胶体从而明显降低了汗液的分泌　　最终胶体会从皮肤表面脱离

图 12-2　收敛剂作用机制

收敛剂大致可分为两类。一类是金属盐类，主要是锌盐和铝盐，如羟基氯化铝、硫酸铝钾、柠檬酸铝、苯酚对磺酸锌、尿囊素氯羟基铝、尿囊素二羟基铝等。因为简单的铝盐易水解，溶液呈较高的酸性，对皮肤和衣物都有较大的影响。如果采用硫酸铝或氯化铝，则需要加入缓冲剂，常添加尿素和其他可溶性氨基化合物，以减少其对衣服的沾污，但效果不甚理想；又因氯化铝的刺激性很大，其用量不可太高。因此，简单铝盐较少直接用于收敛剂配方中。羟基氯化铝等碱式铝盐及复合型金属盐收敛剂，呈弱碱性，对皮肤的刺激性和衣物的沾污和损伤较少，成为较常见的收敛剂品种，如碱式氯化铝的复盐可以在没有缓冲剂存在的情况下使用。另一类是有机酸，如单宁酸、柠檬酸、乳酸、酒石酸、琥珀酸等。

（2）杀菌剂

杀菌剂可以抑制或杀灭催化分解汗液的细菌，如表皮葡萄球菌和亲脂性假白喉菌，直接防止体外汗液的分解变臭。常见的杀菌防臭剂有六氯酚、三氯生（2,4,4'-三氯-2'-羟基二苯醚）、氯化苄烷胺、盐酸洗必泰等，这些物质在使用时均有限用量。现在还配用季铵盐型表面活性剂如鲸蜡基吡啶氯盐、烷基三甲基氯化铵等，这类制品的安全性高，对皮肤的刺激性小，效能长，但在和其他类抑汗除臭剂复配时须考虑某些季铵盐品种与硫酸根离子是不相容的。此外，杀菌剂还可使用硼、叶绿素的衍生物（铜钾盐、铜钾钠盐和镁钠盐等）、精油和香料等。

（3）除臭剂

除臭剂是用来改善不良气味，即将恶臭改变为令人愉快的气味，或将不良气味的强度降低至可以接受的水平的一类物质。可以用气味愉快的香精简单地压倒恶臭，或者利用现代配香技术，设计除臭香精，使体臭和香精气味混合，结合成愉快的气味；另外也可以用某些物质来暂时使鼻子的嗅觉钝化。分解汗臭物质的除臭剂常用的有氧化锌、碱性锌盐等，国内还常使用中草药如广木香、丁香、藿香、荆芥等的制剂作为除臭剂。

一般的芳香水如香水、花露水等也可以消除或掩盖一般的汗臭。香水的主要成分是酒精和香料。香料来自于天然香源和合成香源。天然香源多为芳香植物（如柑橘、丁香、香柠檬、松针、肉桂、岩兰草等）榨取、蒸馏、提炼出花油而成。合成香源则为多种有机化合物，如醇、醛、酮类。香水的香型千变万化，随采用香源的不同而异，有花香型（玫瑰、丁香、茉莉、铃兰等香型），也有幻想型（水果香、辛香、粉香、苔类香、清香、现代香、东方香等）。

男性专用的香水叫古龙水（科隆水），它因首创于德国科隆而得名。科隆水的香味远低于香水，且不浓郁，宜于男子使用。科隆水的香型有柑橘、橙花、柠檬类等。

香水一般用于夏季，用法是在离身体 20 厘米处，将香水喷洒在耳后发际、手腕、颈部等处，也可洒在衣领、手帕上，不可太多、太集中。头发、腋下、足下及内衣裤上忌洒香水，以免产生怪味。

② 产品类型

止汗和除臭产品剂型的类型有五种，分别为洗剂、膏霜类剂型、气溶胶剂型、棒状制品、走珠产品。

（1）洗剂

洗剂是含有有效成分的流体，常以乳剂、悬浮液或溶液的形式出现，后者通常含有较高浓度的乙醇。

（2）膏霜类剂型

膏霜类剂型通常以水包油的膏霜为基质，除了含有收敛性化合物外，某些产品中发现加有具抑制组织退化作用的尿素和抗菌剂。

（3）气溶胶剂型

典型的无水气溶胶止汗剂由特细的收敛剂、润滑剂、悬浮剂、推进剂和香料组成。

（4）棒状制品

棒状制品是以形成凝胶状的脂肪酸盐为基质。

（5）走珠产品

走珠产品可以是具有合适黏度的洗剂或膏霜。由于每次使用后，产品极易受到滚动珠的污染，此类产品通常含有足够的高效抗菌剂，以保证产品持续无菌。

六、经验分享与调研实践

① 经验分享

请与朋友们分享一下各自对体臭的认识，并介绍一下抑汗除臭类化妆品的使用心得、挑选方法和评价方法，以及使用方法与使用频率等。

② 调研实践

① 请调研屈臣氏和万宁的抑汗除臭类产品类型，并罗列产品特性与使用方法。

② 结合体臭的形成原因，调查研究一下体臭患者除了体臭这一特征外，还容易出现什么样的生理特性。

第十三章
化妆品的选择和使用

化妆品是用来滋养和美化皮肤的，在人们日常生活中，如使用化妆品不当，或使用了劣质化妆品，不但达不到预期的美容效果，甚至还会损害皮肤。当今由于人们对化妆品的需求日益增多，化妆品产品及营销形式的多元化，消费者掌握正确的选购和使用化妆品方法，学习一些辨别化妆品真伪和识别化妆品优劣的知识，是进行护肤美容的前提。

一、化妆品的选购原则

要正确选购适合自己的化妆品，消费者首先要对自己有足够的了解，做到"知己"，其次应对所选购的化妆品有所了解，做到"知彼"，才能选购到适合的产品。

 知己

护肤开始阶段，第一步是做调研，要了解自己的皮肤状况、家族皮肤过敏史以及自己的年龄、性别、所处环境和季节等信息，对自己使用的产品和效果做一些记录。

（1）了解自己的肤质

只有掌握自己皮肤所处的状态，依据皮肤表面环境合理选购，适时调整所用的化妆品，方能取得较好的皮肤保健效果。而人的肤质会随年龄、外界环境等因素改变，因此要批判及联系地看待自己的肤质。

（2）了解自己家族中的过敏史

家族的皮肤问题及过敏史对于自己选购化妆品具有借鉴作用，如家族里的亲戚是否有严重的痤疮历史，是否有哮喘病症，是否有脂溢性皮炎等问题，同时注意观察自己的皮肤过敏情况，有哪些容易导致过敏的成分，如花粉、酒精、乳清等，这些都有助于判断自己的皮肤状况及可能的皮肤风险。花时间记录自己的产品使用历史，哪个产品曾经刺痛过，哪个产品曾经导致发红，哪个产品在哪个时间段使用效果不错等，这些都能帮助消费者在选购产品时，最大限度地避免过敏和刺激的风险，并且可以总结出"什么产品（活性物）对我（美白，防晒、抗皱等）来说最有效"这样的结论。

（3）明晰自己的年龄、性别、季节、环境特点

消费者在选购化妆品时，也应根据自己的年龄、性别、化妆品使用的季节、使用的环境等因素选择适合自己使用的产品。

① 依据年龄选择

每类化妆品均有适用人群，不同年龄的消费者要根据化妆品的适用人群挑选。日光是皮肤老化的重要原因，在各个年龄阶段都必须注意防晒。

② 依据性别选择

青春发育期前，男女皮肤表面皮脂含量无显著差异。青春发育期，男性的皮脂量及水含量均明显高于女性，皮肤大多偏油性。对女性而言，50岁以后，由于绝经期激素水平的变化，皮脂含量、水含量减少更为明显。因此，男性用的护肤品主要作用是吸取分泌旺盛的油分，保持皮脂的平衡，应该挑选去油较强的清洁用品和油脂含量少的化妆品。而女性则更需要使用保湿效果好、含适当油脂的产品，并根据女性不同时期的生理特点，挑选不同的护肤品。

③ 依据季节选择

在不同的季节，皮肤状态也会有所变化，因此要考虑气候和季节的改变对皮肤的影响，适时调整使用不同的化妆品。

④ 依据环境选择

不同的地域具有不同的气候特点。中国北方气候偏干燥、多沙尘天气、紫外辐射强，南方气候湿润、紫外线辐射相对温和，因此北方生活更需注重保湿、防晒，而南方则需避免使用油脂含量大的化妆品，以免影响皮肤新陈代谢。

② 知彼

（1）了解产品类型

市场上的化妆品种类繁多，根据其功能的不同，可以分为"普通化妆品"和"特殊功效化妆品"两大类。基础化妆品主要是清洁、保湿、祛痘、抗衰等，特殊功效化妆品包括美白、防晒、染烫发及育脱毛等发用类、抑汗除臭类等。在选购化妆品前，我们一定要清晰购买化妆品的目的，并以此来选择适合的产品类型，在选购中尤其注意标注的化妆品有效成分是否符合化妆品的类型。

（2）知悉产品价位

选购适合的化妆品还需要确定所购买化妆品的价位，最贵的化妆品不见得是最好的，应该在自己能接受的价位范围内选择最适合自己的产品，可以依据个人的收入状况和消费习惯来决定。对化妆品，其流通领域的费用占绝大比例，所以化妆品的价位与其本身质量并无直接关联。但知名化妆品企业在化妆品的研发环节和生产环节更加严谨规范，因此购买前了解不同化妆品牌的价位，尽量选择有资质的大公司品牌。

(3) 辨别产品的安全性

消费者在选购化妆品时，获得产品信息主要是根据化妆品的标签标识。化妆品的标识是指用以表示化妆品名称、品质、功效、使用方法、生产和销售者信息等有关文字、符号、数字、图案及其他说明的总称。标识的信息载体就是化妆品的标签，而根据《消费者使用说明化妆品通用标签》对化妆品标签定义为粘贴或连接或印在化妆品销售包装上的文字、数字、符号、图案和置于销售包装内的说明书。化妆品标签反映了化妆品的特性和功效，是传递产品信息的有效途径，这些信息直接关系到消费者的安全和健康。通过阅读化妆品标签中的文字、数字、符号、图案等内容，了解化妆品的作用、成分、保质期及使用方法、注意事项等信息，以便做出购买决定。

国家对化妆品标签标识的项目有明确规定，化妆品的标签上应当标明以下九部分内容。

① 化妆品的产品名称

化妆品名称一般按顺序由商标名、通用名、属性名组成。约定俗成、习惯使用的化妆品名称可省略通用名、属性名

举个例子：XXX 美白紧肤防晒精华乳 SPF25PA＋＋

可以看到，商标名是"XXX"；通用名是"美白紧肤防晒精华"；属性名是"乳"。

② 生产企业名称与地址

应该标明依法登记注册的化妆品生产加工企业名称和地址，联合生产的产品还需分别标明制造企业、包装企业、分装企业名称和地址，进口化妆品应当分别标明原产国或者原产地（港澳台）、制造者名称及地址、经销商（进口商、在华代理商）在国内登记注册的名称及地址。

③ 化妆品生产许可证编号

化妆品生产企业应该获得由省、自治区、直辖市药品监督管理部门颁布的化妆品生产许可证，化妆品标签上应当标注化妆品生产企业的生产许可证编号，格式为：省、自治区、直辖市简称＋妆＋年份（4 位阿拉伯数字）＋流水号（4 位阿拉伯数字）。

④ 产品批准文号

国产和进口特殊用途化妆品须经国家药品监督管理总局批准，获得产品的批准文号。进口非特殊用途化妆品须向国家药品监督管理总局备案并取得批准文号，以上批准文号、备案电子凭证就是化妆品的"身份证明"。化妆品的批准文号，备案电子凭证（进口）需标注在产品的包装标签上。

a. 进口特殊用途化妆品批准文号：国妆特进字 Jxxxx xxxx。

b. 进口非特殊用途化妆品批准文号：国妆备进字 Jxxxx xxxx。

c. 国产特殊用途化妆品批准文号：国妆特字 Gxxxx xxxx。

d. 国产非特殊用途化妆品备案电子凭证备案编号格式为：省、自治区、直辖市简称＋妆备字＋4 位年份数＋6 位本行政区域内的发证顺序编号。

⑤ 产品全成分表

化妆品成分表规定成分表应以"成分："的引导语引出，含量大于 1％的成分按加入量由多到少排列，排位越靠前，表明这个成分在该化妆品中占的比重越大。成分加入量小于或等于 1％的成分，可以在加入量大于 1％的成分后面按任意顺序排列。值得注意的是，香精香料统一以"香精"标注在全成分表中，色素以找色剂的编号或者中文名

称标注。

⑥ 产品执行标准

保障化妆品产品质量的执行标准也应标记在标签上，一般分为国家标准、行业标准、地方标准、企业标准等，通常情况下，企业标准都高于行业标准和国家标准。

⑦ 净含量

净含量是指去除包装容器和其他包装材料后，内装物的实际质量或体积或长度。液态化妆品以体积标明；固态化妆品以质量标明；净含量可标注在化妆品外包装的展示面或可视面上。

⑧ 保质期

产品的保质期是指产品的最佳使用期。产品的保质期由生产者提供，在保质期内，产品的生产企业对该产品质量符合有关标准或明示担保的质量条件负责，销售者可以放心销售这些产品，消费者可以安全使用。开启的化妆品的保质期将会缩短，所以尽早使用完，避免产品质量发生变质。

⑨ 安全警示用语

如果是儿童或其他特殊人群的化妆品，还必须标明注意事项、中文警示说明；对含有药物或者可能引起不良反应的化妆品应当注明使用方法和注意事项；防晒产品中表示防晒系数的 SPF 值最大只能标识 50，PA 值最大只能标识 3 个 "＋"。

化妆品标签标识一般直接粘贴或印刷在产品最小销售单位（包装）上，正规合法的化妆品厂家生产的产品标签都会按以上要求标注。若在购买时发现产品信息不全，很可能是有问题的产品，最好谨慎购买，否则一旦出现产品质量问题，可能会对自身有所伤害。

（4）读懂化妆品成分清单

化妆品是由不同功能的原料按一定科学配方组合，通过一定的混合加工技术而制成的产品。国家早在 2010 年 6 月 17 日就已颁布了《化妆品标识管理规定》，要求所有在国内生产或进口报检并销售的国产和进口化妆品，均须在产品包装上真实地标注配方中所添加的所有成分的中文标准名称。这一规定的出台，正是为了保障消费者的知情权，并帮助消费者能通过识别化妆品成分选择到真正适合自己的产品。

化妆品的成分中，最易引起化妆品不良反应的过敏原主要有香精、防腐剂、天然提取成分和其他过敏性成分等。

① 香精

香精是由人工调配的含有多种香料的混合物，具有某种香气或香型，它是一种人造香料，添加于化妆品中可以产生不同的香味。

② 防腐剂

化妆品中使用较多的防腐剂有对羟基苯甲酸酯类、咪唑烷基脲、甲醛和异噻唑啉酮类，此外还有苯氧乙醇、溴硝丙二醇等。甲醛是一种常见的过敏原，虽很少作为化妆品防腐剂使用，但化妆品中一些防腐剂在使用后可释放甲醛，如咪唑烷基脲等。

③ 天然提取成分

近几年，植物提取物和中药成分普遍应用在化妆品产品中，引起皮肤过敏问题。比如牛奶、花粉、燕麦、大豆提取物、水解小麦蛋白等也可能引起过敏症状。

④ 其他过敏性成分

对苯二胺是染发剂中引起皮肤过敏概率最高的物质，在使用染发剂时，一定要关注成分清单，使用前进行局部敏感性皮试。

孕妇应慎用化妆品，尤其是染发剂、烫发剂、祛斑霜、香水、口红。

二、化妆品的安全购买

❶ 化妆品的购买渠道

现在生活越来越便利，我们可以从不同的渠道购买化妆品。

化妆品的购买渠道主要可以分为线上和线下两种方式。

线上就是通过互联网购买，比如购物网站、微商、跨境电商等途径。

线下是比较传统的途径，须亲自去购买，比如超市及大卖场、百货商场、专营店、个人护理店及便利店、美容院等。

相对于传统的线下渠道和线上正规的电商网站，朋友圈开店的微商、朋友代购等个人销售的渠道，消费者维权难以得到保障，存在比较大的安全风险，所以建议谨慎选择这些途径购买化妆品。

❷ 化妆品的质量辨别

辨别化妆品的质量，可以通过下面"五步骤"来进行。

（1）看标签

应仔细查看产品的标签信息，尤其是生产日期、保质期等，还应特别注意标签上的安全警告用语。

（2）观颜色

合格化妆品的色泽自然，膏体纯净，彩妆化妆品则色泽艳丽悦目。变质化妆品的颜色灰暗污浊，深浅不一，往往有异色斑点或变黄、发黑，有时甚至出现絮状细丝或绒毛状蛛网，说明已被微生物污染。一些有特殊功效的化妆品易出现变色问题，如粉刺霜、抗皱霜等。

（3）闻气味

化妆品的香味无论是淡雅还是浓烈，都应十分纯正。变质的化妆品散发出的怪异气味掩盖了化妆品原有的芳香味，或是酸辣气，或是甜腻气，或是氨味，非常难闻。一些营养类化妆品容易出现变味现象，如人参霜、珍珠霜等。

（4）看稀稠

变质的膏霜质地会变稀，肉眼可看到有水分从膏霜中溢出。这是由于许多化妆品中一般都含有淀粉、蛋白质及脂肪类物质，过度繁殖的微生物会分解这些蛋白质及脂肪，破坏化妆品原有的乳化状态，从而使原来包含在乳化结构中的水分析出。有时即使在无菌状态下，如长时间的过度受冷或者受热，化妆品也会出现油水分离现象。另外，变质的膏霜膏体也可能会出现膨胀现象，这是由于微生物分解了产品中的某些成分而产生的气体所导致的，严重时，产生的这种气体甚至会冲开化妆品瓶盖而使化妆品外溢出来。

（5）凭触感

合格的化妆品涂抹在皮肤上会感觉润滑舒适、不黏不腻。变质化妆品涂抹在皮肤上感觉发黏、粗糙，给人以涂污物的感觉，有时还会感觉皮肤干涩、灼热或疼痛，常伴有瘙痒感。

三、化妆品的使用原则

1 使用化妆品的原则

在现实生活中，正确合理使用化妆品有以下几个原则。

（1）分级使用化妆品

建议分为三个级别选择护肤品。第一级是最初级的化妆品种类，其中至少需要有一瓶清洁用的产品、一瓶保湿面霜及一瓶不能缺少的防晒霜。第二级化妆品选择上就有了一个细分，比如清洁方面最好有浅度的清洁品，还有一个深度的清洁品，浅度清洁就是清洁皮肤表面的一些污垢、灰尘，而深度清洁主要是可以清洁皮肤的角质层，做一个比较彻底的清洁。另外，一定要有早晚使用的日霜和晚霜，这样可以针对不同的时间段，对皮肤作一个调整，同时还必须增加眼霜。此外还要增加精华素，它比较利于皮肤的吸收，针对皮肤不同的情况，可选用不同功效的精华素；防晒也有不同防晒功效的防晒霜等。第三级也就是顶级化妆品的种类选择，在一、二级的基础之上一定要增加面膜。面膜是一种高效产品，它能够比较快速地对皮肤进行调整。另外，还要增加一些休养用的化妆水。此外，面霜方面可选用功效性的产品，比如抗衰老、祛斑等种类的面霜。简而言之，三级化妆品最大的区别就在于选择一些营养性的和针对性更强的化妆品，而不是普通的保湿和调养性的化妆品。

（2）不滥用危险化妆品

不能使用检出微生物或检出致病微生物超过标准规定以上的微生物污染的化妆品，不滥用激素类和药物类化妆品，避免使用成分中含汞、铅、砷、甲醇及雌激素等化学毒物的化妆品，尽量选择使用不含香料、色素和防腐杀菌剂的化妆品，不滥用修饰性化妆品，并及时完整卸妆。建议大家在选择化妆品的时候，不管选择哪一个价位，一定要选择知名的化妆品，因为知名化妆品拥有时间考验过的品牌保证，在信誉上有保障。

（3）尽量避免不同的化妆品品牌交叉使用

护肤品不宜交叉使用，因为不同品牌的化妆品在配方和配伍方面都是很有讲究的，如果交叉使用可能会出现一些不良的化学反应，给皮肤带来一些困扰和问题。另外，多种功效的化妆品重叠使用也不好，因为这样不但起不到良好的作用，还会给皮肤带来更多的负担。

消费者在选购化妆品的时候，最好建立对某品牌的忠实度，尽量选择同一品牌的系列产品。这样可使各种产品之间有良好的相容性和协同效应，减少皮肤过敏现象的发生。避免过于频繁地更换产品，让皮肤成为各种品牌化妆品的试验田。

（4）化妆品不要过量使用

有人认为化妆品不是药品，可以随意使用，甚至不受使用量的限制，这是一种误解。化妆品是化学药品中的一种，大多数含有香精、防腐剂和色素等人工合成的添加剂，过量使用容易阻塞毛孔，降低皮肤的代谢与吸收功能。还有的化妆品中含有铬、铅、铜等重金属，长期过量使用会引起皮肤的慢性中毒。

（5）不同人群不宜共用一种化妆品

借用或共用化妆品常发生在母女之间，皮脂分泌量多的年轻肌肤因为用了适合中年干燥皮肤使用的保养品，变得油脂过多而长了青春痘；反过来，如果用了适合年轻肌肤的油脂成分少的面霜或乳液，中年干燥皮肤会变得越来越干燥、粗糙。

男性使用女性化妆品也是不恰当的，因为男性的皮脂分泌比女性多，女性中易长青春痘的油性皮肤才与普通男性的皮脂分泌量大体相等。

儿童不要使用成人化妆品，因为儿童化妆品与成人化妆品质量标准不一样，而且儿童的皮肤比较细嫩，容易受到伤害，成人化妆品对儿童不适宜，应该使用儿童型专用化妆品。

（6）根据需求使用化妆品

人体的皮肤不是一成不变的，不同的季节都有不同的细微变化，也有不同的护肤需求。比如夏季易出汗，水分多，应用吸油性护肤品；而春秋季风大，应用保湿性护肤品；冬季干燥寒冷，应用含油质的化妆品，以保持皮肤的水分和适当的油分。人的皮肤类型也会发生变化，不同皮肤类型有相应的护肤需求，如干性皮肤应选择油包水性的脂剂，娇嫩皮肤应选用刺激性小的化妆品。

2 化妆品的使用方法

人的皮肤可以选择性地吸收外界物质，皮肤对脂溶性的东西吸收得最快，如精油、羊毛脂、凡士林、维生素 A 等，而对水溶性的护肤品几乎不会吸收，除非借助离子导入仪等美容仪器的帮助。皮肤的吸收还受产品剂型的影响，如粉剂、水溶液很难被吸收，霜剂可少量吸收，软膏剂可促进吸收。但皮肤也有一些很奇妙的吸收特性，比如，当皮肤水分增加时，就会像被泡胀的海绵块一样，吸收能力大大增强 4～5 倍；皮肤温度上升时也能加强化妆品中的有效物质被吸收，通常上升 1℃ 可增加 10 倍的吸收。由于皮肤的这些奇妙特点，人们在使用护肤品时必须讲究使用的顺序和方法。

一般来说，应按照所使用产品分子的大小，遵循"水溶性产品在先，脂溶性产品在后"的原则，比如柔肤水、化妆水这类水质的护肤品应该在洁肤后最先使用。然后再使用精华素类的化妆品。要特别注意，一些可以迅速地缩紧皱纹、缩小毛孔的凝胶类化妆品，需要在精华素之后使用。最后，才使用乳液或膏霜之类的油质护肤品。

这是因为化妆水的作用非常表浅，很难被皮肤吸收，却可以适当增加皮肤角质表层的含水量，有利于皮肤对精华素中的营养成分的吸收；油状膏霜类的化妆品通常是在表面上发挥作用，它能够带入皮肤的营养成分只有 0.6‰，所以说如果先使用了稠度、油性含量比较高的化妆品，就会在皮肤的表面形成一个包裹层，会不利于高营养化妆品的营养成分到达皮肤的深层。

③ 化妆品安全问题及应对方法

使用化妆品过程中出现皮肤瘙痒、皮疹等任何不良反应时，应该第一时间停用产品，避免对皮肤的进一步刺激。一般轻微的不良反应在停用产品后可自愈。

如果出现皮肤显著红肿、丘疹及水疱甚至皮肤坏死等严重表现，则应携带使用过的化妆品及外包装，及时到医院皮肤科就诊，同时配合医生将相关化妆品不良反应信息提交至化妆品不良反应监测平台。

四、化妆品的保存

经过了多少尝试，终于找到适合自己的化妆品，每天早晚使用。但却常常在化妆品的保存或使用方面"犯了忌"而浑然不知，直至皮肤出现斑点、皱纹、脓疮等。其实这些伤害皮肤的现象，都有可能是化妆品变质导致的。因此，在存放或随身携带化妆品时应注意化妆品的保存。以下是化妆品保存的 6 大防护措施。

① 防热

温度过高的地方不宜存放化妆品。因为高温不仅容易使化妆品中的水分挥发，化妆膏体变干，而且容易使膏霜中的油和水分离而发生变质的现象。因此，炎热的夏季不要在手袋中装过多的化妆品，以短时间内能使用完为好。最适宜的存放温度应在 35℃以下。

② 防晒

阳光或灯光直射处不宜存放化妆品。因化妆品受阳光或灯光直射，会造成水分蒸发，某些成分会失去活力，以致老化变质；又因化妆品中含有大量药品和化学物质，容易因阳光中的紫外线照射而发生化学变化，使其效果降低，所以不要把化妆品放在室外、阳台、化妆台灯旁边等处。同理，在购买化妆品时，不要取橱柜里展示的样品，因其长期受橱柜内灯光的照射，容易或已经变质。

③ 防冻

化妆品可放在冰箱的保鲜冷藏室保存，不能放在冷冻室保存。寒冷季节，不宜将化妆品放在室外或长时间随身携带到室外。因为冷冻会使化妆品发生冻裂现象，而且解冻后还会出现油水分离、质地变粗，对皮肤产生刺激作用。

④ **防潮**

　　有些化妆品中含大量蛋白质和蜂蜜，受潮后容易发生霉变。也有的用铁盖玻璃瓶包装，受潮后铁盖容易生锈，腐蚀化妆品，使其变质。

⑤ **防污染**

　　化妆品中虽然都添加防腐剂以防产品受污染变质，但仍需以防万一，若其中有了细菌则会伤害皮肤。因此，化妆品使用后一定要及时旋紧瓶盖，以免细菌侵入繁殖。使用时最好避免直接用手取用，而应以压力器或其他工具代替。另外，化妆品一旦取用，如面霜、乳液，就不能再放回瓶中以免污染，可将过多的化妆品抹在身体其他部位。

⑥ **防失效**

　　一般化妆品的有效期限为一年，最长也不宜超过两年。化妆品在开封后，应尽量在有效期内用完。再好的化妆品，再精心的保存，过了使用期限，便是分文不值。

附 录

附录1 表面活性剂及其性能一览表

名　称	性 能 特 点
1. 十二烷基硫酸钠（sodium lauryl sulfate, SLS）	去脂力极强的表面活性剂，是目前强调油性皮肤或男性专用的洗面乳中最常用的清洁成分。缺点是对皮肤具有潜在的刺激性，与其他表面活性剂相比，刺激性较大。一直有相关的研究报道指出 SLS 对皮肤具有刺激性的事实。因为过强的去脂力，可将皮肤自然生成的皮脂膜过度去除，长期下来将使皮肤自身的防御能力降低，引起皮肤炎、皮肤老化等现象。所以，这一类产品只建议肤质健康且油性肤质者使用。对于过敏性及敏感性皮肤，切忌使用此类产品
2. 聚氧乙烯十二烷基醚硫酸钠（sodium lauryl ether sulfate, SLES）	亦属于去脂力佳的表面活性剂，对皮肤及眼黏膜的刺激性稍小于 SLS。所谓眼黏膜刺激，是指沾湿到眼睛时，眼部会有刺激起虹彩的现象。这类清洁剂应用广泛，除了应用于洁面产品，还大量使用于沐浴乳及洗发精的配方中。洗净力佳且价格低廉
3. 酰基磺酸钠＊＊＊（sodium cocoyl isethionate）	具有优良的洗净力，且对皮肤的刺激性低。此外，有极佳的亲肤性，洗时及洗后皮肤不会过于干涩且有柔嫩的触感 以此成分为洗面乳主要配方时，酸碱度通常控制在 pH5～7，适合正常皮肤使用。建议油性皮肤者或喜好把脸洗得很干爽、无油滑感的人，选用这一类成分，长期使用对皮肤比较有保障
4. 磺基琥珀酸酯类＊＊（disodium laureth sulfosuccinate）	属于中度去脂力的表面活性剂，较少作为主要清洁成分。去脂力虽然不强，但起泡力极佳，所以常与其他的洗净成分搭配使用，以调节泡沫 除了洗面乳之外，更常见于泡沫沐浴露及儿童沐浴露中使用，或在发泡性较差的洗净成分中作为增泡剂使用。本身对皮肤及眼黏膜的刺激性均很小，对干性及过敏性皮肤来说，是温和的洗净成分
5. 烷基磷酸酯类（mono alkyl phosphate, MAP）	属于温和、中度去脂力的表面活性剂。这一类制品，必须调整其酸碱度为碱性，才能有效发挥洗净效果。亲肤性不错，所以洗时及洗后触感均佳。但是，对于碱性过敏的肤质，不建议长期使用
6. 酰基肌氨酸钠＊＊＊＊（sodium cocoyl sarcosinate, sodium lauryl sarcosinate）	中度去脂力、低刺激性、起泡力佳、化学性质温和。较少单独作为清洁成分，通常搭配其他表面活性剂配方。除了去脂力稍弱之外，成分特色与酰基磺酸钠相似
7. 烷基聚葡萄糖苷＊＊＊（alkyl polyglucoside, APGs）	以天然植物为原料制得，对皮肤及环境没有任何毒性或刺激性。清洁性适中，为新流行的低敏性清洁成分
8. 两性表面活性剂＊＊（lauryl betaine, cocoamidopropylbetaine, lauramidopropyl betaine）	一般来说，这一类清洁成分的刺激性均低，且起泡性又好，去脂力方面属于中等。所以，较适宜干性皮肤或婴儿清洁制品配方 以目前清洁市场来说，婴儿洗发精用得最多。用在洗面乳中，则经常搭配较强去脂力的表面活性剂使用
9. 氨基酸系表面活性剂＊＊＊＊＊（acylglutamates, sodium N-lauryl-l-glutamate, N-cocoyl glutamic acid, potessium N-cocoyl l-glutamate）	氨基酸系表面活性剂，乃采用天然成分为原料制得，成分本身可调为弱酸性，所以对皮肤刺激性很小，亲肤性又特别好，是目前高级洗面乳清洁成分的主流，价格也较为昂贵

名　称	性　能　特　点
10. 酰化肽(acyl peptide)	淡黄色黏稠液体,具有润滑、去污、发泡乳化、分散等性能和蛋白多肽的护肤功效,对皮肤和毛发有很强的亲和性,用于香波、护发素、膏霜、乳液,是天然化妆品营养添加剂
11. 咪唑啉＊＊(imidazoline)	
12. ＊＊acyl amphoglycinate	
13. ＊＊alkyl aminopropinic acids (sodium laurim-in-odipropinate, sodium-β-imino dipropinate)	
14. ＊＊alkyl amphoacetate acid (sodium cocoamphoace-tate, disodium cocoamphodiacetate)	

注：以＊号表示产品品质，＊越多表示越好。

附录 2　化学防晒成分

序号	物质名称		最大允许使用浓度
	中文名	英文名	
1	3-亚苄基樟脑	3-benzylidene camphor	2%
2	4-甲亚苄基樟脑	3-(4'-methylbenzylidene)-dl-camphor	4%
3	二苯酮-3	oxybenzone (INN)	10%
4	二苯酮-4,二苯酮-5	2-hydroxy-4-methoxybenzophenone-5-sulfonic acid and its sodium salt	总量5%(以酸计)
5	亚苄基樟脑磺酸及其盐类	α-(2-oxoborn-3-ylidene)-toluene-4-sulfonic acid and its salts	总量6%(以酸计)
6	双乙基己氧苯酚甲氧苯基三嗪	2,2'-(6-(4-methoxyphenyl)-1,3,5-triazine-2,4-diyl)bis(5-((2-ethylhexyl)oxy)phenol)	10%
7	丁基甲氧基二苯甲酰基甲烷	1-(4-tert-butylphenyl)-3-(4-methoxyphenyl)pro-pane-1,3-dione	5%
8	樟脑苯扎铵甲基硫酸盐	N,N,N-trimethyl-4-(2-oxoborn-3-ylidenemethyl)anilinium methyl sulfate	6%
9	二乙氨羟苯甲酰基苯甲酸己酯	benzoic acid, 2-(4-(diethylamino)-2-hydroxybenzoyl)-hexyl ester	10%
10	二乙基己基丁酰胺基三嗪酮	benzoic acid, 4,4'-((6-(((((1,1-dimethylethyl)a-mino)carbonyl)phenyl)amino)1,3,5-triazine-2,4-diyl)diimino)bis-(2-ethylhexyl)ester	10%
11	苯基二苯并咪唑四磺酸酯二钠	disodium salt of 2,2'-bis-(1,4-phenylene)1H-ben-zimidazole-4,6-disulfonic acid	10%(以酸计)
12	甲酚曲唑三硅氧烷	phenol, 2-(2H-benzotriazol-2-yl)-4-methyl-6-(2-methyl-3-(1,3,3,3-tetramethyl-1-(trimethylsilyl)oxy)-disiloxanyl)propyl	15%
13	二甲基PABA乙基己酯	4-dimethyl amino benzoate of ethyl-2-hexyl	8%
14	甲氧基肉桂酸乙基己酯	2-ethylhexyl 4-methoxycinnamate	10%
15	水杨酸乙基己酯	2-ethylhexyl salicylate	5%
16	乙基己基三嗪酮	2,4,6-trianilino-(p-carbo-2'-ethylhexyl-l'-oxy)-1,3,5-triazine	5%
17	胡莫柳酯	homosalate (INN)	10%

序号	物质名称		最大允许使用浓度
	中文名	英文名	
18	对甲氧基肉桂酸异戊酯	isopentyl-4-methoxycinnamate	10%
19	亚甲基双-苯并三唑基四甲基丁基酚	2,2′-methylene-bis（6-（2H-benzotriazol-2-yl)-4-(1,1,3,3-tetramethyl-butyl)phenol)	10%
20	奥克立林	2-cyano-3,3-diphenyl acrylic acid, 2-ethylhexyl ester	10%（以酸计）
21	PEG-25 对氨基苯甲酸	ethoxylated ethyl-4-aminobenzoate	10%
22	苯基苯并咪唑磺酸及其钾、钠和三乙醇胺盐	2-phenylbenzimidazole-5-sulfonic acid and its potassium, sodium, and triethanolamine salts	8%（以酸计）
23	聚丙烯酰胺甲基亚苄基樟脑	N-{(2 and 4)-[(2-oxoborn-3-ylidene)methyl]benzyl} acrylamide	6%
24	聚硅氧烷-15	dimethicodiethylbenzalmalonate	10%
25	对苯二亚甲基二樟脑磺酸及其盐类	3,3′-(1,4-phenylenedimethylene) bis (7,7-dimethy-2-oxobicyclo-[2.2.1] hept-1-yl-methanesulfonic acid) and its salts	10%（以酸计）
26	二氧化钛	titanium dioxide	25%
27	氧化锌	zinc oxide	25%

注：防晒剂是利用光的吸收、反射或散射作用，以保护皮肤免受特定紫外线所带来的伤害或保护产品本身而在化妆品中加入的物质。这些防晒剂可在本规范规定的限量和使用条件下加入到其他化妆品产品中。仅仅为了保护产品免受紫外线损害而加入到非防晒类化妆品中的其他防晒剂可不受此表限制，但其使用量须经安全性评估证明是安全的。

附录 3　化妆品中抗过敏有效成分

（1）甘菊蓝（azulene）

甘菊蓝的别名为蓝香油烃，是从母菊及欧蓍草香精油中提炼而得的蓝色的油溶性液体，为抗敏化妆品中常用的天然抗炎成分，对伤口具有消炎作用，但作用慢，若皮肤处于受损状态，效果无法及时发挥出来。也具有缓和效用，对于敏感或起红疹的皮肤可给予舒缓的功效。以安全性来考虑，甘菊蓝作为低敏性保养成分，是极为安全的。

（2）甜没药（bisabolol）

甜没药萃取自洋甘菊，又名没药醇，为油溶性成分，具抗菌性，与甘菊蓝一样具有抗过敏抗炎的功效。也常搭配使用在保养品中。

（3）尿囊素（allantion）

尿囊素为微溶于水的白色粉体，经常搭配在化妆水中，作为抗敏成分。现今多以合成配方制得。具有激发细胞健康生长的能力，所以对于起红斑现象等皮肤伤害，具有促进伤口愈合的功效。

一般的保养品中也常加入尿囊素，以供皮肤受损时的不时之需。特别是一些具有刺激性的制品，像是含有果酸、维生素 A 酸的制品，或一些消炎镇静的晒后舒缓制品，都会加入尿囊素。尿囊素的添加量限制在 0.1%～0.2%，加多了对皮肤会有收敛作用，反而产生刺激反应。

（4）洋甘菊（chamomile）

含有甘菊蓝及甜没药。具优良的抗刺激效果，为目前低敏性制品及婴儿用保养品最常选择添加的成分。

（5）甘草萃取液（licorice）、甘草酸（glycyrrhiza）

目前应用于化妆品中的甘草萃取有两类，一种为直接以蒸汽蒸馏的方式萃取得到的甘草萃取液；另一种则为提取甘草成分中具抗炎疗效的甘草酸。当然后者的效用会比萃取液更为明确，价格上也昂贵许多。

应用上，甘草萃取液添加在清洁类制品中，而甘草酸则加在保养品中。甘草酸除了有很强的抗炎作用之外，在临床上还发现具有美白功效。在安全性上，自然优于其他化学成分的美白剂。

（6）β-甲基羧酸聚葡萄糖（β-1,3-glucan，CM-glucan）

β-甲基羧酸聚葡萄糖是强化免疫能力的抗敏成分。因为皮肤的过敏反应，有部分因素是由于皮肤自身的防卫系统产生了漏洞。扮演皮肤防卫工作的主要细胞是兰格罕细胞（Langerhan's cell），存在于皮肤的表皮层。平时执行驱动免疫反应的工作，以抵御外来的刺激。兰格罕细胞会随着年龄的增加，逐渐减少并失去活力，皮肤就开始容易受到外界环境的侵害。因此，新的抗敏理念是活化兰格罕细胞，继而达到强化皮肤免疫系统、健全防御功能，使皮肤恢复健康，脱离过敏。

β-甲基羧酸聚葡萄糖正具有这种活化兰格罕细胞的作用。glucan 是由酵母细胞壁中纯化而得的水溶性成分。glucan 具有保护并活化兰格罕细胞的功效。可活化皮肤自身的免疫系统，保护皮肤免于感染，并有帮助受损皮肤复原的作用。是目前极被看好的高级护肤成分。

此外，glucan 可增加胶原蛋白的合成，激发弹力纤维增生，刺激细胞自身产生保护作用。

（7）神经酰胺（ceramide）

神经酰胺是角质细胞彼此维系的重要成分，属于脂溶性物质，占表皮脂质的 $40\%\sim65\%$，一般通称为细胞间脂质。细胞间脂质是皮肤抵御外界环境重要的屏障。若含量不足或过度流失，皮肤就很容易遭受外来环境侵害，造成敏感现象。年龄增长，皮肤自然老化，皮肤制造细胞间脂质的功能衰退，使皮肤无法建构健全的防御系统。此外，使用过强去脂力的清洁剂、碱性清洁剂、强效卸妆水等清洁产品，也会造成细胞间脂质的流失。将神经酰胺调制成乳剂，直接涂敷于皮肤表面，可以补充表皮流失的脂质。因而可以强化皮肤抗过敏、抗刺激的功能。

（8）棕榈酰基胶原蛋白酸（palmitoyl collagen amino acid）

棕榈酰基胶原蛋白酸的商品名为 Lipacide PCO，为油溶性氨基酸的衍生物。构造则与皮肤角质层的脂蛋白类似。可维持表皮稳定的酸碱值，保持皮肤水分，保护过敏皮肤。Lipacide PCO 具有抗发炎的功效。以 10% 的乳霜作抗发炎测试，其效果相当于纯质的吲哚美辛（indomethacin），因为具有抗发炎的功效，所以可缓和发炎及化脓性面疱的症状。

参 考 书 目

[1] 吴可克编. 功能性化妆品, 北京: 化学工业出版社, 2007.

[2] 德拉洛斯主编. 功能性化妆品——美容皮肤科实用技术. 王学民译. 北京: 人民军医出版社, 2007.

[3] 赖维. 等编. 美容化妆品学. 北京: 化学工业出版社, 2006.

[4] 付建龙, 李红编. 有机化学. 北京: 化学工业出版社, 2009.

[5] 王培义编著. 化妆品: 原理·配方·生产工艺. 北京: 化学工业出版社, 2014.

[6] 吕维忠. 等编著. 现代化妆品. 北京: 化学工业出版社, 2009.

[7] 张丽卿. 化妆品好坏知多少. 上海: 上海科学技术文献出版社, 2002.

[8] 陆影. 轻松买对化妆品. 北京: 农村读物出版社, 2005.

[9] 唐东雁, 董银卯编著. 化妆品: 原料类型·配方组成·制备工艺. 北京: 化学工业出版社, 2010.

[10] 董银卯主编. 化妆品配方工艺手册. 北京: 化学工业出版社, 2005.

[11] 冉国侠. 化妆品评价方法. 北京: 中国纺织出版社, 2011.

[12] 刘玮, 张怀亮. 皮肤科学与化妆品功效评价. 北京: 化学工业出版, 2005.

[13] 方洪添, 谢志洁. 化妆品安全消费常识. 北京: 科学出版社, 2017.

[14] 中华人民共和国国家食品药品监督管理总局. 《化妆品安全技术规范（2015 年版）》.